高职高专"十三五"规划教材

炼铁生产操作与控制

林 磊 主编

北 京

冶金工业出版社

2023

内 容 提 要

　　本书共分 5 个模块，主要内容包括炼铁原燃料、高炉炼铁原理、高炉炼铁设备、炼铁操作以及非高炉炼铁技术。在具体内容的组织安排上，本书理论适度，力求简明扼要，突出实践操作，注重高炉炼铁主要岗位内涵和外延的不断变化和提升。

　　本书可作为高职高专院校炼铁专业的教材（配有教学课件），也可作为冶金企业相关技术人员的培训教材和参考书。

图书在版编目（CIP）数据

　　炼铁生产操作与控制／林磊主编. —北京：冶金工业出版社，2017.7
（2023.11 重印）
　　高职高专"十三五"规划教材
　　ISBN 978-7-5024-6177-5

　　Ⅰ.①炼…　Ⅱ.①林…　Ⅲ.①高炉炼铁—高等职业教育—教材
Ⅳ.①TF53

　　中国版本图书馆 CIP 数据核字（2017）第 120000 号

炼铁生产操作与控制

出版发行	冶金工业出版社	电　　话	(010)64027926
地　　址	北京市东城区嵩祝院北巷 39 号	邮　　编	100009
网　　址	www.mip1953.com	电子信箱	service@mip1953.com

责任编辑　俞跃春　杜婷婷　美术编辑　吕欣童　版式设计　孙跃红
责任校对　石　静　责任印制　窦　唯
三河市双峰印刷装订有限公司印刷
2017 年 7 月第 1 版，2023 年 11 月第 5 次印刷
787mm×1092mm　1/16；16 印张；383 千字；245 页
定价 48.00 元

投稿电话　(010)64027932　投稿信箱　tougao@cnmip.com.cn
营销中心电话　(010)64044283
冶金工业出版社天猫旗舰店　yjgycbs.tmall.com
（本书如有印装质量问题，本社营销中心负责退换）

前　言

"炼铁生产操作与控制"是一门集实践性、理论性和应用性于一体的课程，也是高职高专黑色金属冶金技术类专业的核心课程。本书采用模块化编写体系，立足炼铁厂核心岗位的实际工作任务，紧扣炼铁岗位群所需的知识、能力和素质，围绕《炼铁工国家职业标准》的相关要求编写教材内容。

本书以简明、精炼、实用作为编写宗旨，对教学内容进行选择和整合，知识介绍均以实际应用中是否需要为取舍原则，以能够达到工作任务目标为标准，删减实用性不强的内容，有的放矢地设置课程模块。全书主要内容包括炼铁原燃料、高炉炼铁原理、高炉炼铁设备、炼铁操作和非高炉炼铁技术五个模块。每个模块配有"学习目标"和"学习目标检测"两个栏目，目的是使学生掌握炼铁厂核心岗位所需的知识、能力和素质，同时拓宽学生的知识面和学习兴趣，提升学生的综合素质和综合能力，培养企业所需的高素质技术技能人才。

本书由天津冶金职业技术学院林磊担任主编，参编人员有天津冶金职业技术学院李秀娟、于万松、白俊丽，以及天津冶金轧一钢铁集团有限公司申苗珍。在编写过程中编者参阅了炼铁方面的相关文献，并且参考了企业有关人员提供的资料和经验，在此一并表示衷心的感谢。

本书配套教学课件可从冶金工业出版社官网（http：//www.cnmip.com.cn）教学服务栏目中下载。

由于编者水平有限，书中不足之处，敬请广大读者批评指正。

作　者
2017 年 2 月

目　录

0 绪 论

0.1 高炉炼铁生产工艺流程及特点

高炉炼铁是现代炼铁的主要方法，钢铁生产中的重要环节。这种方法是由古代竖炉炼铁发展改进而成的。尽管世界各国研究发展了很多新的炼铁法，但由于高炉炼铁技术经济指标良好，工艺简单，生产量大，劳动生产率高，能耗低，因此高炉生产的铁量仍占世界铁总产量的95%以上。

0.1.1 高炉炼铁生产工艺流程

高炉炼铁就是将含铁原料（烧结矿、球团矿或铁矿）、燃料（焦炭、煤粉等）及其他辅助原料（石灰石、白云石、锰矿等）按一定比例自高炉炉顶装入高炉，并由热风炉在高炉下部的风口向高炉内鼓入热风助焦炭燃烧产生煤气。下降的炉料和上升的煤气相遇，先后发生传热、还原、熔化等物理化学作用而生成液态生铁，同时产生高炉煤气和炉渣两种副产品。渣、铁被定期从高炉排出，产生的煤气从炉顶导出。其生产工艺流程如图0-1所示。

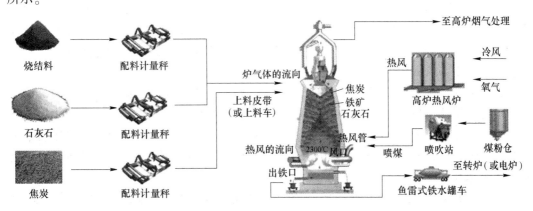

图 0-1 高炉炼铁生产工艺流程

高炉炼铁生产主要包括以下几个系统：

（1）高炉本体。高炉本体是炼铁生产的核心部分，它是一个近似于竖直的圆筒形设备。它包括炉壳（钢板焊接而成）、炉衬（耐火砖砌筑而成）、冷却设备、炉底和炉基等部分。高炉的内部空间称为炉型，从上到下分为五段，即炉喉、炉身、炉腰、炉腹、炉缸。整个冶炼过程是在高炉内完成的。

（2）上料系统。上料系统包括储矿场、储矿槽、槽下漏斗、槽下筛分、称量和运输等一系列设备。其任务是将高炉所需原燃料，按比例通过上料设备运送到炉顶受料漏斗中。

（3）装料系统。装料设备一般分为钟式、钟阀式和无钟式三类。比较先进的高炉一般采用无钟式装料设备。本系统的任务是均匀地按工艺要求将上料系统运来的炉料装入炉内。

（4）送风系统。送风系统包括鼓风机、热风炉和一系列管道和阀门等。本系统的任务是把从鼓风机送出的冷风加热并送入高炉。

（5）喷煤系统。喷煤系统包括磨煤机、储煤罐、喷煤罐、混合器和喷枪等设备。本系统的任务是磨制、收存和计量后把煤粉均匀稳定地从风口喷入高炉。

（6）渣铁处理系统。渣铁处理系统包括出铁厂、泥炮、开口机、铁水罐和水渣池等。本系统的任务是定期将炉内的渣铁出净，保证高炉连续生产。

（7）煤气处理系统。煤气处理系统包括煤气上升管、下降管、重力除尘器、布袋除尘器和静电除尘器等。本系统的任务是将炉顶引出的含尘很高的煤气净化成合乎要求的净煤气。

高炉冶炼过程是一系列复杂的物理化学过程的总和，有炉料的挥发与分解、铁氧化物和其他物质的还原、生铁与炉渣的形成、燃料燃烧、热交换和炉料与煤气运动等。这些过程不是单独进行的，而是在相互制约下多个过程同时进行的。高炉操作者的任务就是在现有条件下科学地利用一切操作手段，使炉内煤气分布合理，炉料运动均匀顺畅，炉缸热量充沛，渣铁流动性良好，能量利用充分，从而实现高炉稳定顺行、高产低耗、长寿环保的目标。

0.1.2　高炉炼铁生产的特点

（1）长期连续生产。高炉从开炉投产到停炉，一代炉龄一般有十几年左右（中间可能进行一次中修）。在此期间是不间断地连续生产的，仅在设备检修或发生事故时才能停止生产（称为休风）。任何一个环节出了问题，都将影响整个高炉的冶炼过程，甚至停产，给企业带来巨大损失。

（2）机械化、自动化程度高。高炉生产的大规模化及连续性，必须有较高的机械化和自动化来保证。为了准确连续地完成每日上万吨乃至几万吨原料及几千吨乃至上万吨产品的装入和排出，为了改善职工的劳动条件，保证安全，提高劳动生产率，目前上料系统多采用皮带上料，电子计算机，工业电视等均已装备高炉生产的各个系统，机械化自动化程度越来越高。

（3）生产规模大型化。近年来高炉向大型化方向发展，目前世界上已有十几座 $5000m^3$ 以上容积的高炉在生产。世界最大高炉——我国沙钢 $5860m^3$ 的高炉也已经投入生产，现日产生铁达 1.3 万吨。

（4）高炉生产是钢铁联合企业中的重要环节。现代化的钢铁联合企业，都以生产规模相匹配的生产流程为基本形式，高炉处于中间环节，起着重要的承上启下的作用。因此，高炉工作者应努力防止各种事故的发生，保证联合企业生产的顺利进行。

0.2　高炉炼铁的主要产品

高炉炼铁生产的主要产品是生铁，副产品有炉渣、煤气和炉尘。

0.2.1　生铁

生铁和钢都是铁碳合金，它们的主要区别是含碳量不同，含碳量（质量分数）在 2% 以上的为生铁，工业生铁含碳量（质量分数）一般在 2.5%~6.67%，并有少量的硅、锰、磷、硫等元素。生铁质硬而脆，缺乏韧性，不能压延成型，机械加工性能及焊接性能不好，但含硅高的生铁（灰口铁）的铸造及切削性能良好。

生铁按用途可分普通生铁和合金生铁（普通生铁占生铁产量的 98% 以上）。普通生铁分为炼钢生铁和铸造生铁（炼钢生铁占普通生铁产量的 80% 以上）；炼钢生铁和铸造生铁按照硅的含量的不同，可分别分为 3 个牌号和 6 个牌号，各种牌号的炼钢生铁和铸造生铁成分及要求分别见表 0-1 和表 0-2。合金生铁主要是锰铁和硅铁。合金生铁作为炼钢的辅助材料，如脱氧剂、合金元素添加剂。

表 0-1　炼钢生铁的牌号和化学成分（YB/T 5296—2011）

牌　号			L04	L08	L10
C			≥3.50		
Si			≤0.45	>0.45~0.85	>0.85~1.25
化学成分（质量分数）/%	Mn	一组	≤0.40		
		二组	>0.40~1.00		
		三组	>1.00~2.00		
	P	特级	≤0.100		
		一级	>0.100~0.150		
		二级	>0.150~0.250		
		三级	>0.250~0.400		
	S	特类	≤0.020		
		一类	>0.020~0.030		
		二类	>0.030~0.050		
		三类	>0.050~0.070		

注：各牌号生铁的含碳量（质量分数），均不作报废依据。

表 0-2 铸造生铁的牌号和化学成分（GB/T 718—2005）

牌 号			Z14	Z18	Z22	Z26	Z30	Z34
化学成分（质量分数）/%	C		>3.30					
	Si		≥1.25~1.6	>1.6~2.0	>2.0~2.4	>2.4~2.8	>2.8~3.2	>3.2~3.6
	Mn	一组	≤0.50					
		二组	>0.50~0.90					
		三组	>0.90~1.30					
	P	一级	≤0.060					
		二级	>0.060~0.100					
		三级	>0.100~0.200					
		四级	>0.200~0.400					
		五级	>0.400~0.900					
	S	一类	≤0.030					
		二类	≤0.040					
		三类	≤0.050					

0.2.2 高炉炉渣

炉渣是高炉炼铁的副产品。矿石的脉石和熔剂、燃料灰分等熔化后组成炉渣，其主要成分为 CaO、MgO、SiO、Al_2O_3 及少量的 MnO、FeO、S 等。炉渣有许多用途，常用做水泥及隔热、建材、铺路等材料。

高炉炉渣有水渣、渣棉和干渣之分。水渣是液态炉渣用高压水急冷粒化形成的，它是良好的制砖和制作水泥的原料；渣棉是液态炉渣用高压蒸汽或高压压缩空气吹成的纤维状的渣，可作为绝热材料；干渣是液态炉渣自然冷凝后形成的渣，经处理后可用于铺路、制砖和生产水泥，还可以制成建筑材料。

0.2.3 高炉煤气

高炉每冶炼 1t 生铁大约能产生 1700~2500m³ 的煤气，其主要成分为 CO、CO_2、H_2、N_2。煤气经除尘脱水后作为燃料，其发热值约为 3000~3500kJ/m³（随着高炉能量利用系数的改善而降低）。热风炉、烧结、炼钢、炼焦和轧钢等用户均可使用。

高炉煤气是一种无色无味的透明气体，由于含 CO 较高，会使人中毒致死。当煤气与空气混合，煤气含量达到 46%~62% 时，温度达到着火点（650℃）时，就会发生爆炸。因此，在煤气区域工作时要特别注意防火防爆和煤气中毒事故的发生。

0.2.4 炉尘（瓦斯灰）

炉尘是随高速上升的煤气带出高炉的细颗粒炉料，在除尘系统与煤气分离。炉尘中含铁量（质量分数）为 30%~45%，含碳量（质量分数）为 8%~20%，每冶炼 1t 生铁约产生 10~150kg 的炉尘。炉尘回收后可作为烧结原料加以利用。

0.3　高炉炼铁生产主要技术经济指标

对高炉生产的技术水平和经济效益的总要求是高产、优质、低耗、长寿和安全。其主要指标有：

（1）高炉有效容积利用系数（η_u）。

$$\eta_u = P / V_u$$

式中　η_u——高炉有效容积利用系数（每立方米高炉有效容积在一昼夜生产的生铁吨数），$t/(m^3 \cdot d)$；

　　　P——高炉一昼夜生产的合格生铁，t；

　　　V_u——高炉有效容积，m^3。

高炉有效容积利用系数是高炉冶炼的一个重要指标。η_u 越高，高炉生产率越高，每天所产生铁越多。目前我国高炉有效利用系数一般为 $1.8 \sim 2.3 t/(m^3 \cdot d)$，高的可达 $3.0 t/(m^3 \cdot d)$ 以上。

（2）入炉焦比、煤比、综合焦比、燃料比。

1）入炉焦比（K）是指冶炼每吨生铁消耗的干焦量。

$$K = Q_K / P \quad (kg/t)$$

式中　Q_K——高炉一昼夜消耗的干焦量，kg。

焦炭消耗量占生铁成本的 30% ~ 40%，要降低生铁成本，必须力求降低焦比。一般情况下入炉焦比为 270 ~ 400kg/t。

2）煤比（M）是指冶炼每吨生铁消耗的煤粉量。

$$M = Q_M / P \quad (kg/t)$$

式中　Q_M——高炉一昼夜消耗的煤粉量，kg。

3）综合焦比（$K_综$）是指冶炼每吨生铁消耗的综合干焦量。

$$K_综 = (Q_K + Q_M \cdot N) / P \quad (kg/t)$$

式中　N——煤粉的置换比。单位质量煤粉所代替的焦炭质量称为煤粉置换比，它表示煤粉利用率的高低，一般 $N = 0.7 \sim 1.0$。

4）燃料比（$K_燃$）是指冶炼单位生铁消耗的各种燃料之和，通常为焦比与煤比之和。

$$K_燃 = (Q_K + Q_M) / P \quad (kg/t)$$

2012 年我国重点钢铁企业高炉平均燃料比（未含小块焦）为 513kg/t，最低为 457 kg/t；平均入炉焦比为 363kg/t，最低为 300 kg/t；平均煤比为 150kg/t，最高为 182kg/t。

（3）冶炼强度和综合冶炼强度。

1）冶炼强度（I）是指每昼夜每立方米高炉有效容积消耗的干焦量。

$$I = Q_K / V_u \quad (t/(m^3 \cdot d))$$

2）综合冶炼强度（$I_综$）是指每昼夜每立方米高炉有效容积消耗的综合干焦量。

$$I_综 = (Q_K + Q_M \cdot N) / V_u \quad (t/(m^3 \cdot d))$$

冶炼强度是衡量高炉强化冶炼程度的重要指标，它与鼓入高炉的风量成正比，在焦比不变的情况下，冶炼强度越高，高炉产量越大。当前国内外大型高炉的冶炼强度一般在 $1.00 \sim 1.05 t/(m^3 \cdot d)$。

（4）生铁合格率。化学成分符合国家标准的生铁为合格生铁。合格生铁占高炉总产铁量的百分数为生铁合格率，我国一些企业高炉生产合格率已达100%。

（5）生铁成本。生铁成本是冶炼1t生铁所需要的费用，它包括原料、燃料、动力、工资及管理等费用。生铁成本是评价高炉经济效益好坏的一个重要指标。

（6）休风率。

$$休风率=休风时间/规定日历作业时间$$

休风率是指高炉休风停产时间占规定日历作业时间（日历时间减去计划大修、中修时间和封炉时间）的百分数。它是反映高炉设备管理维护和高炉操作水平。降低休风率是高炉增产节焦的重要途径，我国先进高炉休风率已降到1%以下。

（7）炉龄。高炉从开炉到停炉大修之间的时间，为一代高炉的炉龄。延长一代炉龄是高炉工作者的重要任务，也是提高高炉总体经济效益的重大课题，大高炉炉龄要求达到10年以上，国外大型高炉炉龄最长已达20年。衡量炉龄的另一指标为每立方米炉容在一代炉龄期内的累计产铁量。世界先进高炉的单位炉容累计产铁量超过1万吨，我国宝钢3号高炉一代炉龄累计产铁超过5700万吨，单位炉容产铁量达1.309万吨，根据国际上通用的衡量高炉长寿的标准，它是目前世界上最长寿的高炉之一。

0.4　国内外高炉炼铁的发展状况

随着我国生铁产能的增加，炼铁作为钢铁生产中能源、资源消耗大户，面临着原料质量下降、资源和能源价格上扬、二氧化碳排放日益严格等问题。面对当前市场经济形势不断变化的新时期，高炉炼铁技术的发展应紧密围绕市场的变化，以低耗、少污、贴合市场为前提，这是确立炼铁业能否持续发展的关键，也是钢铁行业转型发展的重点。

0.4.1　国外高炉炼铁发展

以日本、欧洲为代表的国外高炉炼铁技术总体发展趋势是：高炉座数减少，高炉平均容积增加，单座高炉产量增加，燃料比呈明显下降趋势。

高炉大型化和降低炼铁燃料比一直是世界各国炼铁工作的重点。但受炼铁原料品质下降和燃料组成结构变化的影响，国外的高炉燃料比一直处于相对较平稳的状态。如欧洲的燃料比保持在500kg/t左右，日本的燃料比也维持在500kg/t左右，北美则在520kg/t的水平。

目前，日本运行高炉的数量由1990年的65座减少到目前的28座，高炉平均容积由1558m³提高到4157m³，平均单炉产量达到350万吨/年；平均燃料比已降低到500kg/t以下，煤比达到120kg/t以上，焦比降低到380kg/t以下。

近20年来，欧洲在役高炉数量由1990年的92座减少到2009年的58座，平均工作容积由1690m³上升到2063m³，平均单座高炉产量由104万吨/年增加到154万吨/年；平均燃料比降低到496kg/t，煤比达到123.9kg/t以上，重油天然气为20.3kg/t，焦比降低到351.8kg/t。

多年来，国外对炼铁生产过程的污染物排放的控制不断加强。如欧洲针对烧结工序制定了严格的控制标准，主要体现在粉尘含量（20mg/m³）、SO_2含量（500mg/m³，特殊地区 350mg/m³）、NO_x（400mg/m³）以及二噁英含量（0.4ng/m³）等。在 CO_2 排放方面，澳大利亚已批准实施碳排放税（23 澳元/吨 CO_2）。欧盟则对各工序制定了高于其现有最好水平的排放标准，如：焦炭 286kg CO_2/t，烧结 171kg CO_2/t，炼铁 1328kg CO_2/t。由于现有的企业均无法达到上述指标，欧洲钢铁业对执行此标准普遍持悲观态度。

0.4.2 我国高炉炼铁发展

进入新世纪以来，我国高炉大型化和现代化带动了炼铁技术进步。据不完全统计，目前我国约有 1400 余座高炉，大于 1000m³ 的约有 300 余座。2000 年 2000m³ 以上的高炉仅有 18 座，到 2010 年 4000m³ 以上的高炉已发展到 15 座，3000~4000m³ 高炉约 20 座，2000~3000m³ 高炉约 74 座。一批 4000~5800m³ 的特大型高炉相继建成投产，标志着中国高炉大型化已经步入国际先进行列。

目前，我国炼铁企业数量多（据不完全统计有 700 多家）而分散，集中度很低，各企业之间技术发展水平不平衡，高炉生产技术经济指标差异很大。总体上讲，我国炼铁工业发展不平衡，平均水平与国际先进水平相比仍有一定差距，例如燃料比高、精料程度差等。但近年来，我国高炉生产理念已经发生了根本变化，过去单纯强调高产，如今根据当前的形势，提出了以精料为基础，"高效、优质、低耗、长寿、环保"的炼铁生产技术方针。各企业高炉采取了降低燃料比和焦比、提高热效率和还原效率、喷吹煤粉和喷吹塑料、回收可回收的热量等一系列降低 CO_2 排放的措施。

总之，在较长一段时间内，高炉仍是我国炼铁生产的主流设备。通过装备技术的进步来推动高炉稳定操作，以实现高炉高效、优质、低耗、长寿、环保为主要发展方向。

 学习目标检测

（1）简述高炉炼铁生产的工艺流程。
（2）高炉炼铁的主要产品有哪些，各有何用途？
（3）入炉焦比对高炉冶炼有何意义？
（4）某高炉有效容积 1000m³，冶炼炼钢生铁，焦比为 500kg/t，冶炼强度为 1.0t/（m³·d），求高炉日产铁量。
（5）高炉炼铁的发展方向是什么？

模块 1　炼铁原燃料

学习目标:

(1) 掌握高炉炼铁用原燃料的种类、性质、作用。

(2) 掌握高炉冶炼对铁矿石、焦炭的质量要求。

(3) 能够识别炼铁常用的各种原燃料。

(4) 能够分析和判断烧结矿、球团矿和焦炭的质量。

1.1　铁　矿　石

1.1.1　铁矿石的种类及性质

高炉冶炼用的铁矿石有天然富矿和人造富矿两大类。含铁量（质量分数）在 50% 以上的天然富矿经适当破碎、筛分处理后可直接用于高炉冶炼。贫铁矿一般不能直接入炉，需要破碎、富矿并重新造块，制成人造富矿（烧结矿或球团矿）再入高炉。人造富矿含铁量（质量分数）一般在 55% ~ 65% 之间。由于人造富矿事先经过焙烧或者烧结高温处理，因此又称为熟料，其冶炼性能远比天然富矿优越，是现代高炉冶炼的主要原料。天然块矿统称成为生料。

我国天然富矿储量很少，多数是含铁 30% 左右的贫矿，需要制成人造富矿才能使用。

1.1.1.1　天然铁矿

根据含铁矿物的主要性质和矿物组成，铁矿石分为磁铁矿、赤铁矿、褐铁矿、菱铁矿四种类型。主要矿物组成及特征见表 1-1。

表 1-1　铁矿石的矿物组成及特征

名　称	化学成分	理论含铁（质量分数）/%	实际含铁（质量分数）/%	颜　色	特　性
磁铁矿	Fe_3O_4	72.4	45 ~ 70	黑色	P、S 高，坚硬，致密，难还原
赤铁矿	Fe_2O_3	70.0	55 ~ 60	红色	P、S 低，质软，易碎，易还原
褐铁矿	$nFe_2O_3 \cdot mH_2O$	55.2 ~ 66.1	37 ~ 55	黄褐色、暗褐色至绒黑色	S 低、P 高低不等，质软疏松，易还原
菱铁矿	$FeCO_3$	48.2	30 ~ 40	灰色带黄褐色	易破碎，焙烧后易还原

（1）磁铁矿。主要含铁矿物为 Fe_3O_4，具有磁性。其化学组成可视为 $Fe_2O_3 \cdot FeO$，其中 $w(FeO)=30\%$，$w(Fe_2O_3)=69\%$；$w(TFe)=72.4\%$，$w(O)=27.6\%$。磁铁矿颜色为黑色，由于其结晶结构致密，所以还原性比其他铁矿差。磁铁矿的熔融温度为 $1500 \sim 1580℃$。这种矿物与 TiO_2 和 V_2O_5 共生，称为钒钛磁铁矿；只与 TiO_2 共生的称为钛磁铁矿，其他常见混入元素还有 Ni、Cr、Co 等。

在自然界中纯磁铁矿很少见，常常由于地表氧化作用使部分磁铁矿氧化转变为半假象赤铁矿和假象赤铁矿。所谓假象就是 Fe_3O_4 虽然氧化成 Fe_2O_3，但它仍保留原来磁铁矿的外形。

（2）赤铁矿。又称红矿，主要含铁矿为 Fe_2O_3。赤铁矿常温下无磁性。但在一定温度下含磁性。色泽为赤褐色到暗红色，由于 S、P 含量低，还原性较磁铁矿好，是优良原料。赤铁矿熔融温度为 $1580 \sim 1640℃$。

（3）褐铁矿。通常指含水氧化铁的总称，如 $3Fe_2O_3 \cdot 4H_2O$ 称为水针铁矿。褐铁矿中绝大部分含铁矿物是以 $2Fe_2O_3 \cdot 3H_2O$ 的形式存在。这类矿石一般含铁较低，但经过焙烧去除结晶水后，含铁量显著上升。颜色为浅褐色、深褐色或黑色，S、P、As 等有害杂质的含量一般较多。

（4）菱铁矿。又称碳酸铁矿石，因其晶体为菱面体而得名。颜色为灰色、浅黄色、褐色。其化学组成为 $FeCO_3$，也可写成 $FeO \cdot CO_2$。常混入 Mg、Mn 等的矿物。一般含铁较低，但若受热分解放出 CO_2 后品位显著升高，而且组织变得更为疏松，很易还原。所以使用这种矿石一般要先经焙烧处理。

1.1.1.2 人造铁矿

（1）烧结矿。烧结矿是将含铁粉状料或细粒料进行高温加热，在不完全熔化的条件下烧结而成的，是一种由不同成分黏结相与铁矿物黏结的多孔块状集合体。烧结矿一般分为酸性（碱度<0.5）、自熔性（碱度=0.9~1.4）和高碱度烧结矿（碱度>1.6）三种，是我国高炉炼铁的主要原料，且绝大部分是高碱度烧结矿。

高碱度烧结矿的含铁矿物为磁铁矿和赤铁矿，黏结相主要是铁酸一钙（$CaO \cdot Fe_2O_3$）、铁酸二钙（$2CaO \cdot Fe_2O_3$）以及少量的硅酸二钙（$2CaO \cdot SiO_2$）和硅酸三钙（$3CaO \cdot SiO_2$）。一般呈致密块状，大气孔少，气孔壁厚，断面呈青灰色金属光泽。碱度为 $1.8 \sim 2.0$ 的烧结矿具有强度高、还原性好、低温还原粉化率低、软熔温度高等特点。

（2）球团矿。球团矿是细磨铁精矿粉在加水润湿的条件下，通过造球机滚动成球，再经干燥、固结而成的含有较多微孔的球形含铁原料。球团矿粒度均匀、透气性和还原性好。但对球团焙烧的温度控制比烧结的严格。球团矿还要求原料粒度细，矿粉含水量低。球团矿有酸性氧化性球团、自熔性球团和白云石熔剂性球团三种。我国高炉炼铁生产普遍采用的是碱度 0.4 以下的酸性氧化性球团矿，它通常与高碱度烧结矿配合作为高炉的炉料结构。

酸性球团矿的粒度在 6~15mm 之间，矿物主要为赤铁矿，一般含铁质量分数在 65% 左右，FeO 质量分数很低（1% 左右），硫含量较低。结晶完全的酸性球团矿呈钢灰色，条痕为赭红色。球团矿铁质量分数高，堆积密度大，机械强度高，还原性好。

1.1.2　高炉冶炼对铁矿石的质量要求

铁矿石是高炉冶炼的主要原料，其质量的好坏与冶炼进程及技术经济指标有极为密切的关系。决定铁矿石质量的主要因素是化学成分、物理性质及其冶金性能。高炉冶炼对铁矿石的要求是：含铁量高，脉石少，有害杂质少，化学成分稳定，粒度均匀，良好的还原性及一定的机械强度等性能。

1.1.2.1　品位

品位即铁矿石的含铁量，它决定矿石的开采价值和入炉前的处理工艺。入炉品位越高，越有利于降低焦比和提高产量，从而提高经济效益。经验表明，若矿石含铁量（质量分数）提高 1%，则焦比降低 2%，产量增加 3%。

矿石的贫富一般以其理论含铁量（质量分数）的 70% 来评估。实际含铁量超过理论含铁量（质量分数）的 70% 称为富矿。但这并不是绝对固定的标准，因为它还与矿石的脉石成分、杂质含量和矿石类型等因素有关，如对褐铁矿、菱铁矿和碱性脉石矿含铁量的要求可适当放宽。因褐铁矿、菱铁矿受热分解出 H_2O 和 CO_2 后品位会提高。碱性脉石矿中 CaO 质量分数高，冶炼时可少加或不加石灰石，其品位应按扣去 CaO 的含铁量来评价。但若矿石带入的碱性脉石数量超过造渣的总需要量，也会给冶炼带来困难。具有开采价值的铁矿石最低工业品味主要取决于资源和技术经济条件，并没有统一的标准。

1.1.2.2　脉石成分

脉石是指矿石中不能利用的矿物集合体。铁矿脉石主要分为碱性脉石和酸性脉石。碱性脉石主要成分为 CaO、MgO；酸性脉石主要成分为 SiO_2、Al_2O_3。一般铁矿石含酸性脉石者居多，即脉石中 SiO_2 多，需加入相当数量的石灰石造成碱度（CaO/SiO_2）为 1.0 左右的炉渣，以满足冶炼工艺的需求。因此希望酸性脉石含量越少越好。而含 CaO、MgO 多的碱性脉石，冶炼时可少加或不加石灰石，对降低焦比有利，则具有较高的冶炼价值。

1.1.2.3　有害杂质和有益元素的含量

铁矿石中的有害杂质通常指 S、P、Pb、Zn、As 等，它们的含量越低越好。

（1）S。S 是对钢铁危害较大的元素，它使钢材具有热脆性。所谓"热脆"就是 S 几乎不熔于固态铁而与铁形成 FeS，而 FeS 与铁形成的共晶体熔点为 988℃，低于钢材热加工的开始温度（1150~1200℃）。热加工时，分布于晶界的共晶体先行融化而导致开裂。因此矿石含 S 越低越好。

高炉炼铁过程可去除 90% 以上的 S。但脱硫需要提高炉渣碱度，导致焦比增加，产量降低。对于高 S 矿石，可以通过选矿和烧结的方法降低 S 含量。

（2）P。P 是也钢材中的有害成分，使钢具有冷脆性。P 能溶于 $\alpha\text{-}Fe$ 中（可达 1.2%），固溶并富集在晶粒边界的磷原子使铁素体在晶粒间的强度大大增高，从而使钢材的室温强度提高而脆性增加，称为冷脆。

矿石中的 P 在选矿和烧结过程中不易除去，在高炉冶炼过程 P 几乎全部进入生铁。因此，生铁含 P 量取决于矿石含 P 量，要求铁矿石含 P 越低越好。

（3）Pb、Zn 和 As。它们在高炉内都易还原。Pb 不溶于 Fe 而密度又比 Fe 大，还原后沉积于炉底，破坏性很大。Pb 在 1750℃时沸腾，挥发的铅蒸气在炉内循环能形成炉瘤。Zn 还原后在高温区以 Zn 蒸气大量挥发上升，部分以 ZnO 沉积于炉墙，使炉墙胀裂并形成炉瘤。As 可全部还原进入生铁，它可降低钢材的焊接性并使之"冷脆"。生铁含 As 量（质量分数）应小于 1%，优质生铁不应含 As。

铁矿石中的 Pb、Zn、As 常以硫化物形态存在，如方铅矿（PbS）、闪锌矿（ZnS）、毒砂（FeAsS）。烧结过程中很难排除 Pb、Zn，因此要求含量越低越好，As 能部分去除。一般要求含 Pb、Zn 不应超过 0.1%，含 As 不超过 0.07%。

（4）Cu。Cu 在钢中有时为害，有时为益，视具体情况而定。在钢中的质量分数若不超过 0.3% 可增加钢材抗蚀性，超过 0.3% 时，则降低其焊接性，并有热脆现象。Cu 在烧结中一般不能去除，在高炉中又全部还原进入生铁。故钢铁含 Cu 量决定于原料含 Cu 量。一般铁矿石允许含 Cu 量（质量分数）不超过 0.2%。

（5）碱金属。主要是 K 和 Na，它们在高炉下部高温区大部分被还原后挥发，到上部又氧化而进入炉料中，造成循环累积，使炉墙结瘤。因此要求矿石中含碱金属量必须严格控制。我国高炉碱金属（$K_2O + Na_2O$）入炉量限制为不大于 3.0kg/t Fe。

铁矿石中常共生有 Mn、Cr、Ni、Co、V、Ti、Mo 等元素。这些元素有改善钢铁性能的作用，故称为有益元素。当它们在矿石中的含量达到一定数值时，如 $w(Mn) \geqslant 5\%$、$w(Cr) \geqslant 0.06\%$、$w(Ni) \geqslant 0.2\%$，$w(Co) \geqslant 0.03\%$，$w(V) \geqslant 0.1\% \sim 0.15\%$，$w(Mo) \geqslant 0.3\%$，$w(Cu) \geqslant 0.3\%$，则称为复合矿石，经济价值很大，应考虑综合利用。

1.1.2.4　粒度、机械强度和软化性

入炉铁矿石应具有适宜的粒度和足够的强度。

矿石的粒度是指矿石颗粒的直径，它直接影响着炉料的透气性和传热、传质条件。粒度过大会减少煤气与铁矿石的接触面积，使铁矿石不易还原；过小则增加气流阻力，同时易吹出炉外形成炉尘损失；粒度大小不均，则严重影响料柱透气性。因此，大块应破碎，粉末应筛除，粒度应适宜而均匀。一般要求矿石粒度在 5~40mm 范围，并力求缩小上下限粒度差。

铁矿石的机械强度是指铁矿石耐冲击、耐摩擦和耐挤压的强弱程度。随着高炉容积不断扩大，入炉铁矿石的强度也要相应提高。否则易生成粉末、碎块，一方面增加炉尘损失，另一方面使高炉料柱透气性变差，引起炉况不顺。评价铁矿石机械强度的指标主要有落下强度、转鼓强度和耐磨强度。

铁矿石的软化性包括铁矿石的软化温度和软化温度区间两个方面。软化温度是指铁矿石在一定的荷重下受热开始变形的温度；软化温度区间是指矿石开始软化到软化终了的温度范围。高炉冶炼要求铁矿石的软化温度要高，软化温度区间要窄。

1.1.2.5　还原性

铁矿石还原性是指铁矿石被还原性气体 CO 或 H_2 还原的难易程度，是评价铁矿石质量的重要指标。还原性越好，越有利于降低焦比，提高产量。改善矿石还原性（或采用易还原矿石）是强化高炉冶炼的重要措施之一。

铁矿石的还原性可用其还原度指数来评价,即矿石还原 3h 后所达到的脱氧百分数。还原度越高,矿石的还原性越好。对于烧结矿来说,生产中习惯用 FeO 含量表示其还原性。FeO 含量高,表明烧结矿中难还原的硅酸铁多,烧结矿过熔而使其结构致密、气孔率低,故还原性差。合理的指标是 FeO 质量分数在 8% 以下,但多数企业为 10%,有的甚至更高。根据国内外实践经验,烧结矿中 FeO 质量分数每减少 1%,高炉焦比下降 1.5%,产量增加 1.5%。

影响铁矿石还原性的因素主要有矿物组成、矿石结构的致密程度、粒度和气孔率等。组织致密、气孔率低、粒度大的矿石,还原性差。一般来说,磁铁矿结构致密,最难还原;赤铁矿有中等的气孔率,比较容易还原;褐铁矿和菱铁矿被加热后失去结晶水和 CO_2,矿石气孔率大幅增加,最易还原;烧结矿和球团矿的气孔率高,其还原性一般比天然富矿的还要好。

1.1.2.6　各项指标的稳定性

现代化高炉生产,不仅需要有足够的原料数量,以保证均匀稳定连续作业,而且其理化性质也必须保持相对稳定,才能最大限度地发挥生产效率。在前述的各项指标中,矿石品位、脉石成分与数量、有害杂质含量的稳定尤其重要。否则,将引起炉温、渣碱度和生铁质量的波动,打破高炉的正常作业制度,影响高炉稳定顺行。高炉生产实践表明,当入炉矿含铁质量分数波动从 ±1.5% 下降到 ±0.2%,高炉产量增加 4.5%,焦比降低 2.5%。

《高炉炼铁工艺设计规范》(GB 50427—2015)对铁矿石质量的具体要求见表 1-2 ~ 表 1-6。

表 1-2　入炉原料含铁品位及熟料率要求

炉容级别/m³	1000	2000	3000	4000	5000
平均含铁质量分数/%	≥56	≥58	≥59	≥59	≥60
熟料率/%	≥85	≥85	≥85	≥85	≥85

注:不包括特殊矿。

表 1-3　烧结矿质量要求

炉容级别/m³	1000	2000	3000	4000	5000
铁质量分数波动/%	≤±0.5	≤±0.5	≤±0.5	≤±0.5	≤±0.5
碱度波动	≤±0.08	≤±0.08	≤±0.08	≤±0.08	≤±0.08
铁质量分数和碱度波动的达标率	≥80	≥85	≥90	≥95	≥98
FeO 质量分数/%	≤9.0	≤8.8	≤8.5	≤8.0	≤8.0
FeO 质量分数波动/%	≤±1.0	≤±1.0	≤±1.0	≤±1.0	≤±1.0
转鼓指数+6.3mm/%	≥71	≥74	≥77	≥78	≥78

注:碱度为 CaO/SiO_2。

表 1-4 球团矿质量要求

炉容级别/m³	1000	2000	3000	4000	5000
含铁质量分数/%	≥63	≥63	≥64	≥64	≥64
转鼓指数+6.3mm/%	≥89	≥89	≥92	≥92	≥92
耐磨指数-0.5mm/%	≤5	≤5	≤4	≤4	≤4
常温耐压强度/N·个球⁻¹	≥2000	≥2000	≥2000	≥2500	≥2500
低温还原粉化率+3.15mm/%	≥85	≥85	≥89	≥89	≥89
膨胀率/%	≤15	≤15	≤15	≤15	≤15
铁质量分数波动/%	≤±0.5	≤±0.5	≤±0.5	≤±0.5	≤±0.5

注：不包括特殊矿石。

表 1-5 入炉块矿质量要求

炉容级别/m³	1000	2000	3000	4000	5000
含铁质量分数/%	≥62	≥62	≥64	≥64	≥64
热爆裂性能/%	—	—	≤1	<1	<1
铁质量分数波动/%	≤±0.5	≤±0.5	≤±0.5	≤±0.5	≤±0.5

表 1-6 原料粒度要求

烧结矿		块 矿		球团矿	
粒度范围/mm	5~50	粒度范围/mm	5~30	粒度范围/mm	6~18
>50	≤8%	>30	≤10%	9~18	≥85%
<5	≤5%	<5	≤5%	<6	≤5%

注：石灰石、白云石、萤石、锰矿、硅石粒度应与块矿粒度相同。

1.2 熔 剂

高炉冶炼条件下，脉石及焦炭灰分不能熔化，必须加入熔剂，使其与脉石和灰分作用生成低熔点化合物，形成流动性好的炉渣，实现渣铁分离并自炉内顺畅排出。此外，通过加入熔剂形成一定碱度的炉渣，还可去除生铁中有害杂质硫，提高生铁质量。

1.2.1 熔剂的种类

高炉冶炼使用的熔剂按其性质可分为碱性、酸性和中性熔剂三类。由于矿石脉石和焦炭灰分多系酸性氧化物，所以高炉主要用碱性熔剂，如石灰石（$CaCO_3$）、白云石（$CaCO_3 \cdot MgCO_3$）等。石灰石资源很丰富，几乎各地都有。白云石同时含有 CaO 和 MgO，既可代替部分石灰石，又使渣中含有一定数量的 MgO，改善渣的流动性和稳定性，从而促进脱硫。在使用高 Al_2O_3 矿石，炉渣 Al_2O_3 高时其效果特别显著。

当高炉使用含碱性脉石的铁矿石冶炼时，需要加入酸性熔剂。但实际生产中只是采用兑入酸性矿石的办法，很少使用酸性熔剂。仅当渣中 Al_2O_3 过高（质量分数大于18%~20%），炉况失常时，才加入硅石、硅砂等石英质酸性熔剂改善造渣。中性熔剂如铝矾土和黏土页岩，在生产上极少采用。

1.2.2　高炉冶炼对碱性熔剂的质量要求

高炉冶炼对碱性熔剂的质量要求如下：

（1）碱性氧化物（CaO+MgO）的含量要高，酸性氧化物（$SiO_2 + Al_2O_3$）的含量要少。一般要求 $w(CaO + MgO) > 50\%$，$w(SiO_2 + Al_2O_3) < 3.5\%$。对于石灰石，其有效熔剂性能用有效 CaO 表示：

$$CaO_{有效} = CaO - R \cdot SiO_2 \quad (\%)$$

式中　R——炉渣碱度，即渣中 CaO/SiO_2 的比值；

CaO，SiO_2——石灰石中 CaO、SiO_2 的质量分数，%。

（2）S、P 含量要低。石灰石一般含 S 量（质量分数）0.01% ~ 0.08%，含 P 量（质量分数）为 0.001% ~ 0.03%。

（3）强度高，粒度均匀，粉末少。一般大高炉的石灰石粒度为 25 ~ 55mm，小高炉为10 ~ 30mm。最好是与矿石粒度一致。

现代高炉多使用熔剂性或自熔性人造富矿，这样，高炉造渣所需熔剂已在造块过程中加入，高炉可以不直接加入石灰石，只备用少量作为临时调剂之用。一些使用天然富矿或酸性球团矿的高炉，仍需加入石灰石。

1.3　辅　助　原　料

1.3.1　洗炉剂

洗炉剂包括轧钢皮、均热炉渣、锰矿和萤石等。

（1）轧钢皮。轧钢皮是钢坯（钢锭）在轧制过程中表面氧化层脱落所产生的氧化铁皮，常呈片状，故称铁鳞。轧钢皮呈青黑色，密度大，含铁质量分数高（60% ~ 75%）。其大部分为小于 10mm 的小片，在料厂筛分后，大于 10mm 的部分可作为炼铁的洗炉剂。

（2）均热炉渣。均热炉渣是钢坯（钢锭）在均热炉中的熔融产物，有时混有少量的耐火材料。这类产物组织致密，FeO 含量很高，在高炉上部很难还原。集中使用时，可起洗炉剂的作用。高炉利用这些含 FeO 及其硅酸盐的洗炉剂，可以造熔化温度较低、氧化性较高的炉渣，对于清洗碱性黏结物或堆积物比较有效。

（3）锰矿。普通的炼钢用铁中含有 1% 左右的锰，锰在炼钢过程中有脱硫及脱氧作用，还能提高钢材的韧性。通常含锰质量分数 15% 以上、含铁质量分数 20% 以上的铁锰矿石作为锰矿石，其中含锰质量分数 35% 以上的高锰矿石用作锰铁（Fe-Mn 合金）冶炼的原料。锰矿在高炉中常作为洗炉剂来降低铁水黏度，消除炉缸堆积物或黏结物。

（4）萤石。萤石的化学成分为 CaF_2，在炉渣黏稠、炉况失常时，短期使用部分萤石，可以迅速稀释炉渣，消除堆积物或黏结物，但对炉衬侵蚀严重。质量好的萤石常呈黄色、绿色、紫色，透明并具有玻璃光泽。质量较差的萤石则呈白色，表面带有褐色条纹或黑色斑点，且硫化物含量较多。

1.3.2 含钛护炉料

高炉加含钛物护炉技术已在我国普遍推广。目前国内的含钛护炉料有含钛块矿、钛渣及含钛烧结矿与球团矿。在高炉配料中,加入含 TiO_2 的炉料,使渣中 $w(TiO_2)$ 达到 2%~3%。铁液中由于 (TiO_2) 的还原则含有一定量的 [Ti]。由于 Ti 与 C 及 N 可生成熔点高达 2000℃ 以上的高熔点化合物 TiC 及 Ti(C,N) 且其在铁液中的溶解度是有限的。在炉缸炉底砖衬侵蚀严重之处,因相对冷却强度变大而使铁水温度下降,此时则可使 TiC 或 Ti(C,N) 由铁液内析出并沉积下来,起到自动补炉的作用。

在使用钛矿护炉时,应根据高炉的侵蚀情况因地制宜地加入 TiO_2,过少则起不到护炉作用;过多则炉渣变稠,会给操作带来困难。因此,应通过试验确定其加入量。许多高炉的生产实践证明,正常的 TiO_2 加入量维持在 5kg/t,可以在不影响冶炼的情况下起到护炉效果。当高炉下部侵蚀严重或在炉役后期,钛矿护炉可延缓或挽救炉缸烧穿的严重危害。

1.4 燃 料

燃料是高炉冶炼中不可缺少的基本原料之一。现代高炉都使用焦炭做燃料,全部从炉顶装入。近年来,随着喷吹技术的发展,从风口喷入一些燃料(如煤粉、重油、天然气等)来替代一部分焦炭。

1.4.1 焦炭

1.4.1.1 焦炭的作用

焦炭是用焦煤在隔绝空气的高温(1000℃)下,进行干馏、炭化而得到的多孔块状产品。在高炉冶炼过程中,焦炭具有以下作用:

(1)燃烧发热。焦炭在风口前被鼓风中的氧燃烧,放出热量。高炉冶炼所消耗热量的 70%~80% 来自焦炭燃烧。

(2)还原剂。高炉冶炼主要是生铁中的铁和其他合金元素的还原及渗碳过程,而焦炭中所含的固定碳以及焦炭燃烧产生的 CO 是铁及其他氧化物进行还原的还原剂。

(3)料柱骨架。由于焦炭约占高炉料柱 1/3~1/2 的体积,在高炉冶炼条件下焦炭既不熔融也不软化,能起支持料柱、维持炉内透气性的骨架作用。特别是在高炉下部,矿石和熔剂已全部软化并熔化为液体,只有焦炭仍以固体状态存在,从而保证高炉下部料柱的透气性,使炉缸煤气初始分布良好。焦炭的这一作用目前还没有其他燃料能替代。

(4)生铁渗碳的碳源。纯铁熔点很高(1535℃),在高炉冶炼的温度下难以熔化,但是当铁在高温下与燃料接触而不断渗碳后,其熔点逐渐降低,可达 1150℃。这样,生铁在高炉内能顺利熔化、滴落,与炉渣分离,保证高炉生产过程连续不断地进行。每吨炼钢生铁渗碳消耗的焦炭在 50kg 左右。

随着高炉喷煤技术的推广和风温水平的提高,焦炭作为发热剂、还原剂、渗碳剂的作用相对减弱,而其料柱骨架的作用却越来越重要。

1.4.1.2　高炉冶炼对焦炭的质量要求

（1）固定碳含量高，灰分低。焦炭中的固定碳含量与灰分有关。灰分升高，固定碳减少，发热量降低。通常焦炭灰分中 SiO_2 和 Al_2O_3 约占 75%~80%。故灰分升高，须增加熔剂消耗量，使渣量增加，热量消耗增加，焦比升高，产量降低。实际生产中灰分降低 1%，相当于固定碳升高 1%，则焦比降低 2%，产量提高 3%。因此应力求降低焦炭的灰分。

我国焦炭灰分含量一般为 10%~15%，鞍钢为 13%~14%，首钢约 12%，攀钢约 14%，武钢约 13%。国外大型高炉一般要求灰分小于 10%。降低焦炭灰分的主要措施是加强洗煤，合理配煤。炼焦过程不能降低灰分。

（2）硫分要少。高炉中的硫约 80% 来自焦炭。降低焦炭含硫量对提高生铁质量、降低焦比、提高产量有很大影响。当焦炭含硫高时，应多加石灰石提高炉渣碱度来脱硫，致使渣量增加。我国焦炭含硫质量分数一般为 0.5%~1.0%，鞍钢约 0.6%，本钢约 0.7%~0.8%。国外大型高炉一般要求 $w(S) < 0.5\%$。洗煤、炼焦过程中可去除 10%~30% 的硫，因此加强洗煤、合理配煤是控制焦炭含硫量的主要途径。

（3）挥发分含量适合。焦炭中的挥发分是炼焦过程中未分解挥发完的有机物，主要是碳、氢、氧及少量的硫和氮。挥发分过高说明焦炭成熟程度可能不够，夹生焦多，在高炉内易产生粉末；挥发分过低说明焦炭可能过烧，易产生裂纹多、极脆的大块焦。因此，焦炭挥发分过高或过低都将影响焦炭的产量和质量。合适的挥发分在 0.7%~1.4% 之间。

（4）水分要稳定。焦炭中的水分是湿法熄焦时渗入的，通常为 2%~6%。焦炭中的水分在高炉上部即可蒸发，对高炉冶炼无影响。但要求焦炭中的水分含量要稳定，因为焦炭是按质量入炉的，水分的波动将引起入炉焦炭量波动，会导致炉缸温度的波动。可采用中子测水仪测量入炉焦炭的水分，从而控制入炉焦炭的质量。

（5）机械强度要高。焦炭的机械强度是指焦炭的耐磨性和抗撞击能力。它是焦炭的重要质量指标。高炉冶炼要求焦炭的机械强度要高。否则，机械强度不好的焦炭，在转运过程中和高炉内下降过程中破裂产生大量的粉末，进入初渣，使炉渣的黏度增加，增加煤气阻力，造成炉况不顺。

目前我国一般用小转鼓测定焦炭强度。小转鼓是用钢板焊成的无穿心轴的密封圆筒，鼓内径和宽均为 1000mm，内壁每隔 90° 焊角钢一块，共计 4 块。试验时，取粒度大于 60mm 的焦炭 30kg，放入转鼓内，转鼓以 25r/min 的速度旋转 100 转，即 4min，倒出试样，用 ϕ40mm 和 ϕ10mm 的圆孔筛筛分，以大于 40mm 的焦炭占试样总量的百分比（以 M_{40} 表示）作为破碎强度指标，以小于 10mm 的焦炭占试样总量的百分比（以 M_{10} 表示）作为耐磨强度指标。M_{40} 越大，M_{10} 越小，表明焦炭的强度越高。

应该指出，小转鼓强度只代表焦炭在常温下的强度，并不能代表焦炭在高炉内的实际强度。鉴定焦炭在高温下的强度的方法有待于进一步研究。

（6）粒度要合适、均匀、稳定。焦炭粒度，既要求块度大小合适，又要求粒度均匀。大型高炉焦炭粒度范围为 40~80mm，中小高炉用焦炭，其粒度以 25~60mm 为宜。但这并不是一成不变的标准。高炉使用大量熔剂性烧结矿以来，矿石粒度普遍降低，焦炭和矿石间的粒度差别扩大，这不利于料柱透气性，因此，有必要适当降低焦炭粒度，使之与矿石粒度相适应。

（7）高温性能要好。焦炭的高温性能包括反应性（CRI）和反应后强度（CSR）。焦炭在高温条件下与CO_2和水蒸气相作用的能力称为焦炭的反应性，用CRI表示。通常用焦炭和CO_2反应后气体中CO和CO_2百分浓度的函数R、CO生成速率、C、CO_2的反应速率以及反应一定时间后焦炭消耗量占焦炭试样的百分比表示。目前高炉冶炼对焦炭的反应性十分关注。焦炭反应性越低，在风口回旋区与鼓风反应越慢，回旋区断面积就增大，炉料下降更均匀；焦炭反应性越高，在较低温度下就与CO_2反应，得不到有效利用，同时在高炉中，下部焦炭要经受CO_2以及铁氧化物等作用，即产生碳溶反应和焦炭龟裂，结果耐磨性大大降低，形成焦粉进入炉渣中，降低炉渣流动性，使炉内料柱的透气性降低。

焦炭的反应后强度是高炉下部焦炭反应后性能的要求，通常将反应后强度指标称为热强度。从生产实践证明，焦炭的反应性与反应后强度有较大的关系：反应性高的焦炭熔损大，其反应后强度低。

焦炭反应后强度与高炉内处于软融带强度相一致，它在与高炉下部的透气性有着良好的相关性，一般来说反应性高的焦炭其冷态转鼓指数M_{10}就差，反之，反应性低的焦炭M_{10}就好。若反应性相近似值的焦炭，冷态转鼓强度高，反应后强度也高。

目前，高炉在高冶炼强度和高喷煤比条件下，焦炭质量水平对高炉指标的影响率在35%左右。《高炉炼铁工艺设计规范》（GB 50427—2015）对焦炭质量的具体要求见表1-7。

表1-7 焦炭质量要求

炉容级别/m³	1000	2000	3000	4000	5000
M_{40}/%	≥78	≥82	≥84	≥85	≥86
M_{10}/%	≤8.0	≤7.5	≤7.0	≤6.5	≤6.0
反应后强度CSR/%	≥58	≥60	≥62	≥65	≥66
反应性指数CRI/%	≤28	≤26	≤25	≤25	≤25
焦炭灰分/%	≤13	≤13	≤12.5	≤12	≤12
焦炭含硫质量分数/%	≤0.7	≤0.7	≤0.7	≤0.6	≤0.6
焦炭粒度范围/mm	75~20	75~25	75~25	75~25	75~30
大于上限/%	≤10	≤10	≤10	≤10	≤10
小于下限/%	≤8	≤8	≤8	≤8	≤8

1.4.2 喷吹煤粉

向高炉内喷吹的辅助燃料可代替部分焦炭，大幅度降低焦比。我国冶金企业多数高炉都采用喷吹煤粉工艺。高炉喷吹煤种类很多，包括无烟煤、烟煤、褐煤等各煤种都可以用来喷吹。如德国蒂森公司喷吹过从挥发分为9%的无烟煤到挥发分达50%的褐煤。日本也将低挥发分无烟煤、高挥发分烟煤等不同煤种用于高炉喷吹。一般认为，高炉喷吹用煤应满足低灰分、低硫分、低水分、适宜的挥发分等质量要求。《高炉炼铁工艺设计规范》（GB 50427—2015）对喷吹煤粉质量的具体要求见表1-8。

表 1-8　喷吹煤粉质量要求

炉容级别/m³	1000	2000	3000	4000	5000
灰分 A_{ad}/%	≤12	≤11	≤10	≤9	≤9
含硫 $S_{t,ad}$/%	≤0.7	≤0.7	≤0.7	≤0.6	≤0.6

1.5　精料技术

国内外炼铁工作者均公认，高炉炼铁是以精料为基础。精料技术对高炉生产指标的影响率在 70%，工长操作水平占 10%，企业现代化管理水平占 10%，设备作业水平占 5%，外界因素（动力、供应、上下工序等）占 5%。在高冶炼强度、高喷煤比条件下，焦炭质量变化对高炉指标的影响率在 35% 左右。

精料技术的内容有高、熟、稳、均、小、净、少、好八个方面。

（1）高：入炉矿含铁品位高，原燃料转鼓指数高，烧结矿碱度高。入炉矿品位高是精料技术的核心。矿品位升高 1%，焦比降 1.0% ~ 1.5%，产量增加 1.5% ~ 2.0%，吨铁渣量减少 30kg，允许多喷煤粉 15kg。

（2）熟：指熟料（烧结和球团矿）比要高。

（3）稳：入炉的原燃料质量和供应数量要稳定。要求含铁品位波动±<0.5%，碱度波动±<0.08（倍），合格率大于 90%。

（4）均：入炉的原燃料粒度要均匀。

（5）小：入炉的原燃料粒度要偏小。

（6）净：入炉的原燃料要干净，粒度小于 5mm 占总量比例的 5% 以下，5 ~10mm 粒级占总量的 30% 以下。

（7）少：入炉的原燃料含有害杂质要少。

（8）好：铁矿石的冶金性能要好。还原性高（>60%）、软熔温度高（1200℃以上）、软熔温度区间要窄（100 ~150℃）、低温还原粉化率和膨胀率要低（一级<15%，二级<20%）等。

学习目标检测

（1）简述铁矿石的主要类型及特征。

（2）评价铁矿石质量有哪些指标？

（3）熔剂在炼铁中有何作用？

（4）焦炭在炼铁中有何作用，对其质量有何要求？

（5）叙述精料技术的主要内容。

模块 2 高炉炼铁原理

学习目标：

（1）掌握高炉内炉料的状态及软熔带对高炉冶炼的影响。

（2）了解高炉内炉料的蒸发、分解和气化过程。

（3）理解铁氧化物还原反应的热力学规律，掌握直接还原与间接还原对焦比的影响。

（4）理解还原反应的机理，掌握影响铁矿石还原速度的因素。

（5）掌握高炉内非铁元素还原的条件及生铁的形成过程。

（6）了解炉渣的成分和作用，掌握炉渣的形成过程及对高炉冶炼的影响。

（7）掌握高炉内炉渣脱硫的条件和影响生铁硫含量的因素。

（8）掌握高炉内的燃烧过程、高炉煤气的变化及热交换过程。

（9）掌握高炉内炉料和煤气的运动过程。

高炉冶炼是连续生产过程。整个过程是从风口前燃料燃烧开始的。燃烧产生向上流动的高温煤气与下降的炉料相向运动。高炉内的一切反应均发生于煤气和炉料的相向运动和互相作用之中。它们包括炉料的加热、蒸发、挥发和分解、氧化物的还原、炉料的软熔和造渣、生铁的脱硫和渗碳等，并涉及气、固、液多相的流动，发生传热和传质等复杂现象。

2.1 高炉内的基本状况

高炉是一个密闭的连续的逆流反应器，对这些过程不能直接观察，难以测试，人们主要是靠仪表反映和实践经验进行分析判断。冶金工作者采取了很多测试、取样、模拟实验等手段，取得了很多成果，加深了人们对高炉内部状况的了解，但仍不能确切而直观地了解炉内情况。当前直接而有效的办法是对高炉进行解剖研究。高炉解剖是把正在进行冶炼中的高炉，突然停止鼓风，并且急速降温以保持炉内原状，然后将高炉剖开，进行全过程的观察、录像、分析化验等各个项目的研究考察。

2.1.1 炉料的分布状态

从高炉解剖调查中初步肯定了高炉的冶炼过程可分为五个主要区域，在炉料与煤气流逆向运动过程中，热交换、还原、熔化与成渣等反应依次在五个区域中进行，这五个区域一般称为五带或五层，如图 2-1 所示。

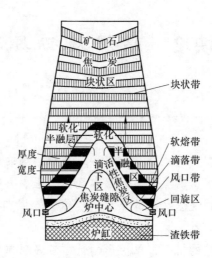

图 2-1　高炉内炉料的分布状态示意图

（1）块状带。炉内料柱的上部，矿石与焦炭始终保持着明显的固态的层次缓缓下降，但层状逐渐趋于水平，而且厚度也逐渐变薄。

（2）软熔带。它由许多固态焦炭层和黏结在一起的半熔融的矿石层组成，焦炭矿石相间，层次分明，由于矿石呈软熔状，透气性极差，煤气主要从焦炭层通过，像窗户口一样，因此称为"焦窗"。软熔带的上沿是软化线，下沿是熔化线，它和矿石的软熔温度区间相一致，其最高部分称为软熔带顶部，其最低部分与炉墙相连接，称为软熔带的根部。随着原料条件与操作条件的变化，软熔带的形状与位置都随之而改变。

（3）滴落带。位于软熔带之下，熔化后的渣铁像雨滴一样穿过固态焦炭层而滴落。

（4）风口带。焦炭在风口前，由于鼓风动能的作用在剧烈的回旋运动中燃烧，形成一个半空状态的焦炭回旋区。这个小区域是高炉中唯一存在的氧化性区域。

（5）渣铁带。在炉缸下部，主要是液态渣铁以及浸入其中的焦炭，铁滴穿过渣层以及渣铁界面时最终完成必要的渣铁反应，得到合格的生铁。

高炉内各区域的特征见表 2-1。

表 2-1　高炉内各区域的特征

区域	相向运动	热交换	反应
块状带	固体（焦炭、矿石）在重力作用下下降，煤气在强制鼓风下上升	上升煤气对固体料进行预热和干燥	矿石间接还原；焦炭的气化反应；碳酸盐分解
软熔带	焦炭缝隙影响气流分布	矿石软化半熔，上升煤气对软化半熔层传热熔化	矿石直接还原和渗碳
滴落带	固体（焦炭）、液体（铁水熔渣）的下降；煤气上升向回旋区供给焦炭	上升煤气使铁水、熔渣焦炭升温；滴下铁水和焦炭进行热交换	合金元素的还原、脱硫、渗碳
风口带	鼓风使焦炭回旋运动	燃烧反应放热使煤气温度升高	鼓风中的氧、水蒸气和焦炭、煤粉等发生燃烧反应

区域	相向运动	热交换	反 应
渣铁带	贮存铁水、熔渣，定时从渣口和铁口排放熔渣和铁水	铁水、熔渣和静止的焦炭之间热交换	渣—铁反应

2.1.2 软熔带对高炉冶炼的影响

2.1.2.1 软熔带的形状

根据软熔带的形状特点，一般可分为 3 种：

(1) 倒 V 形。它的形状像倒写的英文字母 V 字，如图 2-1 中所示的软熔带形状。其特点是：由于中心温度高，边沿温度低，煤气利用较好，而且对高炉冶炼过程一系列反应有着很好的影响。

(2) V 形。它的形状像英文字母 V 字形。其特点刚好与倒 V 形相反，边沿温度高而中心温度低，煤气利用不好，而且不利炉缸一系列反应。高炉操作中应该尽量避免它。

(3) W 形。它的特点与效果都处于以上二者之间。

2.1.2.2 影响软熔带形状的因素

根据高炉解剖研究及矿石的软熔特性、软熔带形状与炉内等温线相适应，而等温线又与煤气中 CO_2 分布相适应。在高炉操作中炉喉煤气 CO_2 曲线形状主要靠改变装料制度调节，其次受送风制度影响。因此，软熔带的形状主要受装料制度与送风制度影响。例如，对正装比例为主的高炉，一般都是接近倒 V 形的软熔带；如果以倒装为主或全倒装的高炉，基本上属 V 形软熔带；对正、倒装都占一定比例的高炉，一般接近 W 形的软熔带。

2.1.2.3 软熔带对高炉冶炼的影响

软熔带对高炉中下部起着煤气再分布的作用，它的形状和位置对高炉冶炼过程产生明显的影响，如影响矿石的预还原、生铁含硅、煤气利用、炉缸温度与活跃程度以及对炉衬的维护等。

目前倒 V 形软熔带被公认为是最佳软熔带。各种形状软熔带对冶炼过程的影响见表 2-2。

表 2-2 软熔带形状对高炉冶炼过程的影响

影响内容 \ 形状	倒 V 形	V 形	W 形
铁矿石预还原	有利	不利	中等
生铁脱硫	有利	不利	中等
生铁含硅	有利	不利	中等
煤气利用	利用好	不好	中等
炉缸中心活跃	中心活跃	不活跃	中等
炉墙维护	有利	不利	中等

2.2　炉料的蒸发、分解与气化

2.2.1　水分的蒸发与水化物的分解

炉料从炉顶装入高炉后，在下降过程中受到上升煤气流加热，首先水分蒸发。装入高炉的炉料，除烧结矿等熟料之外，在焦炭及有些矿石中均含有较多的水分。炉料中的水分又分为吸附水（也称物理水）和化合水（也称结晶水）两种。

2.2.1.1　水分的蒸发

存在于焦炭和矿石表面及孔隙中的吸附水加热到 105℃ 时就迅速干燥和蒸发。高炉炉顶温度很高（用冷料时为 150~250℃，用热的熟料时能达 400~500℃），炉内煤气流速度快，因此，吸附水在高炉上部很快蒸发。蒸发时消耗的热量是高炉上部不能再利用的余热。所以对焦比和炉况均没什么影响，相反，给高炉生产带来一定好处。如吸附水蒸发时吸收热量，使煤气温度降低，体积缩小，煤气流速减小，使炉尘吹出量减少，炉顶设备的磨损相应减弱。有时（很少）为了降低炉顶温度，还有意向焦炭加水。但吸附水的波动会影响配料称量的准确，对焦炭尤其应予重视。

2.2.1.2　水化物的分解

在炉料中以化合物存在的水称为结晶水，也称为化合水。这种含有结晶水的化合物也称为水化物。高炉料中的结晶水一般存在于褐铁矿（$n\mathrm{Fe_2O_3} \cdot m\mathrm{H_2O}$）和高岭土（$\mathrm{Al_2O_3} \cdot 2\mathrm{SiO_2} \cdot 2\mathrm{H_2O}$）中，即黏土的主要组成物。

褐铁矿中的结晶水在 200℃ 左右开始分解，400~500℃ 时分解速度激增。高岭土在 400℃ 时开始分解，但分解速度很慢，到 500~600℃ 时才迅速进行，结晶水分解除与温度有关外，还与其粒度和气孔度等有关。

由于结晶水分解，使矿石破碎而产生粉末，炉料透气性变坏，对高炉稳定顺行不利。部分在较高温度分解出的水汽还可与焦炭中的碳素反应，消耗高炉下部的热量。其反应如下：

在 500~1000℃ 时　　　　$2\mathrm{H_2O} + \mathrm{C_{焦}} =\!\!=\!\!= \mathrm{CO_2} + 2\mathrm{H_2} - 83134\mathrm{kJ}$　　　　　（2-1）

在 1000℃ 以上时　　　　$\mathrm{H_2O} + \mathrm{C_{焦}} =\!\!=\!\!= \mathrm{CO} + \mathrm{H_2} - 124450\mathrm{kJ}$　　　　　（2-2）

这些反应大量耗热并且消耗焦炭，同时减小风口前燃烧的碳量。使炉温降低，焦比增加。反应虽产生还原性气体（CO），但因在炉内部位较高，利用不充分，因而不能补偿其有害作用。

2.2.2　挥发物的挥发

2.2.2.1　焦炭中的挥发物

焦炭中一般含挥发物 0.7%~1.3%（按质量计），其主要成分是 $\mathrm{N_2}$、CO 和 $\mathrm{CO_2}$ 等气体。焦炭到达风口前，被加热到 1400~1600℃ 时，挥发物全部挥发。由于挥发物的量少，对煤气成分和冶炼过程影响不大。但在高炉喷吹燃料的条件下，特别是大量喷吹含挥发物较高的煤粉时，将引起炉缸煤气成分的明显变化，对还原也有影响。另外在焦炭挥发物挥发时，使焦炭碎化而产生粉末，影响炉缸工作。为此要求炼焦生产中应当提高焦饼的中心温度，尽可能把焦炭挥发物控制在下限水平。

2.2.2.2 其他物质的挥发与"循环富集"

除焦炭挥发物外，炉内还有许多化合物和元素进行少量挥发（也称气化）。其中包括可以在高炉内还原的元素，如 S、P、As、K、Na、Zn、Pb、Mn 以及还原的中间产物，如 SiO、PbO、K_2O、Na_2O 等。这些物质在高炉下部还原后气化，随煤气上升到高炉上部又冷凝，然后再随炉料下降到高温区又气化而形成循环。它们之中只有部分气化物质凝结成粉尘被煤气带出炉外或溶入渣铁后被带到炉外，而剩余部分则在炉内循环富集（也称循环积累）。有的积累常常妨碍高炉正常冶炼，如挥发的 Zn 蒸气渗入炉衬，在冷凝过程中被氧化成 ZnO，体积增大，使炉衬胀裂；Pb 的积累则会破坏炉底，渗入砖缝使砖浮起；还原出的 Mn 也有部分挥发随煤气上升至低温区，被氧化成极细的 Mn_3O_4，随煤气逸出，增加了煤气清洗的困难。有部分沉积在炉料的孔隙中，堵塞煤气流的上升通道，导致炉子难行甚至造成悬料和结瘤。在冶炼制钢生铁时，焦比或炉温较低，Mn 和 SiO 的挥发不多，对高炉生产影响不大。近年来研究证实，由于高炉炉缸温度过高造成的热悬料现象与 SiO 的大量挥发有着密切关系。

2.2.3 高炉内碱金属的挥发与危害

K、Na 等碱金属大都以各种硅酸盐的形态存在于炉料而进入高炉，进入高温区后被 C 直接还原为金属 K 与 Na。由于其沸点低（K 766℃，Na 890℃），还原后立即气化而进入煤气流。气态的 K、Na 在上升过程中与其他物质反应形成氰化物、氟化物、硅酸盐、碳酸盐、氧化物及少量硫酸盐等，并分别以固态或液态沉积在炉料的表面或孔隙以及炉衬的缝隙中，也能被软熔炉料吸收进入初成渣中。正常情况下炉料中的 K 和 Na 大部分可随炉渣排出，少部分被还原气化，形成 K、Na 的"循环富集"，还有少量混入煤气中逸出炉外。

近年来国内外高炉冶炼受碱金属危害的表现有以下几个方面：

（1）提前并加剧 CO_2 对焦炭的气化反应，主要表现是缩小间接还原区，扩大直接还原进而引起焦比升高、降低料柱特别是软熔带气窗的透气性、引起风口大量破损等。

（2）加剧球团矿灾难性的膨胀和多数烧结矿的中温还原粉化。

（3）由于上述两种原因，引起高炉料柱透气性恶化，压差梯度升高，如不适当控制冶炼强度，会频繁地引起高炉崩料、悬料乃至结瘤。

（4）碱金属积累严重的高炉内，矿石（包括人造矿）的软熔温度降低，在焦炭破损严重、气流分布失常或冷却强度过大时，也会引起高炉上部结瘤。

（5）碱金属引起硅铝质耐火材料异常膨胀、热面剥落和严重侵蚀，从而大大缩短了高炉内衬的寿命，严重时还会胀裂炉缸、炉底钢壳。

碱金属对高炉的危害是严重的，过去对它的发现和重视不够。为了减少易气化物质在炉内的循环富集量，可从两方面采取措施。

（1）提高煤气逸出炉外的比例，它主要取决于：

1）气化部位越低，则上升过程中被吸收的概率越大。蒸气压小的物质或难还原的物质（前者如 Pb、Mn，后者如 K、Na），它们的气化损失率很低。

2）碱性炉渣能吸收 S、P、SiO，而酸性炉渣易吸收 K、Na 的氧化物。因此，渣量大时对所有气化物质都有拦阻作用。

3）炉顶温度高、煤气流速大以及气流分布不均匀都有利于气化物逸出炉外。

4）还原后易溶于铁水的物质不易气化。

（2）必须降低炉料带入的量，这可以通过配料解决。与此同时应增大炉渣排走的量。生产中常用碱性渣脱硫，酸性渣排碱。例如通过低炉温，冶炼低硅生铁及配制高 MgO 但碱度低的炉渣完成排碱任务。这是因为 K_2O、Na_2O 是强碱性氧化物，随着酸性氧化物增加其稳定性增加。对于一些有害物质如 S、K、Na、As、Zn 等，不论以何种方式提高其排出量以减少其积累，并减少溶于铁水的量都是有利的。

2.2.4　碳酸盐的分解

高炉料中的碳酸盐常以 $CaCO_3$、$MgCO_3$、$FeCO_3$、$MnCO_3$ 等形态存在，以前二者为主。它们中很大部分来自熔剂，即石灰石或白云石，后二者来自部分矿石。这些碳酸盐受热时分解。其中大多分解温度较低，一般在高炉上部已分解完毕，对高炉冶炼过程影响不大。但 $CaCO_3$ 的分解温度较高，对高炉冶炼有较大影响。因此着重讨论 $CaCO_3$ 的分解及其对高炉进程的影响。

2.2.4.1　石灰石的分解

石灰石的主要成分是 $CaCO_3$，其分解反应为：

$$CaCO_3 = CaO + CO_2 \qquad -178000kJ \qquad (2\text{-}3)$$

反应达到平衡时，CO_2 的分压力称为 $CaCO_3$ 的分解压力，可用符号 p_{CO_2} 表示。分解压随温度升高而升高。当分解压力等于周围环境中 CO_2 的分压力（p'_{CO_2}）时，$CaCO_3$ 开始分解。此时的温度称为开始分解温度。当分解压力等于环境中气相的总压力（$p_{总}$）时，$CaCO_3$ 剧烈分解，此称为化学沸腾，此时温度称为化学沸腾温度。

$CaCO_3$ 的开始分解温度和化学沸腾温度与周围环境的压力（$p_{总}$ 和 p'_{CO_2}）有关。在大气中 CO_2 的质量分数为 0.03%，即 $p'_{CO_2} = 30Pa$，$p_{总} = 105Pa$。$CaCO_3$ 的开始分解温度为 530℃，化学沸腾温度为 900～925℃。在高炉内的总压力，二氧化碳分压力和环境温度都是随高度而变化的，故开始分解温度和化学沸腾温度与在大气中有所不同。

此外，石灰石的分解还与其本身的粒度有关，这是因为分解是由料块表面开始逐渐向内部进行。分解一定时间后，石灰石表面形成一层石灰层（CaO）。在相同条件下，无论大块或小块的石灰石，分解形成的石灰层厚度几乎相同。由于粒度越小，开始分解的总表面积越大，而且在石灰层厚度相同情况下，小块的分解速度比大块的要大。再则，由于石灰层导热性很差，石灰石中心不易达到分解温度。或者说，石灰石料块中心达到分解温度时，料块表面温度早已超过 1000℃，因此说高炉内大块的石灰石要比小块的需要更高的温度区域（1000℃以上）才能完全分解。而在高温区分解出的 CO_2 会与焦炭发生以下反应：

$$CO_2 + C === 2CO \qquad -165800kJ \qquad (2-4)$$

这个反应称为碳的气化反应。

据测定，在正常冶炼情况下，高炉中石灰石分解后，大约有50%的CO_2参加以上气化反应，因此要消耗一定的碳素。

2.2.4.2 石灰石分解对高炉冶炼造成的影响

（1）$CaCO_3$分解反应是吸热反应，据计算分解每1kg $CaCO_3$要消耗约1780kJ的热量。

（2）在高温区发生气化反应的结果，不但吸收热量，而且还消耗碳素并使这部分碳不能到达风口前燃烧放热（要注意，这里是双重的热消耗）。

（3）$CaCO_3$分解放出的CO_2，冲淡了高炉内煤气的还原气氛，降低了还原效果。

由于以上影响，增加石灰石（熔剂）的用量，将使高炉焦比升高，据统计每吨铁少加100kg石灰石，可降低焦比30~40kg。

2.2.4.3 消除石灰石不良影响的措施

（1）采用熔剂性烧结矿（或球团矿），高炉内不加或少加石灰石，对使用熟料率低的高炉可配加高碱度或超高碱度的烧结矿。

（2）缩小石灰石的粒度，使其在高炉的上部尽可能分解完毕，减少在高炉下部高温区发生气化反应。

（3）使用生石灰代替石灰石，在一些使用天然矿或酸性炉料较多的小高炉上，效果明显。不但焦比能降低，而且焦炭负荷明显增加，生铁产量大幅度提高。但是由于生石灰强度差，吸水性强，只适合于小高炉使用，而且储存不应超过2天，否则吸水粉化。同时劳动条件或环境较差，不能长久使用。

2.3 铁矿石的还原

2.3.1 还原反应的基本理论

铁氧化物还原是高炉内最主要的、最基本的和数量最多的反应。就高炉冶炼过程来说，还原剂就是从铁氧化物中脱去氧和使铁氧化物中的铁变为金属铁或铁的低价氧化物的物质，这一过程称为还原反应。由于矿石中的铁都以氧化物的形态存在，因此，必须夺取与铁结合的氧，使铁游离出来才能得到金属铁。所以，高炉冶炼过程实际上就是铁氧化物还原并熔化的过程。

还原反应的一般公式为：
$$MeO + B === Me + BO \qquad (2-5)$$
式中　MeO ——被还原元素的氧化物；

　　　B ——还原剂；

　　　Me ——被还原元素；

　　　MO ——还原剂的氧化物。

要想从金属氧化物中夺取氧，还原剂对氧的亲和力必须大于被还原元素对氧的亲和力，这是作为还原剂的基本条件。

衡量各种元素对氧亲和力的大小，常用这些元素氧化物的标准生成自由能 $\Delta G^{\ominus}$ 做指标。要使反应向右进行的条件是：

$$\Delta G^{\ominus}(\text{BO}) < \Delta G^{\ominus}(\text{MeO})$$

也就是说还原剂氧化物 BO 的标准生成自由能必须小于被还原氧化物的标准生成自由能。因此，也可导出还原剂氧化物的分解压力必须小于被还原元素氧化物的分解压。生成自由能的大小或氧化物分解压力的大小，还说明氧化物还原的难易和还原剂还原能力的强弱。氧化物生成自由能负值越大或分越压力越小越难还原，还原剂氧化物生成自由能负值越大或分解压力越小，其还原能力就越强。

从各元素氧化物的生成自由能或分解压的数据来看，在高炉冶炼中常遇到的各种元素还原难易顺序为（由易到难排列）：Cu、Pb、Ni、Co、Fe、Cr、Mn、V、Si、Ti、Al、Mg、Ca。

所以，在高炉冶炼条件下，Cu、Pb、Ni、Co、Fe 可以全部被还原；Cr、Mn、V、Si、Ti 部分被还原；Al、Mg、Ca 则不能被还原。

在高炉中应用的还原剂是廉价的，而且是易得到的 C、CO 和少量 H_2，特别是由 C 氧化生成的 CO，它与一般氧化物相反，唯独它是随着温度的升高，稳定性越好。由于这一特点，所以 C 成为冶金工业中一种既经济又丰富的还原剂。从热力学角度看，C 几乎可以作为全部氧化物的还原剂，不过在温度太低时反应时间过长，而温度太高时，设备与经济性也都成为问题。

因此，用 C 和 CO 作还原剂时都有一定的温度范围，在高炉条件下大约是在 600 ~ 1700℃ 的温度范围研究问题的。当然随着生产与科学技术的发展，温度上限可以提高，过去认为在高炉条件下不可能还原的元素，有的现在都又逐步做到了，例如冶炼高硅铁、冶炼 Al-Si 合金、稀土合金等。

2.3.2　铁氧化物的还原

2.3.2.1　铁氧化物还原的热力学

在铁矿石中，主要是含铁氧化物，也有少量非铁氧化物，如 Si、Mn 等氧化物。Fe 的氧化物主要以 3 种形态存在：Fe_2O_3、Fe_3O_4、FeO。在高炉冶炼中，Fe 几乎能全部被还原，而 Si、Mn 只能部分被还原，这主要决定于还原反应的平衡状态，即热力学条件；也受达到平衡状态难易程度的影响，即动力学条件。

高炉冶炼主要是以 CO 和 C 作为还原剂，还原区域的温度一般不大于 1500℃，在此条件下，CaO、Al_2O_3 和 MgO 在高炉冶炼过程中不可能被还原。

氧化物中的金属（或非金属）和氧亲和力的大小，也可用氧化物的分解压力大小来表示，即氧化物的分解压力越小，元素和氧的亲和力越大，该氧化物越稳定。

铁氧化物的分解压力比其他一些氧化物大，即 FeO 比 MnO 和 SiO_2 易于还原。Fe 的高价氧化物分解压力更大，如 Fe_2O_3 在 1375℃ 时的分解压力为 0.021MPa，在此温度下，即使无还原剂，Fe_2O_3 也能热分解，生成 Fe_3O_4；而 Fe_3O_4 与 FeO 的分解压力比 Fe_2O_3 小得多，FeO 要达到 3487℃ 时才能分解，高炉内达不到这样高的温度，因此在高炉内不能靠加热分解以获得铁的低价氧化物直至金属铁，而需借助还原剂还原。

铁氧化物的还原顺序是从高价铁氧化物逐级还原成低价铁氧化物，最后获得金属铁。其还原顺序为：$Fe_2O_3 \rightarrow Fe_3O_4 \rightarrow FeO \rightarrow Fe$。

由于 FeO 在低于 570℃ 时是不稳定的，所以还原情况是：

（1）当温度高于 570℃ 时，$Fe_2O_3 \rightarrow Fe_3O_4 \rightarrow FeO \rightarrow Fe$。

（2）当温度低于 570℃ 时，$Fe_2O_3 \rightarrow Fe_3O_4 \rightarrow Fe$。

A 用 CO 还原 Fe 的氧化物

矿石入炉后，在加热温度未超过 900~1000℃ 的高炉中上部，铁氧化物中的氧是被煤气中 CO 夺取而产生 CO_2 的。这种还原过程不是直接用焦炭中的碳素作还原剂，故称为间接还原。

低于 570℃ 时还原反应分两步：

$$3Fe_2O_3 + CO = 2Fe_3O_4 + CO_2 \quad + 27130kJ \qquad (2-6)$$

$$Fe_3O_4 + 4CO = 3Fe + 4CO_2 \quad + 17160kJ \qquad (2-7)$$

高于 570℃ 反应分三步：

$$3Fe_2O_3 + CO = 2Fe_3O_4 + CO_2 \quad + 27130kJ$$

$$Fe_3O_4 + CO = 3FeO + CO_2 \quad - 20888kJ \qquad (2-8)$$

$$FeO + CO = Fe + CO_2 \quad + 13600kJ \qquad (2-9)$$

当 Fe_2O_3、Fe_3O_4 等为纯物质时，其活度 $\alpha_{Fe_2O_3} = \alpha_{Fe_3O_4} = 1$，因此这些反应的平衡常数 $K_p = p_{CO_2} / p_{CO} = w(CO_2)/w(CO)$。由于气相中 $w(CO) + w(CO_2) = 100\%$，联解上两式可得：

$$w(CO) = 100/(K_p + 1)$$

对不同温度和不同铁氧化物而言 K_p 值不同，故可求得某温度下的平衡气相成分 $w(CO)$ 和 $w(CO_2)$，绘成如图 2-2 所示。

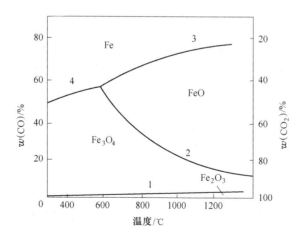

图 2-2 CO 还原铁氧化物的平衡气相成分与温度的关系

图中曲线 1 为反应 $3Fe_2O_3 + CO = 2Fe_3O_4 + CO_2$ 的平衡气相成分与温度的关系线。它的位置很低，说明平衡气相中 CO 浓度很低，几乎全部为 CO_2。换句话讲，只要少量的 CO

就能使 Fe_2O_3 还原。这是因为 $3Fe_2O_3+CO = 2Fe_3O_4+CO_2$ 反应的平衡常数 K_p 在不同温度下的值都很大，或者说 Fe_2O_3 的分解压很大，其反应很容易向右进行。一般把它看为不可逆反应。该反应在高炉上部低温区就可全部完成，还原成 Fe_3O_4。

曲线 2 是反应式 $Fe_3O_4+CO = 3FeO+CO_2$ 的平衡气相与温度关系线。它向下倾斜，说明平衡气相中 CO 的浓度随温度的升高而降低，随温度升高，CO 的利用程度提高。也说明这个反应是吸热反应，温度升高有利反应向右进行。当温度一定时，平衡气相成分是定值。如果气相中的 CO 含量高于这一定值，反应则向右进行，低于这一定值，反应向左进行，使 FeO 进一步被氧化而成 Fe_3O_4。

曲线 3 是反应式 $FeO+CO = Fe+CO_2$ 的平衡气相成分与温度关系线。它向上倾斜，即反应平衡气相中 CO 的浓度随温度升高而增大，说明 CO 的利用程度随温度升高而降低，并且还是放热反应，升高温度该反应不利向右进行。

曲线 4 是反应式 $Fe_3O_4+4CO = 3Fe+4CO_2$ 的平衡气相与温度关系线。它与曲线 3 一样是向上倾斜的，并在 570℃ 的位置与曲线 2、3 相交，这说明反应仅在 570℃ 以下才能进行。升高温度对该反应不利。由于温度低，反应进行的速度很慢，该反应在高炉中发生的数量不多，其意义也不大。

曲线 2、3、4 将上图分为 3 部分，分别称为 Fe_3O_4、FeO、Fe 的稳定存在区域。稳定区的含意是该化合物在该区域条件下能够稳定存在，例如在 800℃ 条件下，还原气相中保持 $w(CO) = 20\%$，那么投进 Fe_2O_3，它将被还原成 Fe_3O_4。而投进 FeO 则被氧化成 Fe_3O_4，所以稳定存在的物质是 Fe_3O_4。若在 800℃ 下要得到 FeO 或 Fe，必须把 CO 的质量分数相应保持 28.1% 或 65.3% 以上才有可能，所以稳定区的划分取决于温度和气相成分。

由于 Fe_3O_4 和 FeO 的还原反应均属可逆反应，即在某温度下有固定平衡成分 $K_p = w(CO_2)/w(CO)$，故用 1mol CO 不可能把 1mol Fe_3O_4（或 FeO）还原为 3mol FeO（或金属 Fe），而必须要有更多的还原剂 CO 才能使反应后的气相成分满足平衡条件需要，或者说，为了 1mol Fe_3O_4 或 FeO 能彻底还原完毕，必须要加过量的还原剂 CO 才行。所以更正确的反应式应写为：

高于 570℃ 时 $\quad Fe_3O_4 + nCO == 3FeO + CO_2 + (n-1)CO$ （2-10）

$\quad\quad\quad\quad 2FeO + (n+1)CO == 2Fe + 2CO_2 + (n-1)CO$ （2-11）

低于 570℃ 时 $\quad Fe_3O_4 + 4nCO == 3Fe + 4CO_2 + 4(n-1)CO$ （2-12）

式中，n 为还原剂的过量系数，其大小与温度有关，其值大于 1。n 可根据平衡常数 K_p 求得，也可按平衡气相的成分求得。

$$K_p = w(CO_2)/w(CO) = 1/(n-1) \quad\quad (2\text{-}13)$$

则 $$\quad\quad\quad\quad n = 1 + 1/K_p \quad\quad (2\text{-}14)$$

将 $K_p = w(CO_2)/w(CO)$ 代入式（2-14）：

$$n = 1/w(CO_2) \quad\quad (2\text{-}15)$$

式中，$w(CO_2)$、$w(CO)$ 为在某温度下，反应处于平衡状态时 CO_2 或 CO 的质量分数。

B 用固体碳还原铁的氧化物

用固体碳还原铁的氧化生成的气相产物是 CO，这种还原称为直接还原，如 $FeO+C = Fe+CO$。由于矿石在下降过程中，在高炉上部的低温区已先经受了高炉煤气的间接还原。即在矿石到达高温区之前，都已受到一定程度的还原，残存下来的铁氧化物主要以

FeO 形式存在（在崩料、坐料时也可能有少量未经还原的高价铁氧化物落入高温区）。

矿石在软化和熔化之前与焦炭的接触面积很小，反应的速度则很慢，所以直接还原反应受到限制。在高温区进行的直接还原实际上是通过下述两个步骤进行的。

第一步：通过间接还原。

$$Fe_3O_4 + CO = 3FeO + CO_2$$
$$FeO + CO = Fe + CO_2$$

第二步：间接还原的气相产物与固体碳发生反应（前面提到的碳气化反应）。

$$FeO + CO = Fe + CO_2 \qquad + 13600kJ$$
$$+) \quad CO_2 + C = 2CO \qquad - 165800kJ$$

$$FeO + C = Fe + CO \qquad - 152200kJ$$

以上两步反应中，起还原作用的仍然是气体 CO，但最终消耗的是固体碳，故称为直接还原。

二步式的直接还原不是在任何条件下都能进行。这是因为碳气化反应是可逆反应，只有该反应在高温下向右进行，直接还原才存在。而 $CO_2+C = 2CO$ 反应前后气相体积发生变化（由 1mol CO_2 变为 2mol CO），因此反应的进行不仅与气相成分有关外，也与压力有关。提高压力反应有利向左进行，一般由于高炉正常时的压力变化不大，下面只讨论温度与平衡气相成分的影响。

图 2-3 是将反应 $CO_2+C = 2CO$ 在一大气压下，平衡气相成分与温度关系曲线与图 2-2 的合成图。

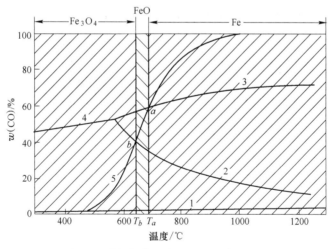

图 2-3 碳的气化反应对还原反应的影响

图中曲线 5 分别与曲线 2、3 交于 b 和 a，两点对应的温度分别是 $t_b = 647℃$，$t_a = 685℃$（注意这里总压力 $p = p_{CO} + p_{CO_2} = 1×10^5Pa$）。

由于碳气化反应的存在，使图中的 3 个稳定存在区域发生了变化。在温度大于 685℃ 的区域内，曲线 5 下面部分，CO 的浓度都低于气化反应达到平衡时气相中 CO 的浓度，而且高炉内又有大量碳存在，所以碳的气化反应总是向右进行，直到气相成分达到曲线 5 为止。从此看，在 685℃ 以上区域，气相中 CO 浓度总是高于曲线 1、2、3 的平衡气相中

CO 的浓度，使反应向右进行，直到 FeO 全部还原到 Fe 为止。所以说，大于 685℃的区域是铁的稳定存在区。

温度小于 647℃区域，曲线 5 的位置很低，与前面分析情况相反，碳的气化反应向左进行，则发生 CO 的分解反应。使气相中 CO 减少，CO_2 增多，最后导致 Fe_3O_4 与 FeO 的还原反应也都向左进行，直到全部 Fe 氧化成 Fe_3O_4 并使反应达到平衡为止。所以在温度小于 647℃的区域为 Fe_3O_4 的稳定存在区。

温度在 647~685℃之间，曲线 5 的位置高于曲线 2，低于曲线 3。同理可知，使曲线 2，即 Fe_3O_4 的还原反应向右进行，使曲线 3，即 FeO 的还原反应向左进行，所以该区为 FeO 的稳定存在区。

综上所述，有碳的气化反应存在，铁氧化物稳定存在区域发生变化，由主要依据煤气成分而变为以温度界限划分。但高炉内的实际情况又与以上分析不相符。在高炉内低于 685℃的低温区，已见到有 Fe 被还原出来，其主要原因有以下几方面：

（1）上述的讨论是在平衡状态下的结论，而高炉内由于煤气流速很大，煤气在炉内停留时间很短（2~6s），煤气中 CO 的浓度又很高，故使还原反应未达到平衡。

（2）碳的气化反应在低温下有利反应向左进行。但任何反应在低温下反应速度都很慢，反应达不到平衡状态，所以气相中 CO 成分在低温下远远高于其平衡气相成分。故在高炉中除在风口前的燃烧区域为氧化区域外，都是较强的还原气氛。铁的氧化物则易被还原成 Fe。

（3）685℃是在压力为 $p_{CO} + p_{CO_2} = 1 \times 10^5 \, Pa$ 前提获得，而实际高炉内的 $w(CO) + w(CO_2) = 40\%$ 左右，即 $p_{CO} + p_{CO_2} = 0.4 \times 10^5 \, Pa$。外界压力降低，碳的气化反应平衡曲线应向左移动，故交点应低于 685℃。

（4）碳的气化反应不仅与温度、压力有关，还与焦炭的反应性有关。据测定，一般冶金焦炭在 800℃时开始气化反应，到 1100℃时激烈进行。此时气相中（质量分数）CO 几乎达 100%而 CO_2 几乎为 0。这样可认为高炉内低于 800℃的低温区不存在碳的气化反应也就不存在直接还原，故称为间接还原区域。大于 1100℃时气相中不存在有 CO_2，也可认为不存在间接还原，所以把这区域称为直接还原区。而在 800~1100℃的中温区为二者还原反应都存在的区域，如图 2-4 所示。

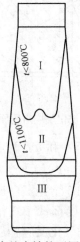

图 2-4 高炉内铁的还原区示意图

高炉内的直接还原除了以上提到的两步反应方式外，在下部的高温区还可通过以下方式进行：

$$(FeO) + C_焦 === [Fe] + CO_{(g)}$$
$$(FeO) + [Fe_3C] === 4[Fe] + CO_{(g)}$$

一般只有 0.2%~0.5% 的 Fe 进入炉渣中。如遇炉况失常渣中 FeO 较多，造成直接还原增加，而且由于大量吸热反应会引起炉温剧烈波动。

C　用氢还原铁的氧化物

在不喷吹燃料的高炉上，煤气中的含 H_2 量（质量分数）只是 1.8%~2.5%。它主要是由鼓风中的水分在风口前高温分解产生。在喷吹燃料（特别是重油、天然气）的高炉，煤气中含 H_2 量显著增加，可达 5%~8%（质量分数）。氢和氧的亲和力很强，所以氢也是高炉冶炼中的还原剂。氢的还原也称间接还原。

用氢还原铁氧化物的顺序与 CO 还原时一样，在温度高于 570℃ 还原反应分三步进行：

$$3Fe_2O_3 + H_2 === 2Fe_3O_4 + H_2O \quad + 21800kJ \quad (2\text{-}16)$$
$$Fe_3O_4 + H_2 === 3FeO + H_2O \quad - 63570kJ \quad (2\text{-}17)$$
$$FeO + H_2 === Fe + H_2O \quad - 27700kJ \quad (2\text{-}18)$$

低于 570℃ 时反应分两步进行：

$$3Fe_2O_3 + H_2 === 2Fe_3O_4 + H_2O \quad + 21800kJ$$
$$Fe_3O_4 + 4H_2 === 3Fe + 4H_2O \quad - 146650kJ \quad (2\text{-}19)$$

上述反应除式（2-16）是不可逆反应外，其余均为可逆反应。即在一定温度下有固定的平衡常数，$K_p = p_{H_2O}/p_{H_2} = w(H_2O)/w(H_2)$。其平衡气相成分与温度关系如图 2-5 所示。

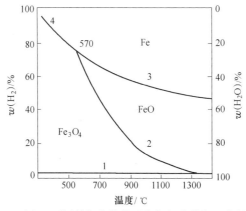

图 2-5　用 H_2 还原铁氧化物的平衡气相成分与温度的关系

曲线 1、2、3、4 相应表示反应式（2-16）、式（2-17）、式（2-18）和式（2-19）。曲线 2、3、4 向下倾斜，表示均为吸热反应，随温度升高，平衡气相中的还原剂量降低，而 H_2O 的含量增加，这与 CO 的还原不同。

为了比较，将氢还原铁氧化物的平衡组成与 CO 还原铁氧化物平衡组成绘于图 2-6，可见，用 H_2 和 CO 还原 Fe_3O_4 和 FeO 时的平衡曲线都交于 810℃。

当温度低于 810℃ 时：$p_{H_2O}/p_{H_2} < p_{CO_2}/p_{CO}$

当温度等于 810℃ 时：$p_{H_2O}/p_{H_2} = p_{CO_2}/p_{CO}$

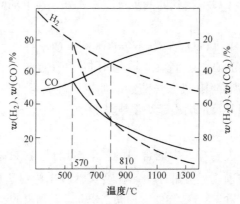

图 2-6　Fe-O-C 与 Fe-O-H 系气相平衡成分比较

当温度高于 810℃时：$p_{H_2O}/p_{H_2} > p_{CO_2}/p_{CO}$

以上说明 H_2 的还原能力随温度升高不断提高，在 810℃时 H_2 与 CO 的还原能力相同。在 810℃以上 H_2 的还原能力高于 CO 的还原能力。而在 810℃以下 CO 的还原能力高于 H_2 的还原能力。

H_2 与 CO 的还原相比有以下特点：

（1）与 CO 还原一样，均属间接还原，反应前后气相体积（H_2 与 H_2O）没有变化，即反应不受压力影响。

（2）除 Fe_2O_3 的还原外，Fe_3O_4、FeO 的还原均为可逆反应。在一定温度下有固定的平衡气相成分，为了铁的氧化物还原彻底，都需要过量的还原剂 n。

（3）反应为吸热过程，随着温度升高，平衡气相曲线向下倾斜，说明 n 值降低，也即是 H_2 的还原能力提高。

（4）从热力学因素看 810℃以上，H_2 还原能力高于 CO 还原能力。810℃以下时，则相反。

（5）从反应的动力学看，因为 H_2 与其反应产物 H_2O 的分子半径均比 CO 与其反应产物 CO_2 的分子半径小，因而扩散能力强。以此说明不论在低温或高温下，H_2 还原反应速度都比 CO 还原反应速度快（当然任何反应速度都是随温度升高而加快的）。

（6）在高炉冶炼条件下，H_2 还原铁氧化物时，还可促进 CO 和 C 还原反应的加速进行。因为 H_2 还原时的产物 $H_2O_{(g)}$，会同 CO 和 C 作用放出氧，而 H_2 又重新被还原出来，继续参加还原反应。如此，H_2 在 CO 和 C 的还原过程中，把从铁氧化物中夺取的氧又传给了 CO 或 C，起着中间媒介传递作用。

在低温区 H_2 还原时的产物 H_2O 与 CO 作用：

$$FeO + H_2 = Fe + H_2O$$
$$+)\quad H_2O + CO = H_2 + CO_2$$

$$FeO + CO = Fe + CO_2$$

在高温区，H_2O 与 C 作用：

$$FeO + H_2 = Fe + H_2O$$
$$+)\quad H_2O + C = H_2 + CO$$

$$FeO + C = Fe + CO$$

可见 H_2 在中间积极参与还原反应，而最终消耗的还是 C 和 CO。H_2 在高炉冶炼过程中，只能一部分参加还原，得到产物 H_2O。据统计，在入炉总 H_2 中，约有 30%~50%的 H_2 参加还原反应并变为 $H_2O_{(g)}$，而大部分 H_2 则随煤气逸出炉外。

如何提高 H_2 的利用率，是改善还原强化冶炼的一个重要课题。实践表明，H_2 在高炉下部高温区还原反应激烈，为在炉内参加还原 H_2 量的 85%~100%。而直接代替 C 还原的 H_2 约占炉内参加还原 H_2 量的 80%以上，另一少部分则代替了 CO 的还原。

2.3.2.2 铁氧化物的直接还原与间接还原的比较

A 铁的直接还原度

高炉内进行的还原方式有两种，即直接还原和间接还原。把各种还原在高炉内的发展程度用直接还原度来衡量。直接还原度又可分为铁的直接还原度 r_d 和高炉的直接还原度 R_d。在铁的直接还原度相同的情况下，可能获得不同的高炉直接还原度。

假定铁的高价氧化物（Fe_2O_3、Fe_3O_4）还原到低价氧化物（FeO）全部为间接还原，则 FeO 中以直接还原的方式还原出来的铁量与铁氧化物中还原出来的总铁量之比，称为铁的直接还原度，以 r_d 表示：

$$r_d = Fe_直/(Fe_{生铁} - Fe_料) \qquad (2-20)$$

式中　$Fe_直$——FeO 以直接还原方式还原出的铁量；

　　　$Fe_{生铁}$——生铁中的含 Fe 量；

　　　$Fe_料$——炉料中以元素铁的形式带入的铁量，通常指加入废铁中的铁量。

对铁的还原来说，其直接还原和间接还原的总和应为 100%，则铁的间接还原度 r_i 为：

$$r_i = 1 - r_d \qquad (2-21)$$

通常 r_d 处于 0~1 之间，常为 0.4~0.6。

高炉冶炼过程中，直接还原夺取的氧量 $O_直$（包括还原 Fe、Si、Mn、P 及脱硫等）与还原过程夺取的总氧量 $O_总$ 之比称为高炉的直接还原度，以 R_d 表示：

$$R_d = O_直/O_总 = O_直/(O_直 + O_间) \qquad (2-22)$$

铁的直接还原度和高炉的直接还原度都可以评价冶炼过程中直接还原的发展程度。r_d 虽然没有包括非铁元素的直接还原，但在冶炼条件比较稳定时能灵敏地反映出还原过程的变化，应用较为广泛。

B 铁氧化物直接还原与间接还原对焦比的影响

在高炉内如何控制各种还原反应来改善燃料的热能和化学能的利用，是降低焦比的关键问题。高炉最低的燃料消耗，并不是全部为直接还原或是全部为间接还原，而是在两者适当比例下获得。这一理论可以通过下面的计算与分析证明。

a 铁的直接还原度与还原剂碳量消耗的关系（以吨铁为计算单位）

（1）用于直接还原铁的还原剂碳量消耗（C_d）。

$$C_d = 12/56 \cdot r_d \cdot [Fe] = 0.214r_d \cdot [Fe] \qquad (2-23)$$

式中　[Fe]——1t 生铁中的铁量，kg。

（2）用于间接还原铁的还原剂 CO 的碳量消耗（C_i）。这里只讨论 FeO 的间接还原，因为 FeO 是各类铁氧化物还原中最难还原的，只要能满足 FeO 还原的还原剂，其他铁氧化物还原也可满足。

$$FeO + nCO = Fe + CO_2 + (n-1)CO$$

$$C_i = 12/56 \cdot n \cdot r_i \tag{2-24}$$

对铁的还原来说，$r_d + r_i = 1$。这里的关键是找到恰当的 n 值。

从图 2-7 中可以看出，在高炉风口区燃烧生成的煤气中的 CO 首先遇到 FeO 进行还原。

$$FeO + n_1CO = Fe + CO_2 + (n_1 - 1)CO$$

$$n_1 = 1/K_{p_1} + 1 \tag{2-25}$$

式中，K_{p_1} 为平衡常数。还原 FeO 之后的气相产物 $CO_2 + (n_1 - 1)CO$ 上升中遇到 Fe_3O_4，如果能保证从 Fe_3O_4 中还原出相应数量的 FeO 时，下列反应就可成立：

$$\frac{1}{3}Fe_3O_4 + CO_2 + (n_1 - 1)CO = FeO + \frac{4}{3}CO_2 + \left(n_1 - \frac{4}{3}\right)CO$$

该反应平衡常数为：

$$K_{p_2} = CO_2\%/CO\% = \frac{4}{3}\bigg/\left(n_1 - \frac{4}{3}\right)$$

$$n_1 = \frac{4}{3}\left(\frac{1}{K_{p_2}} + 1\right) \tag{2-26}$$

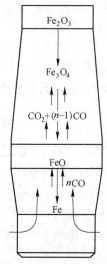

图 2-7　高炉内 CO 还原铁氧化物的示意图

为区别 FeO 的还原，这里把 Fe_3O_4 还原的过量系数 n_1 改写成 n_2，即 $n_2 = 4/3[(1/K_{p_2}) + 1]$；当 $n_1 = n_2$ 时，FeO 与 Fe_3O_4 还原时的耗碳量均可满足，此时的温度应该认为是铁氧化物全部还原的最低温度。相应的碳素消耗也是最低的理论碳素消耗（$n_1 = n_2 = n$）。不同温度下的 n_1 和 n_2 的值见表 2-3。

表 2-3　不同温度下 n_1 和 n_2 的值

温度/℃ 反应式的 n 值	600	700	800	900	1000	1100	1200
$FeO \xrightarrow{n_1CO} Fe$	2.12	2.5	2.88	3.17	3.52	3.82	4.12
$\frac{1}{3}Fe_3O_4 \xrightarrow{n_2CO} FeO$	2.42	2.06	1.85	1.72	1.62	1.55	1.50

将数值绘成图2-8比较两个反应,由于FeO的还原是放热反应,所以n_1随温度升高而上升。而Fe_3O_4的还原为吸热反应,故n_2随温度升高而降低。若同时保证两个反应,应取其中最大值。当$n_1 = n_2 = n$的情况是保证两个反应都能完成的最小还原剂消耗量。从图2-8可见,630℃时,$n_1 = n_2 = 2.33$,从而可计算出间接还原时还原剂的最小消耗量为:

$$C_i = 2.33 \times (12/56)(1 - r_d) \cdot [Fe] = 0.4993(1 - r_d)[Fe] \quad (kg)$$

以上分析看出,只从还原剂消耗看,还原产出1t生铁(不包括其他元素等直接还原耗碳),全部直接还原的耗碳量要比全部为间接还原所消耗的碳素量要少。

b 铁的直接还原度r_d与消耗在发热剂的碳量的关系

从还原反应热效应看,间接还原是放热反应:

$$FeO + CO \overline{\quad\quad} Fe + CO_2 \quad\quad + 13600kJ$$

可计算出还原1kg Fe的放热为13600/56 = 243kJ,而直接还原则是吸热反应:

$$FeO + C \overline{\quad\quad} Fe + CO \quad\quad - 152200kJ$$

即1kg Fe的吸热为152200/56 = 2720kJ,二者绝对值相差10倍以上,所以从热量的需求看发展间接还原大为有利。

综上所述,高炉中碳的消耗应满足三方面需求,即作为还原剂消耗在直接还原和间接还原方面,同时还应满足碳作为发热剂方面的消耗。为了说明清楚,把C_d、C_i和冶炼1t生铁时的热量消耗Q(该数据将在热平衡计算中说明)及以上三者与直接还原度r_d的关系绘在同一图上,如图2-9所示。

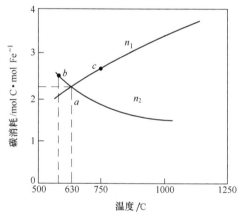

图2-8 FeO和Fe_3O_4的还原比较

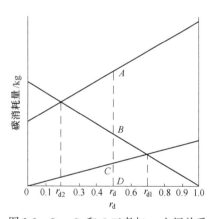

图2-9 C_d、C_i和Q三者与r_d之间关系

横坐标为铁的直接还原度r_d,纵坐标是单位生铁的碳素消耗(只考虑铁氧化物还原),左端纵轴代表全部为间接还原行程,右端纵轴代表全部为直接还原行程。对单位生铁的热耗Q折算成相应的碳耗(它也是r_d的函数),由于生产中热损失有所不同,对Q线在图中会有相互平行的上下移动。从图2-9可分析以下几点:

(1)当高炉生产处于r_d时,如D点,直接还原所消耗的碳量为$\overline{CD}$,间接还原消耗的碳量为BD。最终的碳量消耗应是二者中的大者,而不是二者之和,即等于$\overline{BD}$值。原因是在高炉下部直接还原生成的CO产物,在上升过程中仍能继续用于高炉上部的间接还原。所以在r_d时最低还原剂消耗量,应该是$C_d = C_i$,即C_d与C_i线之交点。

（2）若同时考虑热量消耗所需碳时，如高炉之 r_d 仍处于 D 点，则此时为了保证热量消耗，在风口前要燃烧 AC 数量的碳素才行，那么高炉所需的最低焦比应该是 $\overline{AD}$ 所确定的值，而不是 $\overline{AD}+\overline{BD}$ 之和，即取 Q 与 C_i 之间的大值（$\overline{AC}$）再加上 $\overline{CD}$。原因是为了满足 Q，需在风口前燃烧碳，产生热量。而燃烧生成的 CO 在上升中能继续用于间接还原，所以取 Q 与 C_i 之间的大者。而直接还原消耗的碳素仍需保证，所以焦比的碳量等于 $\overline{AD}$。由此可见理想高炉行程是既非全部直接还原，也非全部间接还原，而是二者有一定比例。

（3）高炉冶炼处于时（D 点），直接还原消耗碳素 $\overline{CD}$，而热量消耗需在风口前燃烧的碳素 $\overline{AC}$。风口前燃烧和直接还原都生成 CO，其中有 $\overline{BD}$ 部分用在间接还原，而 $\overline{AB}$ 部分以 CO 形式离开高炉，此即高炉煤气中化学能未被利用的部分。它是通过操作等方法可以继续挖取的潜力。请注意 $\overline{AB}$ 并不等于炉顶煤气中 CO 的值，因为 $\overline{BD}$ 中包含一部分为可逆反应平衡所需的 CO，这部分 CO 加上 $\overline{AB}$ 段 CO，再扣去 Fe、Mn 等高价氧化物还原剂 FeO、MnO 所消耗的 CO，才是最终从炉顶离开的 CO 量。

（4）现实高炉的 $r_d>r_{d2}$，故高炉焦比主要取决于热量消耗，严格说取决于热量消耗的碳素与直接还原消耗的碳素之和，而不取决于间接还原的碳素消耗量，此即高炉焦比由热平衡来计算的理论依据。由此推论，一切降低热量消耗的措施均能降低焦比。目前高炉 r_d $>r_{d2}$，高炉工作者当前的奋斗目标仍是降低 r_d。不能认为 100% 间接还原是非理想行程，而对间接还原的意义注意不够，降低 r_d 是当前降低焦比的一个有效措施。

（5）单位生铁的热量消耗降低时（如渣量减少、灰石用量减少、控制低 [Si]、减少热损失等），Q 线则平行下移，此时理想的 r_d 值向右移动，高炉更容易实现理想行程。r_{d2} 的焦比就是在某冶炼条件下的理论最低焦比。r_{d2} 又称为理想的直接还原度（或称适宜的直接还原度），一般在 0.2~0.3 范围。而对一些小高炉由于热损失过大，使 Q 线上移，r_{d2} 点还要小于 0.2~0.3。我国目前的实际直接还原度往往在 0.5~0.7。

2.3.3　非铁元素的还原

2.3.3.1　锰的还原

锰是高炉冶炼中常遇到的金属，高炉有时也炼镜铁和锰铁。锰是贵重元素，高炉中的锰主要由锰矿石带入，一般铁矿石中也都含有少量锰。高炉内锰氧化物的还原也是从高价向低价逐级进行的。

其顺序为：$6MnO_2 \rightarrow 3Mn_2O_3 \rightarrow 2Mn_3O_4 \rightarrow 6MnO \rightarrow 6Mn$

失氧量　　　　　　3/12　　　　1/12　　　2/12　　6/12

气体还原剂（CO、H_2）把高价锰氧化物还原到低价 MnO 是比较容易的，因为 MnO_2 和 Mn_2O_3 的分解压都比较大。在 $P_{O_2} = 1atm$（98066.5Pa）时，MnO_2 分解温度为 565℃，Mn_2O_3 分解温度为 1090℃，其反应可认为是不可逆反应，如下：

$$2MnO_2 + CO =\!=\!= Mn_2O_3 + CO_2 \quad + 226690kJ$$

$$3Mn_2O_3 + CO =\!=\!= 2Mn_3O_4 + CO_2 \quad + 170120kJ$$

Mn_3O_4 的还原则为可逆反应：

$$Mn_3O_4 + nCO =\!=\!= 3MnO + CO_2 + (n-1)CO \qquad + 51880kJ$$

在 1400K（1127℃）以下 Mn_3O_4 没有 Fe_3O_4 稳定，即是说，Mn_3O_4 比 Fe_3O_4 易还原。但 MnO 是相当稳定的化合物，其分解压比 FeO 分解压小得多。在 1400℃的纯 CO 的气流中，只能有极少量的 MnO 被还原，平衡气相中的 CO_2 只有 0.03%，由此可见，高炉内 MnO 不能由间接还原进行。MnO 的直接还原也是通过气相反应进行的，反应式如下：

$$MnO + CO =\!=\!= Mn + CO_2 \qquad -121500kJ$$
$$+)\quad CO_2 + C =\!=\!= 2CO \qquad -165690kJ$$

$$MnO + C =\!=\!= Mn + CO \qquad -287190kJ$$

还原 1kg Mn 耗热为 287190/55 = 5222kJ/kg，它比直接还原 1kg Fe 的耗热（2720kJ/kg）约高一倍，即比铁难还原，所以高温是锰还原的首要条件。

由于 Mn 在还原之前已进入液态炉渣，在 1100~1200℃时，能迅速与炉渣中 SiO_2 结合成 $MnSiO_3$，此时要比自由的 MnO 更难还原。

$MnSiO_3$ 与 Fe_2SiO_4 的还原相类似，当渣中 CaO 质量分数高时，可将 MnO 置换出来，还原变得容易些。

$$MnSiO_3 + CaO =\!=\!= CaSiO_3 + MnO \qquad + 58990kJ$$
$$+)\qquad MnO + C =\!=\!= Mn + CO \qquad -287190kJ$$

$$MnSiO_3 + CaO + C =\!=\!= Mn + CaSiO_3 + CO - 228200kJ$$

如碱性更高时，形成 Ca_2SiO_4，此时锰还原耗热更少些。此外，高炉内已还原的 Fe 存在，有利于锰的还原，因为锰能溶于铁水，降低 [Mn] 的活度，故有利还原。

锰在高炉内有部分随煤气挥发，它到高炉上部又被氧化成 Mn_3O_4。在冶炼普通生铁时，约有 40%~60%（质量分数）锰进入生铁，有 5%~10%（质量分数）的锰挥发入煤气，其余进入炉渣。

2.3.3.2 硅的还原

不同的铁种对其含硅量有不同要求。一般炼钢生铁含硅质量分数应小于 1%。目前高炉冶炼低硅炼钢生铁，其含硅质量分数已降低到 0.2%~0.3%，甚至 0.1% 或更低。铸造生铁则要求含硅质量分数在 1.25%~4.0%，对硅铁合金则要求含硅越高越好。但高炉条件炼出的硅铁一般不大于 20%（质量分数）（更高含硅的硅铁在电炉中冶炼）。

生铁中的硅主要来自矿石的脉石和焦炭灰分中的 SiO_2，特殊情况下高炉亦可加入硅石。SiO_2 是比较稳定的化合物，其分解压很低（1500℃时为 $3.6\times10^{-19}MPa$），生成热很大。所以 Si 比 Fe 和 Mn 都难还原。SiO_2 只能在高温下（液态）靠固体碳直接还原，反应式为：

$$SiO_2 + 2C =\!=\!= Si + 2CO \qquad -627980kJ$$

还原 1kg Si 的耗热为 627980/28 = 22430kJ/kg。相当于还原 1kg Fe（直接还原）所需量的 8 倍，是还原 1kg Mn 耗热的 4.3 倍。Si 还原的顺序是逐级进行。在 1500℃以下为 $SiO_2 \rightarrow Si$，1500℃以上为 $SiO_2 \rightarrow SiO \rightarrow Si$。还原的中间产物 SiO 的蒸气压比 Si 和 SiO_2 的蒸气压都大。在 1890℃时可达 1atm（98066.5Pa）。所以 SiO 在还原过程中可挥发成气体，高炉风口附近温度可高于 1900℃，故炉内 SiO 的挥发条件是存在的。另外由于气态 SiO 的存在改善了与焦炭接触条件，有利 Si 的还原。其反应式为：

$$SiO_2 + C \xrightarrow{\quad\quad} SiO + CO$$

$$SiO + C \xrightarrow{\quad\quad} Si + CO$$

SiO_2 的还原也可借助于被还原出来的 Si 进行，即 $SiO_2 + Si \xrightarrow{\quad} 2SiO$。未被还原的 SiO 在高炉上部重新被氧化，凝成白色的 SiO_2 微粒，部分随煤气逸出，部分随炉料下降。在炼硅铁时，挥发量高达 10%~25%，冶炼高硅铸造铁时在 5% 左右。

高炉内由于有 Fe 的存在，还原出来的 Si 能与 Fe 在高温下形成很稳定的硅化物 FeSi（也包括 Fe_3Si 和 $FeSi_2$ 等）而溶解于铁中，因此降低了还原时的热消耗和还原温度，从而有利 Si 的还原。其反应式为：

$$SiO_2 + 2C \xrightarrow{\quad\quad} Si + 2CO \qquad -627980kJ$$

$$+)\qquad Si + Fe \xrightarrow{\quad\quad} FeSi \qquad +80333kJ$$

$$\overline{\qquad\qquad\qquad\qquad\qquad\qquad\qquad\qquad\qquad\qquad\qquad}$$

$$SiO_2 + 2C + Fe \xrightarrow{\quad\quad} FeSi + 2CO \qquad -547647kJ$$

与锰的还原类似，从矿石（特别是烧结矿）的硅酸盐中或从炉渣中还原 Si 要比从自由的 SiO_2 中还原困难得多。即使有 Fe 存在也比较困难。实验研究，把铁与炉渣置于石墨坩埚中还原，在 1400~1500℃ 时只有 0.2%~0.7%（质量分数）的 Si 能进入生铁中。较长时间进行也只能有 3% 进入生铁。经炼硅铁高炉的取样分析，只有 1/4 的 Si 是在炉腹 1400℃ 区域内从自由的 SiO_2 还原而来。3/4 的 Si 是在更高的温度区域内从炉渣中还原。

从高炉解剖研究中看出，在固态还原区，金属铁中 [Si] 质量分数很低，约小于 0.01%，但由于高炉风口区的燃烧温度高达 2000℃，定有部分的 SiO 挥发随煤气上升，结果炉料在炉腹处发现 Si 急剧还原，分析其 [Si]≈2%（质量分数），此与 SiO 挥发而改善与焦炭相接触的结论一致，随着炉料继续下降，生铁中 [Si] 质量分数反而降低了，出炉生铁 [Si] =0.85%（质量分数）。这是因为随温度升高，有部分 Si 与 SiO_2 作用生成 SiO，随煤气挥发而上升了。当然与生铁通过风口区时也会有部分 [Si] 被氧化有关。

用高 SiO_2 灰分的焦炭冶炼硅铁是合理的，因为焦炭灰分中的 SiO_2 是自由态的，有利 Si 的还原。

2.3.3.3　磷的还原

炉料中的 P 主要以磷酸钙 $(CaO)_3 \cdot P_2O_5$（又称磷灰石）形态存在，有时也以磷酸铁 $(FeO)_3 \cdot P_2O_5 \cdot 8H_2O$（又称蓝铁矿）形态存在。

蓝铁矿脱水后比较容易还原，在 900℃ 时用 CO（用 H_2 则为 700℃）可以从蓝铁矿中还原出 P 来。温度低于 950~1000℃ 时是进行间接还原：

$$2[(FeO)_3 \cdot P_2O_5] + 16CO \xrightarrow{\quad\quad} 3Fe_2P + P + 16CO_2$$

温度高于 950~1000℃ 进行直接还原：

$$2[(FeO)_3 \cdot P_2O_5] + 16CO \xrightarrow{\quad\quad} 3Fe_2P + P + 16CO$$

还原生成的 Fe_2P 和 P 都溶于铁水中。

磷灰石是较难还原的，它在高炉内首先进入炉渣，被炉渣中的 SiO_2 置换出自由态的 P_2O_5 再进行直接还原：

$$2(CaO)_3 \cdot P_2O_5 + 3SiO_2 == 3Ca_2SiO_4 + 2P_2O_5 \qquad -917340kJ$$

$$+) \qquad 2P_2O_5 + 10C == 4P + 10CO \qquad -1921290kJ$$

$$2Ca_3(PO_4)_2 + 3SiO_2 + 10C == 3Ca_2SiO_4 + 4P + 10CO \qquad -2838630kJ$$

换算成还原出 1kg P 需要耗热为 2838630/(4×31)=22892kJ。可见反应要吸收大量的热，P 属难还原元素。但在高炉条件下，一般能全部还原，这是由于炉内有大量的碳，炉渣中又有过量的 SiO_2，而还原出的 P 又溶于生铁生成 Fe_2P，并放出热量。置换出的自由 P_2O_5 易挥发，改善了与碳素的接触条件，这些都促进 P 的还原。P 本身也很易挥发，而挥发的 P 随煤气上升，在高炉上部又全部被海绵铁吸收。在这些十分有利的条件下，可认为在冶炼普通生铁时，P 能全部还原进入生铁。因此要控制生铁中的含[P]量，只有控制原料的含 P 量，使用低磷的原料。

有人认为当炉料中含 P 较高时，采用高碱度炉渣冶炼可以阻止 10%~20% 的磷酸钙还原，而直接进入炉渣。

2.3.3.4 铅、锌、砷的还原

Pb 在炉料中以 $PbSO_4$、PbS 等形式存在，Pb 是易还原元素，可全部还原，其反应为：

$$PbSO_4 + Fe + 4C == FeS + Pb + 4CO$$

或者是 PbS 借助 CaO 的置换作用，生成 PbO，再被 CO 间接还原。还原出的 Pb 不溶于铁水，由于其密度大于生铁（Pb：$11.34×10^3 kg/m^3$，Fe：$7.86×10^3 kg/m^3$）而熔点又低（327℃），还原出的 Pb 很快穿入炉底砖缝，破坏炉底的衬砖。Pb 在 1550℃沸腾，在高炉内有部分 Pb 挥发上升，而后又被氧化并随炉料下降，再次还原从而循环富集，有时也能形成炉瘤破坏炉衬。我国鞍山和龙烟铁矿中均含有微量的 Pb。

有的铁矿中含少量的 Zn（如南京凤凰山矿）。Zn 在矿石中常以 ZnS 的形态存在，有时也以碳酸盐或硅酸盐状态存在。随着温度升高，碳酸盐能分解成 ZnO 和 CO_2。硅酸盐也将被 CaO 取代出来。ZnO 可被 CO、H_2 和固体 C 所还原。

$$ZnO + CO == Zn + CO_2 \qquad -65980kJ$$

$$ZnO + H_2 == Zn + H_2O \qquad -107280kJ$$

Zn 在高炉内 400~500℃就开始还原，一直到高温区才还原完全。还原出的 Zn 易于挥发，在炉内循环。部分渗入炉衬的 Zn 蒸汽在炉衬中冷凝下来，并氧化成 ZnO，其体积膨胀，破坏炉渣，凝附在内壁的 ZnO 积久形成炉瘤。ZnS 能借助 Fe 的作用得到还原。

通常铁矿中 As 的含量不多，As 还原后进入生铁与铁化合成 FeAs，会显著降低钢的焊接性。生铁最好不要超过 0.1%。As 属易还原元素。试验表明，无论高炉冷行、热行、炉渣碱度高低，As 均能被还原进入生铁。

2.3.4 生铁的形成与渗碳过程

生铁的形成过程主要是已还原出来的金属铁中逐渐溶入其他合金元素和渗碳的过程。

在高炉上部有部分铁矿石在固态时就被还原成金属铁，随着温度升高逐渐有更多的铁被还原出来。刚被还原出的铁呈多孔的海绵状，故称海绵铁。这种早期出现的海绵铁成分比较纯，几乎不含碳。海绵铁在下降过程中，不断吸收碳并熔化，最后得到含碳较高的

（质量分数一般为 4% 左右）液态生铁。

高炉内生铁形成（除了硅、锰、磷和硫等元素的渗入或去除外）的主要特点是必须经过渗碳过程。

碳可与铁形成固熔体和化合物。碳在铁中的溶解度是随着铁所处的结晶形态而有差异。碳可溶解于 α 铁中形成固熔体，其溶解度非常小（约为 0.006% ~ 0.002%C）。当 α 铁转变为 γ 铁后（723℃左右），γ 铁吸收碳素能力较强，因而有较多的碳素溶解于 γ 铁中形成固熔体，这种固熔体的含碳量最高可达 2.0%。除此外，碳和铁能形成化合物 Fe_3C。这是生铁中碳存在的主要形式。Fe_3C 中的含碳质量分数为 6.67%。纯铁和 Fe_3C 的熔点都比较高（纯铁：1539℃，Fe_3C：1600℃），当铁中不断溶解碳素后其熔点逐渐下降，一般在生铁的含碳质量分数（3% ~ 4% 左右）范围其熔点在 1150 ~ 1300℃。所以高炉内一般在炉腰部位就可能出现液态生铁。熔点最低的生铁含碳质量分数为 4.3%（即共晶点 C 熔点为 1130℃）。

现在研究认为，高炉内渗碳过程大致可分为以下三个阶段。

第一阶段：是固体金属铁的渗碳，即海绵铁的渗碳反应：

$$2CO = CO_2 + C_黑$$
$$3Fe_固 + C_黑 = Fe_3C_固$$

$$3Fe_固 + 2CO = Fe_3C_固 + CO_2$$

总的结果是：CO 在低温下分解产生的碳黑（粒度极小的固体碳）化学活泼性很强。一般说这阶段的渗碳发生在 800℃ 以下的区域，即在高炉炉身的中上部位，有少量金属铁出现的固相区域。这阶段的渗碳量占全部渗碳量的 1.5% 左右。

第二阶段：此阶段为液态铁的渗碳。这是在铁滴形成之后，铁滴与焦炭直接接触，渗碳反应为：$3Fe_液 + C_焦 = Fe_3C$。据高炉解剖资料分析：矿石在高炉内下降过程中随着温度的升高，由固相区的块状带经过半熔融状态的软熔带进入液相滴落带，矿石在进入软熔带以后，其还原可达 70%，此时出现致密的金属铁层和具有炉渣成分的熔结聚体。再向下，随温度升高到 1300 ~ 1400℃，形成由部分氧化铁组成的低碱度的渣滴。而在焦炭空隙之间，出现金属铁的"冰柱"，此时金属铁以 γ 铁形态，含碳质量分数达 0.3% ~ 1.0%。由相图分析得知此金属仍属固体。继续下降至 1400℃ 以上区域，"冰柱"经炽热焦炭的固相渗碳，熔点降低，才熔化为铁滴并穿过焦炭空隙流入炉缸。由于液体状态下与焦炭接触条件得到改善，加快了渗碳过程，生铁含碳质量分数立即增加到 2% 以上，到炉腹处的金属铁中已含有 4% 的碳了，与最终生铁的含碳量差不多。

第三阶段：炉缸内的渗碳过程。炉缸部分只进行少量渗碳，一般渗碳量只有 0.1% ~ 0.5%。

由以上可知，生铁的渗碳是沿着整个高炉高度上进行的，在滴落带尤为迅速。这三个阶段中任何阶段的渗碳量增加都会导致生铁含碳量的增高。生铁的最终含碳量，还与生铁中其他元素的含量有关，特别是 Si 和 Mn。

Mn、Cr、V、Ti 等能与 C 结合成碳化物而溶于生铁，因而能提高生铁含碳量。例如，Mn 质量分数为 15% ~ 20% 的镜铁，其含碳质量分数常在 5% ~ 5.5% 左右。含 $w(Mn) = 80\%$ 的锰铁，含碳质量分数达 7% 左右。

　　Si、P、S 能与铁生成化合物，即促进碳化物分解。这些元素阻止渗碳，能促使生铁含碳量降低。故铸造铁由于含 Si 较高，含碳质量分数只有 3.5%~4.0%，硅铁含碳质量分数更低（只有 2% 左右），一般炼钢生铁的含碳质量分数在 3.8%~4.2%。

　　在凝固的生铁中碳的存在形态有两种，或呈化合物状态（Fe_3C、Mn_3C）或呈石墨碳（又称游离碳）。如果是以碳化物状态存在时，其生铁的断面呈银白色，这种生铁又称白口铁。如果以石墨状态存在时则生铁断口呈暗灰色，这种生铁又称灰口铁。碳元素在生铁中存在的形态，一方面与生铁中 Si、Mn 等元素的含量有关，另一方面又与铁水的冷却速度有关。例如，Si 可促使 Fe_3C 分解，而析出石墨碳，成灰口铁，所以铸造铁一般都是灰口铁，而炼钢生铁其含 Si 较低，往往呈白口铁。锰铁中的碳成化合状态的多，故为白口断面。当生铁中 Si、Mn 及其他元素含量相同时，其冷却速度越慢，则析出石墨碳越多，成灰口铁断面，冷却速度越快，来不及析出石墨碳则呈白口断面。

　　传统的炼铁理论认为，生铁含 C 质量分数仅与铁水的化学成分有关，生产中是不好控制的，常用下列经验公式估算生铁含 C 质量分数：

$$[C] = 4.3 - 0.27[Si] - 0.32[P] + 0.3[Mn] - 0.032[S]$$

　　或　　　　$$[C] = 1.31 + 0.026T - 0.34[Si] - 0.33[P] + 0.3[Mn] - 0.33[S]$$

式中　T——铁水温度。

　　影响生铁含 C 的因素是多方面的。高炉内生铁的渗碳不仅决定于生铁的成分和铁水温度，还在很大程度上取决于炉内的压力、炉料的性质、煤气成分、氧化带尺寸等工艺因素，即生铁含 C 量和高炉冶炼的一系列过程有关。

2.4　炉渣与脱硫

　　高炉生产过程不仅要从铁矿石中还原出金属铁，而且还原出的铁与未还原的氧化物和其他杂质都能熔化成液态，并能分开，最后以铁水和渣液的形态顺利流出炉外。渣数量及其性能直接影响高炉的顺行，以及生铁的产量、质量及其焦比。因此，选择好合适的造渣制度是炼铁生产优质、高产、低耗的重要环节。炼铁工作者常说："要炼好铁，必须造好渣。"这是多年实践的总结。按我国目前使用的原料条件，每炼 1t 生铁大约产生 300~500kg 炉渣，国外已达 300kg 左右。

　　炉渣成分的来源主要是铁矿石中的脉石以及焦炭（或其他燃料）燃烧后剩余的灰分。它们大多以酸性氧化物为主，即 SiO_2 及 Al_2O_3。其熔点各自在 1728℃ 及 2050℃。即使混合在一起，它们的熔点仍很高（约 1545℃）。在高炉中只能形成一些黏稠的物质，这会造成渣铁不分，难以流动。因此，必须加入碱性助熔物质，如石灰石、白云石等作为熔剂。尽管熔剂中的 CaO 和 MgO 自身熔点也很高（CaO 熔点为 2570℃，MgO 熔点为 2800℃），但它们能与 SiO_2 和 Al_2O_3 结合成低熔点（低于 1400℃）的化合物，在高炉内足以熔化，形成流动性良好的炉渣。它与铁水的密度不同（铁水密度 6.8~7.0，炉渣为 2.8~3.0），渣铁分离而畅流，高炉正常生产。

　　高炉生产中总是希望炉渣越少越好，但完全没有炉渣是不可能的（也是不可行的），高炉工作者的责任是在一定的矿石和燃料条件下，选定熔剂的种类和数量，配出最有利的炉渣成分，以满足冶炼过程的要求。

2.4.1 高炉渣的成分与作用

2.4.1.1 高炉渣的成分

一般的高炉渣主要由 SiO_2、Al_2O_3、CaO、MgO 四种氧化物组成。除此外还有少量的其他氧化物和硫化物。用焦炭冶炼的高炉其炉渣成分见表 2-4。

表 2-4 炉渣成分

成 分	SiO_2	Al_2O_3	CaO	MgO	MnO	FeO	CaS	K_2O+Na_2O
质量分数/%	30~40	8~18	35~50	<10	<3	<1	<2.5	<1.5

这些成分与其数量，主要取决于原料的成分和高炉冶炼的铁种。冶炼特殊铁矿的高炉炉渣还会有其他成分，如冶炼包头含氟矿石时，渣中含有18%（质量分数）左右的 CaF_2，冶炼攀枝花钒钛磁铁矿时渣中含有 $w(TiO_2) = 20\% \sim 25\%$，冶炼酒泉的含 BaO 高硫镜铁矿时，炉渣含 $w(BaO) = 6\% \sim 10\%$。在冶炼锰铁时，渣中含 $w(MnO) = 8\% \sim 20\%$。此外，我国还有一些分布较广的高 Al_2O_3 和高 MgO 的铁矿，有些小高炉采用，其炉渣中 $w(Al_2O_3) = 20\% \sim 30\%$，$w(MgO) = 20\% \sim 25\%$。

炉渣中的各种成分可分为碱性氧化物和酸性氧化物两大类。按炉渣离子理论认为，熔融炉渣中能提供氧离子 O^{2-} 的氧化物称为碱性氧化物，反之能吸收氧离子的氧化物称为酸性氧化物。有些既能提供又能吸收氧离子的氧化物则称为中性氧化物或两性氧化物，按从碱性到酸性排列顺序为：$K_2O \rightarrow Na_2O \rightarrow BaO \rightarrow PbO \rightarrow CaO \rightarrow MnO \rightarrow FeO \rightarrow ZnO \rightarrow MgO \rightarrow CaF_2 \rightarrow Fe_2O_3 \rightarrow Al_2O_3 \rightarrow TiO_2 \rightarrow P_2O_5$。

其中在 CaF_2 之前的可视为碱性氧化物，Fe_2O_3、Al_2O_3、TiO_2 为中性氧化物（TiO 也有划为酸性的），SiO_2、P_2O_5 为酸性氧化物。碱性氧化物可与酸性氧化物结合形成盐类，如 $CaO \cdot SiO_2$、$2FeO \cdot SiO_2$ 等。酸碱性相距越大，结合力就越强。以碱性氧化物为主的炉渣称碱性炉渣，以酸性氧化物为主的称酸性炉渣。炉渣的很多物理化学性质与其酸碱性有关，表示炉渣酸碱性指数的叫炉渣的碱度（R）。通常是以炉渣中的碱性氧化物与酸性氧化物的质量分数之比来表示碱度，有以下 3 种表示：

（1）$R = (CaO + MgO)/(SiO_2 + Al_2O_3)$，称四元碱度，又称全碱度。在一定的冶炼条件下，渣中 Al_2O_3 含量比较固定，生产过程中也难以调整，故常在计算中不考虑 Al_2O_3 这一项。

（2）$R = (CaO + MgO)/SiO_2$，称三元碱度。同样，炉渣中 MgO 也常是比较固定的，一般情况下生产中也不常调整，故往往不用 MgO 一项。

（3）$R = CaO/SiO_2$，称二元碱度。由于二元碱度计算比较简单，调整方便，又能满足一般生产工艺的需要。因此在实际生产中大部分使用二元碱度这一指标。

在生产中常把碱度大于 1.0 的炉渣称为碱性炉渣，把碱度小于 1.0 的称为酸性炉渣。我国大中型钢铁厂高炉选用的炉渣碱度（CaO/SiO_2）一般波动在 1.0~1.2 之间。三元碱度（$CaO + MgO$）$/SiO_2$ 波动在 1.2~1.4 之间。

2.4.1.2 高炉炉渣的作用与要求

高炉渣应具有熔点低、密度小和不溶于铁水的特点，渣与铁能有效分离获得纯净的生铁，这是高炉造渣的基本作用。在冶炼过程中高炉渣应满足下列几方面的要求：

（1）炉渣应具有合适的化学成分和良好的物理性质，在高炉内能熔融成液体并与金属分离，还能够顺利地从炉内流出。

（2）具有充分的脱硫能力，保证炼出合格优质生铁。

（3）有利于炉况顺行，能够使高炉获得良好的冶炼技术经济指标。

（4）炉渣成分要有利于一些元素的还原，抑制另一些元素的还原，即称之为选择还原，具有调整生铁成分的作用。

（5）有利于保护炉衬，延长高炉寿命。

上述要求主要取决于炉渣的黏度、熔化性和稳定性，而这些又主要由炉渣的化学成分（或碱度）以及矿物组成所决定，同时操作制度对这些性质也有重大影响。

2.4.2　高炉内的成渣过程

煤气与炉料在相对运动中，前者将热量传给后者，炉料在受热后温度不断提高。不同的炉料在下降过程中其变化不同。矿石中的氧化物逐渐被还原，而脉石部分首先是软化，而后逐渐熔融、熔化、滴落穿过焦炭层汇集到炉缸。石灰石在下降过程中受热后逐渐分解，到1000℃以上区域才能分解完毕。分解后的CaO参与造渣。焦炭在下降过程中起料柱的骨架作用，一直保持固体状态下到风口，与鼓风相遇燃烧，剩下的灰分进入炉渣。

由于在烧结（或球团）生产过程中熔剂已先矿化成渣，大大改善了高炉内的造渣过程。高炉渣从开始形成到最后排出，经历了一段相当长的过程。开始形成的渣称为"初成渣"，最后排出炉外的渣称为"终渣"。从初成渣到终渣之间，其化学成分和物理性质处于不断变化过程的渣称为"中间渣"。

2.4.2.1　初成渣的生成

初成渣生成包括固相反应、软化、熔融、滴落几个阶段。

（1）固相反应。在高炉上部的块状带发生游离水的蒸发、结晶水或菱铁矿的分解，矿石产生间接还原（还原度可达30%~40%）。同时，在这个区域发生各物质的固相反应，形成部分低熔点化合物。固相反应主要是在脉石与熔剂之间或脉石与铁氧化物之间进行。当用生矿冶炼时其固相反应是在矿块内部 SiO_2 与 FeO 之间进行，形成 $FeO\text{-}SiO_2$ 类型低熔点化合物，还在矿块表面脉石（或铁的氧化物）与黏附的粉状 CaO 之间进行，形成 $CaO\text{-}Fe_2O_3$ 或 $CaO\text{-}SiO_2$ 以及 $CaO\text{-}FeO\text{-}SiO_2$ 等类型的低熔点化合物。

当高炉使用自熔性烧结矿（或自熔性球团矿）时，固相反应主要在矿块内部脉石之间进行。

（2）矿石的软化（在软熔带）。由于固相反应形成低熔点化合物，在进一步加热时开始软化。同时由于液相的出现改善了矿石与熔剂间的接触条件，继续下降和升温，液相不断增加，最终软化熔融，进而成流动状态。矿石的软化到熔融流动是造渣过程中对高炉行程影响较大的一个环节。

各种不同的矿石具有不同的软化性能。矿石的软化性能表现在两个方面：一是开始软化的温度，二是软化的温度区间。很明显，矿石开始软化的温度越低，则高炉内液相初成渣出现得越早；软化温度区间越大，则增大阻力的塑性料层越厚。

一般说矿石的开始软化温度波动在 700~1200℃ 之间。炉料中如有碱金属氧化物（K_2O、Na_2O）存在，能使矿石提前软化（碱金属氧化物更易与矿石中 SiO_2 形成一系列低熔点化合物）。

（3）初成渣生成。从矿石软化到熔融滴落就形成了初成渣。初成渣中 FeO 质量分数较高。矿石越难还原，则初成渣中的 FeO 就越高，一般在 10% 以下，少数情况高达 30%，流动性也欠佳，初成渣形成得早与晚，在高炉内位置的高低，都对高炉顺行影响较大。高炉内生成初成渣的区域称软熔带（过去也称成渣带）。

2.4.2.2　中间渣的变化

初渣在滴落和下降过程中，FeO 不断还原而减少，SiO_2 和 MnO 的含量也由于 Si 和 Mn 的还原进入生铁而有所降低。另外由于 CaO 不断溶入渣中使炉渣碱度不断升高。同时，炉渣的流动性随着温度升高而变好。当炉渣经过风口带时，焦炭灰分中大量的 Al_2O_3 与一定数量的 SiO_2 进入渣中，则炉渣碱度又降低。所以中间渣的化学成分和物理性质都处在变化中，它的熔点、成分和流动性之间互相影响。中间渣的这种变化反映出高炉内造渣过程的复杂性和对高炉冶炼过程的明显影响。特别是对使用天然矿和石灰石的高炉，熔剂在炉料中的分布不可能很均匀，加上铁矿石品种和成分方面的差别，在不同高炉部位生成的初渣，从一开始它们的成分和流动性就不均匀一致。在以后下降过程中总的趋势是化学成分渐趋均匀，但在局部区域内这种成分变化可能是较大的。从而影响高炉内煤气流的正常分布，高炉不顺行，甚至悬料和结瘤。反之使用成分较稳定的自熔性或熔剂性熟料冶炼时，因为在入炉前已完成了矿化成渣，故在高炉内的成渣过程较为稳定，只要注意操作制度和炉温的稳定就可基本排除以上弊病。当然使用高温强度好的焦炭可保证炉内煤气流的正常分布，这是中间渣顺利滴落的基本条件。

2.4.2.3　终渣形成

中间渣经过风口区域后，其成分与性能再一次的变化（碱度与黏度降低）后趋于稳定。此外，在风口区被氧化的部分铁及其他元素将在炉缸中重新还原进入铁水，使渣中 FeO 含量有所降低。当铁流或铁滴穿过渣层和渣铁界面进行脱硫反应后，渣中 CaS 将有增加。最后从不同部位和不同时间集聚到炉缸的炉渣相互混匀，形成成分和性质稳定的终渣，定期排出炉外。通常所指的高炉渣均系指终渣。终渣对控制生铁的成分、保证生铁的质量有重要影响。终渣的成分是根据冶炼条件经过配料计算确定的。在生产中若发现不当，可通过配料调整，使其达到适宜成分。

2.4.3　高炉渣的性质及其影响因素

2.4.3.1　熔化性

熔化性是指炉渣熔化的难易程度。它可用熔化温度和熔化性温度这两个指标来表示。

A　熔化温度

炉渣的熔化温度是指熔渣完全熔化为液相时的温度，或液态炉渣冷却时开始析出固相的温度，即是相图中的液相线或液相面的温度。炉渣不是纯物质，没有一个固定的熔点，炉渣从开始熔化到完全熔化是在一定的温度范围内完成的，即从固相线到液相线的温度区间。对高炉而言固相线表示软熔带的上沿，液相线表示软熔带的下沿或滴落带的开始。熔化温度是炉渣熔化性的标志之一，熔化温度高表明难熔，熔化温度低表明易熔。

图 2-10 为 $CaO\text{-}SiO_2\text{-}MgO\text{-}Al_2O_3$ 四元渣系的等熔化温度图。

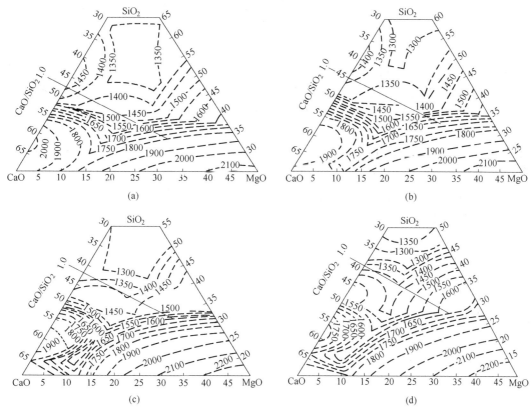

图 2-10 $CaO\text{-}SiO_2\text{-}MgO\text{-}Al_2O_3$ 四元渣系的等熔化温度图

（a）$w(Al_2O_3)=5\%$；（b）$w(Al_2O_3)=10\%$；（c）$w(Al_2O_3)=15\%$；（d）$w(Al_2O_3)=20\%$

当 $w(Al_2O_3)=5\%\sim20\%$，$w(MgO)\leqslant20\%$ 时，在 $CaO/SiO_2\approx1.0$ 左右的区域里其熔化温度比较低。当 Al_2O_3 质量分数低时，随着碱度的增加，熔化温度增加比较快。$w(Al_2O_3)$ >10% 以后，随碱度增加熔化温度增加得较慢，低熔化温度区域扩大了，炉渣稳定性有了增加，这是 Al_2O_3 所起的作用。由于有较多的 Al_2O_3 存在削弱了 CaO/SiO_2 变化的影响。在碱度（CaO/SiO_2）低于 1.0 的区域熔化温度也不高，但因脱硫能力和炉渣流动性不能满足高炉要求，所以一般不选用。如果碱度超过 1.0 很多，使炉渣成分处于高熔化温度区域也不合适，这样的炉渣在炉缸温度下不能完全熔化而且极不稳定。当碱度保持 1.0 左右时，MgO 质量分数上限允许到 20%～40%，Al_2O_3 质量分数也可到 20% 以上。

选择熔化温度时，必须兼顾流动性和热量两个方面因素。各种不同成分炉渣的熔化温度可以从四元系熔化温度图中查得。

实际高炉渣的成分除了以上四种主要成分外还有其他成分，查图时有两种处理方法：一种是只取 CaO、SiO_2、MgO 和 Al_2O_3 四种化合物的百分数值，舍弃其他成分，再将四种化合物折算成 100%，查图找出其熔化温度；另一种是把性质相似的成分合并，如将

MnO、FeO 并入 CaO 中，而后再查四元相图，找出熔化温度。但应注意，从图中查出的熔化温度数值要比该成分炉渣的熔点高 100~200℃，而与炉渣出炉时温度基本相似。这是因为相图是按四元系做出的，而实际炉渣是多元系，其熔点要低一些，从高炉里能流出来的炉渣实际温度，一般都要高出其熔点。

在高炉渣中增加任何其他氧化物都能使熔化温度降低，尤其是 CaF_2（萤石或包头含氟矿）能显著降低炉渣熔点，渣中 MnO 含量增加也能降低其熔点。

B　熔化性温度

要求高炉炉渣在熔化后必须具有良好的流动性。有的炉渣（特别是酸性渣），加热到熔化温度后并不能自由流动，仍然十分黏稠，例如 $w(SiO_2)=62\%$、$w(Al_2O_3)=14.25\%$、$w(CaO)=22.25\%$ 的炉渣在 1165℃ 熔化后再加热 300~400℃，它的流动性仍很差，又如 $w(CaO)=24.1\%$、$w(SiO_2)=47.2\%$、$w(Al_2O_3)=18.6\%$ 的炉渣，在 1290℃ 熔化，再加热到 1400℃ 就能自由流动。所以说，对高炉生产有实际意义的不是熔化温度而是熔化性温度，它是指炉渣从不能流动转变为能自由流动时的温度。熔化性温度高，则表示渣难熔，反之，则易熔。熔化性温度可通过测定该渣在不同温度下的黏度，画出黏度-温度（η-t）曲线来确定，如图 2-11 所示。

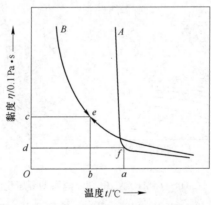

图 2-11　炉渣黏度-温度曲线

曲线上的转折点所对应的温度即是炉渣的熔化性温度。A 渣的转折点为 a，当温度高于 t_a 时，渣的黏度较小（d 点），有很好的流动性。当温度低于 t_a 之后黏度急骤增大，炉渣很快失去流动性。t_a 就是 A 渣的熔化性温度。一般碱性渣属这种情况，取样时渣滴不能拉成长丝，渣样断面呈石头状，俗称短渣或石头渣。B 渣黏度随温度降低逐渐升高，在 η-t 曲线上无明显转折点，一般取其黏度值为 2.0~2.5Pa·s 时的温度（相当于 t_b）为熔化性温度。2.0~2.5Pa·s 为炉渣能从高炉顺利流出的最大黏度。为统一标准起见，常取 45° 直线与 η-t 曲线相切点 e 所对应的 t_b 为熔化性温度。一般酸性渣类似 B 渣特性，取样时渣滴能拉成长丝，且渣样断面呈玻璃状，俗称长渣或玻璃渣。

C　炉渣熔化性对高炉冶炼的影响

在选择炉渣时究竟是难熔的炉渣有利还是易熔渣有利，这需要据不同情况具体分析，具体对待。

(1) 对软熔带位置高低的影响。难熔炉渣开始软熔温度较高，从软熔到熔化的范围较小，则在高炉内软熔带的位置低，软熔层薄，有利高炉顺行。当难熔炉渣在炉内温度不足的情况下可能黏度升高，影响料柱透气性，这不利顺行。易熔炉渣在高炉内软熔带位置较高，软熔层厚，料柱透气性差。另一方面，易熔炉渣流动性能好，有利高炉顺行。

（2）对高炉炉缸温度的影响。难熔炉渣在熔化前吸收的热量多，进入炉缸时携带的热量多，有利提高炉缸的温度。相反，易熔渣对提高炉缸温度不利。在冶炼不同的铁种时应控制不同的炉缸温度。

（3）影响高炉内的热能消耗和热量损失。难熔渣要消耗更多的热量，流出炉外时炉渣带出热量较多，热损失增加，使焦比增高。反之，易熔炉渣有利焦比降低。

（4）对炉衬寿命的影响。当炉渣的熔化性温度高于高炉某处的炉墙温度时，在此炉墙处炉渣容易凝结而形成渣皮，对炉衬起到保护作用。易熔炉渣的熔化性温度低，则在此处炉墙不能形成保护炉衬的渣皮，相反由于其流动性过大会冲刷炉衬。

2.4.3.2 炉渣的黏度

炉渣黏度直接关系到炉渣流动性，而炉渣流动性又直接影响高炉顺行和生铁的质量等指标。它是高炉工作者最关心的炉渣性能指标。

A 炉渣黏度与流动性在数值上互为倒数关系

黏度是指速度不同的两层液体之间的内摩擦系数。实验表明，流速不同的两层液体之间的内摩擦力与其接触面积和流速差值成正比，与两液层之间的距离成反比，可用式（2-27）表示：

$$F = \eta S \cdot dv/dx \tag{2-27}$$

式中　F——内摩擦力，N；

　　　S——接触面积，cm^2；

　　dv/dx——两层液体间的速度梯度，$cm/(s \cdot cm) = 1/s$；

　　　η——比例系数或称黏度系数，简称黏度，单位用 Pa·s（帕·秒）表示。过去使用泊（P）为单位，10P = 1Pa·s。

炉渣的黏度随温度升高而降低，流动性变好。但对长渣和短渣有区别。一般短渣在高于熔化性温度后黏度比较低，以后的变化不大；而长渣在高于熔化性温度后，虽然黏度仍随温度升高而降低，但黏度值往往高于短渣，这点在炉渣离子论中可得到解释。

实际生产中要求高炉渣在 1350~1500℃ 时有较好的流动性，一般在炉缸温度范围内适宜的黏度值应在 0.5~2.0Pa·s 之间，最好在 0.4~0.6Pa·s。过低时流动性过好，对炉衬有冲刷侵蚀作用。

图 2-12 是 CaO-SiO_2-MgO-Al_2O_3 四元系炉渣黏度图。其 $w(Al_2O_3)$ 分别固定为 5%、10%、15%、20%，温度又分为 1400℃ 和 1500℃ 两种。

$w(SiO_2) = 35\%$ 左右黏度最低，若再增加渣中 SiO_2 含量其黏度逐渐增加。此时黏度线几乎与 SiO_2 浓度线平行。CaO 对炉渣黏度的影响正好与 SiO_2 相反。随着渣中 CaO 含量增加，可使黏度逐渐降低，当 $CaO/SiO_2 = 0.8~1.2$ 之间黏度最低。之后继续增加 CaO，黏度急剧上升。MgO 的影响与 CaO 相似。在一定范围内随着 MgO 的增加炉渣黏度下降，特别在酸性渣中。当保持 CaO/SiO_2 不变而增加 MgO 时，这种影响更为明显。如果三元碱度 $(CaO+MgO)/SiO_2$ 不变，而用 MgO 代替 CaO 时，这种作用不明显。但无论何种情况，

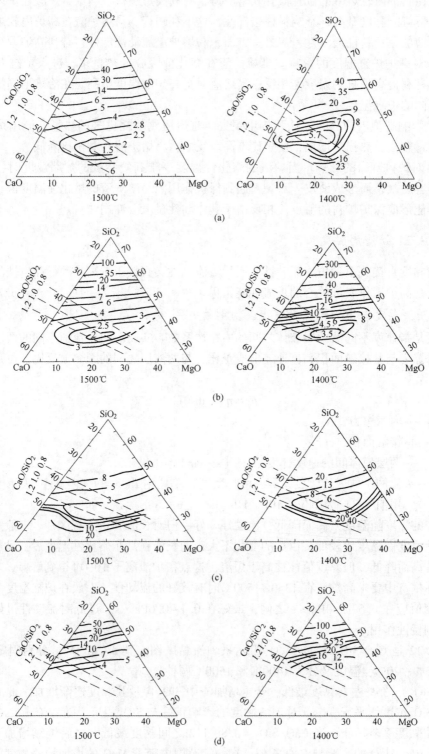

图 2-12　CaO-SiO$_2$-MgO-Al$_2$O$_3$ 四元渣系黏度图

(a) $w(Al_2O_3) = 5\%$；(b) $w(Al_2O_3) = 10\%$；(c) $w(Al_2O_3) = 15\%$；(d) $w(Al_2O_3) = 20\%$

MgO 含量都不能过高，否则由于（CaO+MgO）/SiO_2 比值太大，使炉渣难熔，造成黏度增高且脱硫率降低。表 2-5 是一组炉渣在 1350℃时其黏度随 MgO 含量变化的数据。

表 2-5 1350℃时炉渣黏度随 MgO 质量分数变化情况

$w(MgO)/\%$	1.52	5.10	7.35	8.68	10.79
黏度/Pa·s	2.45	1.92	1.52	1.18	1.18

可见在 1350℃之下，$w(MgO)$ 从 1.52%增加至 7%时，黏度降低近一半，超过 10%以后，黏度不再降低。所以一般认为炉渣中 $w(MgO)$ = 7%~9%较为合适，同时也有利于改善炉渣的稳定性和难熔性。

Al_2O_3 一般为酸性物质，所以当 Al_2O_3 高时，炉渣碱度应取得高些。当渣中 CaO/(SiO_2+Al_2O_3）比值固定，SiO_2 与 Al_2O_3 互相变动时对黏度没有影响。渣中 Al_2O_3 还能改善炉渣的稳定性，如 $w(Al_2O_3)$>10%，炉渣熔化温度与黏度均随碱度的变化减缓，相当于扩大了低熔化温度和低黏度区域，即增加了稳定性。

B 炉渣的黏度对高炉冶炼的影响

（1）黏度过大的初成渣能堵塞炉料间的空隙，使料柱透气性变差从而增加煤气通过时的阻力。这种炉渣也易在高炉炉腹的墙上结成炉瘤，会引起炉料下降不顺，发生崩料和悬料等生产故障。

（2）过于黏稠的炉渣（终渣）容易堵塞炉缸，不易从炉缸中自由流出，使炉缸壁结厚，缩小炉缸容积，造成操作上的困难。有时还会引起渣口和风口大量烧坏。

（3）炉渣的脱硫能力与其流动性也有一定关系。希望炉渣流动性好，有利于脱硫反应时的扩散作用。对含 CaF_2 和 FeO 较高的炉渣，流动性过好，反而对炉缸和炉腹的砖墙不仅有机械冲刷还会有化学侵蚀的破坏作用。生产中应通过配料计算，调整终渣化学成分达到适当的流动性。一般在 1500℃时，黏度应小于 0.2Pa·s 或不大于 1.0Pa·s。

2.4.3.3 炉渣的稳定性

炉渣稳定性是指炉渣的化学成分或外界温度波动时，对炉渣物理性能影响的程度。若炉渣的化学成分波动后对炉渣物理性能影响不大，此渣具有良好的化学稳定性。同理，如外界温度波动对其炉渣物理性能影响不大，称此渣具有良好的热稳定性。生产过程中由于原料条件和操作制度常有波动，以及设备故障等都会使炉渣化学成分或炉内温度波动，炉渣应具有更好的稳定性。

可通过两个方面判断炉渣稳定性：其一是看 η-t 曲线的形状，短渣转折点急，热稳定性差；长渣曲线圆滑，其热稳定性好。其二是看熔化性温度与炉缸实际温度之间的差值，若炉渣熔化性温度大大低于正常生产时的炉缸温度，当炉内温度波动时，它仍具有很好的流动性，即使该渣属短渣，也可认为它具有较好的稳定性。若炉渣熔化性温度略高于炉缸温度，经不起炉缸温度的波动，它虽属长渣，亦认为是不稳定炉渣。

判断炉渣化学稳定性的依据是炉渣的等熔化性温度图和等黏度图，如该炉渣成分位于等熔化性温度线或等黏度线密集的区域内，当化学成分略有波动时，则熔化性温度或黏度波动很大，说明化学稳定性很差；相反，位于等熔化性温度线或等黏度线稀疏区域的炉渣，其化学稳定性就好。通常在炉渣碱度等于 1.0~1.2 区域内，炉渣的熔化性温度和黏度都比较低，可认为稳定性好，是适于高炉冶炼的炉渣。碱度小于 0.9 的炉渣其稳定性虽好，但由于脱硫效果不好，故生产中不常采用。当渣中含有适量的 MgO （质量分数为 5%~15%）和适量的 Al_2O_3 （质量分数小于 15%），都有助于提高炉渣的稳定性。

2.4.3.4　炉渣的表面张力

对含有较高 CaF_2 和 TiO_2 的炉渣来说，由于其表面张力小而容易形成泡沫渣，泡沫渣在炉内易形成液泛（即如同沸腾的牛奶一样，液层变厚，液体被气向上托升）现象，不利于煤气流畅和炉料下降，且在炉外易造成渣罐和渣沟的溢流，造成事故。表面张力小的炉渣，流动性好，有利于炉渣脱硫。

表面张力常以 σ 代表。高炉渣的 σ 值在 $(200~600)\times10^{-3}$ N/m 之间，只有液态金属表面张力的 $1/3~1/2$。金属的表面张力值最大，约为 $(1000~2000)\times10^{-3}$ N/m。常见炉渣的表面张力见表 2-6。

表 2-6　常见炉渣的表面张力

氧化物	σ $(10^{-3}$N/m)			
	1300℃	1400℃	1500℃	1600℃
CaO		614	586	
MnO		653	641	
FeO		584	560	
MgO		572	502	
Al_2O_3		640	630	448~602
SiO_2		285	286	223
TiO_2		380		
K_2O	168	156		

表面张力 σ 与黏度 η 的比值 (σ/η) 越低，越易形成炮沫渣及液泛现象。

2.4.4　熔融炉渣的结构

2.4.4.1　熔融炉渣的分子理论

炉渣分子结构理论是在凝固炉渣的岩相分析、化学分析和 X 射线分析以及状态图的研究基础上提出的。许多研究说明，凝固炉渣由很多的矿物组成。对分子结构理论可归纳为以下几点：

（1）熔融炉渣是自由态的和化合态的氧化物所组成的熔液。自由态氧化物有 SiO_2、Al_2O_3、P_2O_5、CaO、MgO、MnO、FeO，另外还有硫化物、CaS、MnS 等。化合态的有 $CaO \cdot SiO_2$、$2CaO \cdot SiO_2$、$2FeO \cdot SiO_2$、$3CaO \cdot Fe_2O_3$、$2MnO \cdot SiO_2$、$3CaO \cdot P_2O_5$、$4CaO \cdot P_2O_5$ 等。

（2）酸性氧化物与碱性氧化物相互作用生成复杂化合物，且相互处于化学动平衡状态。温度升高时，化合物解离程度增加，自由氧化物的浓度增加。相反，降低温度时自由氧化物的浓度降低。

（3）只有自由氧化物才有化学反应能力，如炉渣的氧化能力取决于自由 FeO 的含量，脱硫能力决定于自由 CaO 的含量。脱硫反应式为：

$$[FeS] + (CaO) \rightleftharpoons (FeO) + (CaS)$$

当渣中 SiO_2 增加时，与 CaO 生成复杂化合物，而减少了自由 CaO 的浓度，从而降低炉渣的脱硫能力。由此可知脱硫条件之一就是提高炉渣碱度。

（4）炉渣中的化学反应服从理想溶液定律，可用理想溶液的各项定律定量计算。

该分子理论有许多不足之处。它不能真实地反映炉渣的本性，不能确切地解释一些问题。例如，当炉渣同样在液相温度以上，酸性渣与碱性渣的黏度为何存在巨大的差别，液态炉渣为何有良好导电性等，分子论无法解释。尽管如此，由于这种观点能最简单地定性说明一些问题，所以在生产中被广泛采用。

2.4.4.2 熔融渣的离子理论

离子理论不否认凝固后的渣液中有各种氧化物及其化合物，但认为构成熔融渣的基本质点不是中性的分子，而是带电离子。

（1）熔融渣完全由阳离子和阴离子所构成，阴离子和阳离子所带的总电荷相等，熔渣总体不带电。

（2）与晶体一样，渣中每个离子的周围是异号离子。

（3）电荷相同的离子和邻近离子的相互作用能完全相等，与离子的种类无关。关于渣中的阴阳离子，一般认为有以下类型：阳离子有 Ca^{2+}、Mn^{2+}、Fe^{2+}、Mg^{2+} 等；简单阴离子有 O^{2-}、S^{2-}、F^-；复杂阴离子有 SiO_4^{4-}、PO_4^{3-}、AlO_3^{3-}，以及由它们聚合而成的复合阴离子团，如 $Si_2O_7^{6-}$、$P_2O_7^{4-}$ 等。

以各种离子组成的熔渣结构又可看做是阴离子（O^{2-}）所包围起来的紧密的组合体。在氧的阴离子（O^{2-}）中间排列着较小的阳离子，如 Ca^{2+}、Mn^{2+}、Al^{3+}、Si^{4+} 等，各种阳离子对阴离子的吸引力取决于它们的电荷数和离子有效半径。凡电荷大而离子半径小的阳离子最容易与阴离子结合成离子对，也最容易与氧结合为复合离子团。

Si^{4+} 的电荷大而半径小，因此在上述这些阳离子和氧的阴离子间最易于组成 Si-O 复合阴离子。高炉熔渣属硅酸盐系熔体，因而很易组成硅氧复合负离子 $(SiO_4)^{4-}$，它由一个带正电荷的四价硅（Si^{4+}）和四个带负电荷的二价氧（O_4^{8-}）构成：

$$Si^{4+} + O_4^{8-} \rightleftharpoons (SiO_4)^{4-}$$

这种硅氧复合负离子按其结构特点，称为硅氧复合四面体或称硅氧四面体。四价的硅正离子位于四面体中心，二价的氧负离子分布在四面体的四个顶点。硅的四个正化合价被氧的负化合价抵消，而每个氧离子只有一个价与硅结合，另一个价或者与金属正离子（Ca^{2+}、Mg^{2+}、Fe^{2+} 等）结合，或者与另一个硅氧四面体共用成为完整的键。由于熔渣中离子体积最大的是硅氧四面体，所以硅氧四面体是构成熔渣结构的基本单元，而其他 Ca^{2+}、Mg^{2+}、Fe^{2+}、Mn^{2+} 等体积比较小的正离子有秩序地排列在四面体的周围。铝正离子的有效半径也比较小（0.5Å），电荷比较多（Al^{3+}），所以它也可与氧组成铝氧复合离子 $(AlO_4)^{5-}$、$(AlO_2)^-$。但在有些情况下，铝也像 Ca^{2+}、Mg^{2+} 一样在渣中呈正离子形态存在。

依据炉渣中 O/Si 比值（即碱度）不同，一个硅原子的剩余电荷数也不同，则可形成不同复杂程度的硅氧复合负离子团。

硅氧四面体 $(SiO_4)^{4-}$ 是最简单的结构, 如图 2-13 所示, 随着碱度降低 (O/Si 比值下降), 硅氧复合负离子越来越庞大, 越来越复杂。

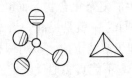

图 2-13　硅氧四面体结构

黑点表示硅原子, 圆点表示氧原子。氧离子是负二价, 所以图中的氧离子凡价键 (图中直线) 未满足的, 表示它将与炉渣中金属离子相结合。$(SiO_4)^{4-}$ 表示在该复合离子周围将有四个金属离子 (如 $4Ca^{2+}$ 等), 金属的剩余价键又与另外的复合负离子相连, 相互组成点阵结构。对 $(Si_2O_5)_n^{2n-}$ 复合离子, 由于 Si 的价键在图上未满足, 有一价键与金属离子结合。所以金属离子存在于层与层之间, 不过层与层之间的静电引力远小于每层内的共价键力, 故物体可以层状解理。至于纯石英 $(SiO_2)_n$ 的结构是一个无限三度空间网结构, 即原子晶体结构, 每一个四面体的氧原子皆与其他四面体共用。

应用上述离子结构理论, 可解释熔渣的一些重要现象, 如酸性渣在熔化后黏度为何仍较大。这是由于酸性渣的 O/Si 比值小, 硅氧复合离子形成环状或键状等庞大结构, 造成熔渣内摩擦力增强, 黏度增加。而碱性炉渣在熔化后, 液相中存在的硅氧复合离子结构是简单的形式, 所以内摩擦力不大, 黏度则低。

向酸性渣中加入碱性氧化物 (MeO) 能降低熔渣黏度, 这是因为 MeO 解离成 Me^{2+} 和 O^{2-}, 解离后的 O^{2-} 进入硅氧复合离子中, 使 O/Si 比值增大, 硅氧复合离子分解变为简单的硅氧四面体, 则黏度降低。

在固定温度下, 炉渣的碱度升高超过一定值后, 熔渣黏度将会增加, 这是由于熔渣成分变化而使熔化温度升高, 若此时熔渣温度处于熔化温度之下, 则液相中出现固体结晶颗粒, 破坏了熔渣的均一性, 此时虽说碱性渣的硅氧复合离子较为简单, 但仍具有较高黏度。

用离子理论还可解释在熔渣中加入 CaF_2 后会大大降低黏度的原因。当炉渣碱度小时, CaF_2 的影响可解释为 F^- 的作用, 它可使硅氧复合离子分解, 变为简单的四面体, 结构变小, 黏度降低, 反应如下:

$$(SiO_3^{2-})_3 + 2F^- = SiFO_3^{3-} + Si_2FO_6^{5-}$$

或

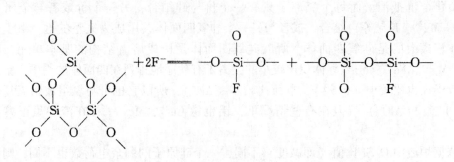

对高碱度熔渣硅氧四面体很简单，但由于 F^- 为负一价，所以用 F^- 截断 Ca^{2+} 与硅氧四面体的离子键而使结构变小，黏度降低。加入 CaF_2 还有降低熔化温度的作用。

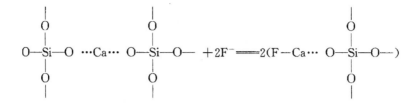

2.4.5 高炉内的脱硫

硫在生铁中是有害的元素，高硫生铁铸造时产生热脆，还能降低铁水在铸造时的填充性能。对炼钢生铁来说炼钢过程中脱硫困难，保证获得含硫合格的铁水是高炉冶炼中的重要任务。

2.4.5.1 硫在高炉中的变化

高炉的硫来自矿石、焦炭和喷吹燃料，使用天然矿冶炼时熔剂也会带入少量的硫。冶炼每吨生铁时由炉料带入的总硫量称为硫负荷。炉料中的燃料带入的硫量最多，约占80%左右。

焦炭中的硫主要是有机硫，另一部分以 FeS 和硫酸盐的形态存在于灰分中。矿石及熔剂中则主要呈黄铁矿（FeS_2）的形态，有少量呈硫酸钙、硫酸钡及其他金属（Cu、Zn、Pb）的硫化物形态。

随着炉料的下降，一部分硫逐渐挥发进入煤气，当炉料到达风口时，剩下的硫量一般为原有硫量的 50%~75%，这部分硫在风口前燃烧成 SO_2 进入煤气。但接着在炉子下部的还原气氛下，又被固体碳还原生成 CO 和硫的蒸汽（$SO_2+2C = 2CO+S$）。

FeS_2 在下降过程中，温度达到 565℃ 以上时开始按下式分解：$FeS_2 = FeS+S\uparrow$，生成硫的蒸汽。

在有 SiO_2 与之接触时，硫酸钙在高炉中有以下反应：

$$CaSO_4 + SiO_2 = CaSiO_3 + SO_3$$

分解出来的 SO_2 又被 CO 和 C 还原成 S，当有铁存在时生成 FeS。由于 $CaSO_4$ 较难分解，高炉中更多的可能是 $CaSO_4+4C = CaS+4CO$，CaS 直接进入炉渣。

挥发上升的 S、H_2S 等气体，有一部分随煤气逸出，另一部分则在途中被 CaO、Fe 和铁的氧化物等吸收，随着炉料下降，形成循环富集现象。从图 2-14 可清楚看出，炉料带入的硫量每吨铁是 2.83kg/t，重油带入 0.4kg/t，风口处燃烧生成的硫为 1.92kg/t，在燃烧之前先挥发了 0.75kg/t，这些硫在上升到熔融滴落带时，被滴落的渣和铁吸收 0.85kg/t 铁。煤气中硫浓度降低，继续上升到熔融带，该处透气性很差，炉料（半融的渣和铁）吸硫能力很强，被吸收了 1.24kg/t，而至块状带则吸硫较少（0.58kg/t）。由于硫在炉内的循环，在软融滴落带的总硫量比实际炉料带入的硫量要多。硫在炉内的分布情况与煤气分布一致。最终从煤气挥发带走的硫量应包括在差额 0.35kg 中。硫最后以 FeS 的形态溶于铁水之中。可见炉料带入高炉的硫，在炉内分配于铁水、炉渣和煤气三部分中。进入铁

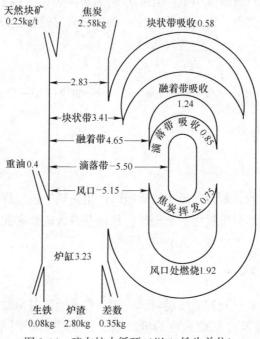

图 2-14　硫在炉内循环（以 1t 铁为单位）

水的硫量可根据硫的平衡计算：

$$S_{料} = S_{铁} + S_{渣} + S_{挥}$$

或　　　　　　　　　　　$$S_{铁} = S_{料} - S_{渣} - S_{挥}$$　　　　　　　　　（2-28）

若以 kg 生铁为计算单位，式（2-28）可写成

$$[S] = S_{料} - S_{挥} - n(S)$$　　　　　　　　　（2-29）

式中　$S_{料}$——炉料带入的总硫量（以 1t 铁计），kg；

　　　$S_{挥}$——随煤气挥发的硫量（以 1t 铁计），kg；

　　　n——渣比，1kg 生铁的渣量，kg；

　$S_{渣}$、$S_{铁}$——炉渣中和铁水中的含硫量，kg。

硫在渣铁之间的分配是以分配系数 $L_S = (S)/[S]$ 表示，代入式（2-29）得：

$$[S] = (S_{料} - S_{挥})/(1 + nL_S)$$　　　　　　　（2-30）

从式（2-30）看出，铁水含硫高低取决于以下四方面因素：

（1）冶炼单位生铁炉料带入的总硫量，即硫负荷。硫负荷对生铁质量有直接关系，炉料（矿石和燃料）中带入的硫量越少生铁含硫越低，生铁质量越有保证。同时由于硫负荷减少，可减轻炉渣的脱硫负担，从而减少熔剂用量并降低渣量，这对降低燃料消耗和改善炉况顺行都是有利的。

降低矿石含硫，主要是通过选矿、焙烧和烧结。目前高炉原料在采用烧结和球团矿的条件下，由矿石和熔剂带入的硫量不多，主要应重视燃料（焦炭和喷吹煤粉）含硫量的降低。降低燃料含硫的措施一是选用低硫的燃料，二是洗煤过程中加强去除无机硫。

高炉生产中操作人员应经常根据炉料的变化情况掌握和校核硫负荷的大小和变动，做到心中有数。这对经常变料的中小高炉尤为重要。现场对硫负荷的计算实例如下：

$$硫负荷 = \frac{每批料(焦炭 + 烧结 + 矿石 + 熔剂)入炉硫的总和}{每批料的出铁量} \quad (kg/t)$$

已知条件见表 2-7。

表 2-7 已知条件

原 料 名 称	料批组成/kg	Fe	S
烧结矿	7000	50.8	0.028
海南岛矿	500	54.5	0.148
锰 矿	170	12.0	—
干 焦	2420	—	0.74

先计算各种原料带入的 S 和 Fe 量，见表 2-8。

表 2-8 S 和 Fe 量

原 料 名 称	Fe/kg	S/kg
烧结矿	7000×0.508 = 3556	7000×0.00028 = 1.96
海南岛矿	500×0.545 = 272.5	500×0.00148 = 0.74
锰 矿	170×0.12 = 20.4	
焦 炭		2420×0.0074 = 17.908

每批料的出铁量为： 3848.9/0.94 = 4094.57kg

式中 0.94——生铁的含铁质量分数。

所以硫负荷为： 20.608/4094.57 = 5.03kg

（2）随煤气挥发的硫。挥发逸出炉外的硫实际只占气体硫中的一部分。影响挥发硫量的主要因素有两方面：

1）焦比和炉温。焦比和炉温升高时，生成的煤气量增加，煤气流速加快，煤气在炉内的停留时间缩短，则被炉料吸收的硫量减少而增加了随煤气挥发的硫量。当然，由于焦比提高而造成硫负荷的提高也不可忽视。

2）碱度和渣量。石灰和石灰石的吸硫能力很强，当炉渣碱度高时，增加炉料的吸硫能力。当碱度不变而增加渣量，也会增加吸硫能力而减少硫的挥发。据生产统计，冶炼不同品种生铁时，由于高炉热制度、炉渣碱度和渣量以及煤气在高炉内的分布等因素不同，挥发的硫量比例见表 2-9。

表 2-9 挥发的硫量比例

生铁品种	炼钢铁	铸造铁	硅铁及锰铁
挥发硫/%	<10	15~20	40~60

（3）相对渣量。前两个因素不变时，相对渣量越大，生铁中的硫量越低。但一般不采用这一措施去硫，因为增加渣量必然升高焦比反而使硫负荷增加，同时焦比和熔剂用量的增加也增加了生铁的成本。还有增加渣量会恶化料柱透气性，使炉况难行和减产。

（4）硫的分配系数 L_S。硫的分配系数 L_S 代表炉渣的脱硫能力，L_S 越高，生铁中的硫量越低。硫负荷和渣量主要与原料条件（即外部条件）有关。硫的分配系数 L_S，则与炉温、造渣制度及作业的好坏有密切关系。

2.4.5.2　炉渣的脱硫能力

在一定冶炼条件下，生铁的脱硫主要是通过如何提高高炉渣的脱硫能力，即提高 L_S 来实现。

A　炉渣的脱硫反应

据高炉解剖研究证实，铁水进入炉缸前的含硫量比出炉铁水含硫高得多，由此认为，正常操作中主要的脱硫反应是在铁水滴穿过炉缸时的渣层和炉缸中渣铁相互接触时发生的。

炉渣中起脱硫反应的主要是碱性氧化物 CaO、MgO、MnO 等（或其离子）。从热力学看，CaO 是最强的脱硫剂，其次是 MnO，最弱的是 MgO。按分子论观点，渣铁间脱硫反应分以下步骤：

$$[FeS] \Longrightarrow (FeS)$$
$$(FeS) + (CaO) \Longrightarrow (CaS) + (FeO)$$
$$(FeO) + C \Longrightarrow [Fe] + CO \uparrow$$

即在渣铁界面上首先是铁中的 [FeS] 向渣面扩散并溶入渣中，然后与渣中的 (CaO) 作用生成 CaS 和 FeO，由于 CaS 只溶于渣而不溶于铁。FeO 则被固体碳还原生成 CO 气体离开反应界面，同时产生搅拌作用，将聚积在渣铁界面的生成物 CaS 带到上面的渣层，加速 CaS 在渣内的扩散，从而加速炉渣的脱硫反应。总的脱硫反应可写成：

$$[FeS] + (CaO) + C \Longrightarrow [Fe] + (CaS) + CO \quad -149140kJ$$

按理想溶液定律，其平衡常数 (K_S) 用浓度表示：

$$K_S = \frac{N_{(FeO)} \cdot N_{(CaS)}}{N_{(CaO)} \cdot [w(FeS)]}$$

所以
$$[w(FeS)] = \frac{N_{(FeO)} \cdot N_{(CaS)}}{N_{(CaO)} \cdot K_S}$$

按熔渣离子论认为，构成炉渣的不是分子而是正负离子。则渣铁间的脱硫反应是在液态渣铁层界面处进行的离子迁移过程，即原来在铁水中呈中性的原子硫，在渣铁界面处吸收熔渣中的电子变成硫负离子 S^{2-} 并进入渣中，而渣中的氧负离子 O^{2-} 在界面处失去电子变成中性的原子氧进入铁水中。用离子反应式表示为：

$$[S] + 2e \Longrightarrow S^{2-}$$
$$+) \quad O^{2-} - 2e \Longrightarrow [O]$$
$$\overline{}$$
$$[S] + O^{2-} \Longrightarrow S^{2-} + [O]$$

反应后进入铁水中的氧与铁中 C 化合成 CO，并从铁中排出。

由于铁水中硫和氧的含量均很少，可当作稀溶液，用质量分数 $[w(S)]$ 和 $[w(O)]$ 表示，而渣中的硫和氧的负离子用离子浓度 $N_{S^{2-}}$ 和 $N_{O^{2-}}$ 表示，脱硫反应的平衡常数可写为：

$$K_S = \frac{N_{S^{2-}} \cdot [w(O)]}{N_{O^{2-}} \cdot [w(S)]} \tag{2-31}$$

炉渣是非理想溶液，需用活度表示：$a = r \cdot N$，r 为活度系数。

式（2-31）改为：

$$K_S = \frac{r_{S^{2-}} \cdot N_{S^{2-}} \cdot r_{[O]} \cdot [O]}{r_{O^{2-}} \cdot N_{O^{2-}} \cdot r_{[S]} \cdot [S]} \tag{2-32}$$

硫的分配系数 L_S 与 $N_{S^{2-}}/[S]$ 成正比，式（2-32）又可写为：

$$L_S = K_S \cdot \frac{r_{O^{2-}} \cdot N_{O^{2-}} \cdot r_{[S]}}{r_{S^{2-}} \cdot r_{[O]} \cdot [O]} \tag{2-33}$$

不论从分子论还是离子论观点看以上脱硫反应均可得到类似结论：

（1）由于脱硫反应是吸热反应，故当温度提高后，脱硫反应平衡常数 K_S 增大，有利脱硫反应进行。同时温度提高后炉渣黏度降低可改善分子扩散条件，也有利脱硫反应进行。

（2）当温度一定，增加 CaO 或其他碱性氧化物浓度均可使 [FeS] 降低。从离子论看，炉渣中凡是碱性氧化物均可提供氧负离子 O^{2-}，使 $N_{O^{2-}}$ 提高而有利 L_S 的提高。但过多的 CaO 会造成渣中 $2CaO \cdot SiO_2$ 增加而使炉渣熔点提高，黏度 η 增大，不利于去硫。

（3）温度一定，渣中氧化铁（FeO）降低可使 [FeS] 降低。从离子论分析，（FeO）可提供渣中 Fe^{2+} 浓度，从而增加（S^{2-}）返回铁水的机会。虽然（FeO）也提供 O^{2-}，但因有 Fe^{2+} 则会伴随向铁水中转移，反应如下：

$$(Fe^{2+}) + (O^{2-}) =\!=\!=\!= [Fe] + [O]$$

$$(Fe^{2+}) + (S^{2-}) =\!=\!=\!= [Fe] + [S]$$

所以渣中 Fe^{2+} 浓度增高是不利于去硫的。一般当高炉炉冷时，渣中（FeO）升高，铁水中 [S] 也随之增高。通常，高炉渣中（FeO）都很低，炉内属强还原性气氛，这是有利于去硫的，这也是比炼钢过程有利于去硫的优越条件。

（4）各种元素对铁水中硫的活度系数的影响。Si、Al、C 和 P 在铁水中的存在可使 r_S 增大，即增加了铁水中硫的活度，有利于去硫。Mn 会使 r_S 降低。事实上 Mn 对氧及硫的亲和力均比铁大，因此铁水中硫更多地集中在 Mn 的周围，形成稳定的联系。看来，似乎 Mn 对铁水脱硫不利。但实践证明 Mn 对去硫是有利的，其原因有三：其一是形成的 MnS 熔点很高（1620℃），在铁水中的溶解度很小，大部分进入炉渣，而不留在生铁结晶的晶界面上；其二是从离子论看，Mn 能从熔渣中置换 Fe^{2+} 离子，即

$$Fe^{2+} + [Mn] =\!=\!=\!= [Fe] + Mn^{2+}$$

因而有利于去硫；其三是 Mn 对去硫过程有触媒作用，从而加速去硫作用。

由于铁水中 C、Si、P 及 Mn 的浓度比钢中大，因此去硫比在炼钢过程中更为有利。另外，小高炉的铁水含 C 相对较低，对去硫不利。

虽然高炉内还原性气氛很强，在渣铁界面由于铁中 [C] 和 [Si] 具有相当高的含量，使 [S] 的活度系数增大几倍，但是高炉内的脱硫反应尚未达到平衡，若达到平衡状态时 L_S 值可达 200 以上，而实际只有 20~100。所以高炉渣的脱硫潜力还很大，需进一步改善反应的动力学条件。

B　影响高炉渣脱硫反应的因素

（1）炉渣化学成分的影响。渣中 SiO_2 增加，将生成 SiO_4^{4+} 或 SiO^{2-}，从而减少了 O^{2-} 离子浓度，会降低炉渣脱硫能力。但是高碱度必须要与高炉温相配合，才能获得较好的脱硫率，如图 2-15 所示。

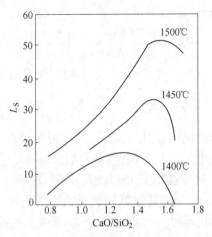

图 2-15　不同温度下炉渣碱度 R 对 L_S 的影响

　　MgO 与 MnO 均是碱性氧化物，在熔渣中都能提供 O^{2-} 离子，故有利于脱硫反应。虽然脱硫能力比 CaO 弱，但少量的 MgO 和 MnO 均可降低炉渣熔点，降低黏度，有利于脱硫反应。但 MgO 和 MnO 过高时炉渣的熔点和黏度反而提高，并冲淡 CaO 的浓度，反而降低脱硫能力。

　　当碱度不变，增加渣中 Al_2O_3，L_S 则降低。如用 Al_2O_3 代替 CaO 时，由于碱度 CaO/SiO_2 降低，对去硫不利。若用 Al_2O_3 代替 SiO_2，则碱度提高，O^{2-} 浓度增加，有利于去硫。这是因为 SiO_2 与 Al_2O_3 都能使 O^{2-} 浓度降低，反应如下：

$$SiO_2 + 2O^{2-} \Longrightarrow SiO^{2-}$$

$$Al_2O_3 + O^{2-} \Longrightarrow 2AlO_2^-$$

　　（2）炉渣温度对脱硫影响。高温会提供脱硫反应所需的热量，加快脱硫反应速度。高温还能加速 FeO 的还原，减少渣中（FeO）的含量。同时高温使铁中［Si］含量提高，增加铁水中硫的活度系数。另外，高温能降低炉渣黏度，有利于扩散进行，这些都有利于 L_S 提高，如图 2-16 所示。所以，炉温的波动即是生铁含硫波动的主要因素，控制稳定的炉温是保证生铁合格的主要措施，对高碱度炉渣，提高炉温更有意义。

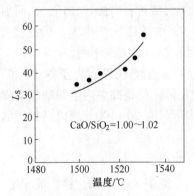

图 2-16　炉渣温度对 L_S 的影响

　　（3）炉渣黏度对脱硫影响。降低炉渣黏度，改善 CaO 和 CaS 的扩散条件，都有利于去硫（特别在反应处于扩散范围时）。

（4）其他因素。除以上因素外，为提高生铁的合格率和提高炉内的脱硫效率，应重视和改进生产操作。当煤气分布不合理，炉缸热制度波动，高炉结瘤和炉缸中心堆积的时间也会影响炉渣的脱硫效率。目前高炉内，硫在铁水和熔渣间的分配尚未达到平衡，为此，增加铁水和熔渣的接触条件对脱硫都有好处。但不可因此而延长出铁的间隔时间。该时间只取决于冶炼强度、炉缸容积大小和渣铁罐的调配等，一般为 2~3h。

总之，高炉内脱硫情况取决于多方面因素。既要考虑炉渣的脱硫能力又需从动力学方面创造条件使其反应加快进行，后者更为重要。

必须指出，小型高炉比大型高炉的脱硫率低，其原因大致有以下几点：

（1）小高炉焦比高，因此原料（主要是焦炭）带入高炉的相对总硫量要比大高炉多，即硫负荷较高。

（2）小高炉的炉温较低，渣中（FeO）含量往往比较高，降低了炉渣的脱硫能力。

（3）由于焦比高，渣中 Al_2O_3 较高，即使有些炉渣碱度 CaO/SiO_2 不低，CaO 在渣中的绝对量并不多，这也使炉渣脱硫能力降低。

（4）小高炉铁水的含碳量较大高炉低，铁水中硫的活度系数降低，影响脱硫率。

2.4.5.3 实际生产中有关脱硫问题的处理

（1）如果炉渣碱度未见有较大波动，但炉温降低，［S］有上升出格趋势，此时首先解决炉温问题，如有后备风温时尽量提高风温，有加湿鼓风时要关闭。如果下料过快要及时减风，控制料速。如有长期性原因导致炉温降低，应考虑适当减轻焦炭负荷。

（2）炉渣碱度变低，炉温又降低时，应在提高炉缸温度的同时，适当提高炉渣碱度，待变料下达，看碱度是否适当。亦可临时加 20~30 批稍高碱度的炉料，以应急防止［S］的升高（但需注意炉渣流动性）。

（3）炉温高、炉渣碱度也高而生铁含［S］不低时，要校核硫负荷是否过高，如有此因，要及时调整原料。如原料硫负荷不高，脱硫能力差，系因炉渣流动性差、炉缸堆积所造成，应果断降低炉渣碱度以改善流动性，提高 L_S 值。

（4）炉温高，炉渣碱度与流动性合适而生铁含［S］不低，主要原因是硫负荷过高。应选用低硫焦炭，如是矿石硫高应先焙烧去硫或采用烧结、球团等熟料。

2.4.6 生铁的炉外脱硫

2.4.6.1 炉外脱硫的目的和必要性

生铁中的硫不仅能在炉内去除，也可在炉外脱去。炉外脱硫的原因有两方面：一些高炉内未能使［S］降到合格范围，为避免产生废品，采用炉外脱硫办法来补救。近年来由于原燃料质量逐步改善，高炉操作技术不断提高，除极个别钢铁厂在必要时采用以外，一般很少采用了。其二，把炉外脱硫作为生产上的必要环节。近些年来，天然高质量的原燃料资源愈显贫乏，特别是近年来国内有些厂原料中碱金属含量很高（碱负荷每吨铁在 12~15kg 以上），严重影响着炼铁生产。为适应高碱金属原料的冶炼和提高高炉生产能力，迫使寻求新的生产工艺，即采用低碱度渣操作并进行铁水的炉外脱硫。

2.4.6.2　炉外脱硫剂和脱硫方法

当前国内外采用的炉外脱硫方法有许多种。

A　用（苏打）在炉外脱硫

这是我国使用较广的方法。在出铁时把苏打均匀加在铁水沟或铁水罐内，其脱硫反应为：

$$Na_2CO_3 = Na_2O + CO_2$$
$$+) \quad Na_2O + FeS = Na_2S + FeO$$

$$\overline{}$$

$$Na_2CO_3 + FeS = Na_2S + FeO + CO_2 \quad -205518kJ$$

反应生成的 Na_2S 不熔于铁水而上浮成渣，生成的 CO_2 对铁水起搅动作用。铁水中部分 [Si]、[Mn] 被氧化成 SiO_2 及 MnO，由于反应吸热和铁水搅动，铁水温度要降温 30~50℃。当生铁中 $w(S) = 0.1\%$ 时，加入铁水量 1% 的 Na_2CO_3，脱硫效率可达 70%~80%。但是脱硫剂本身的利用率太低，一般仅为 25%~30%，有时甚至不到 10%。

Na_2CO_3 的利用率及脱硫效率受多方面因素影响：

（1）铁水原来含硫高，其脱硫率亦高，反之则低。

（2）由于 Na_2CO_3 的脱硫反应为吸热反应，因此必须注意保持铁水有较高的温度。

（3）为了保证反应完全，加入 Na_2CO_3 后，必须有一定的停留时间。时间太长，Na_2O 很容易侵蚀炉衬并与炉衬中的 SiO_2 与 Al_2O_3 生成低熔点炉渣，降低炉渣的脱硫能力，同时产生回硫现象，因此应及时扒渣。

（4）Na_2CO_3 与铁水的接触情况。这主要取决于 Na_2CO_3 的加入方法是否恰当。如果加入的 Na_2CO_3 与铁水混合得好，脱硫效率提高，Na_2CO_3 的利用率也大大改善。

用 Na_2CO_3 脱硫时会产生含有大量 SO_2 和 CO_2 的热气，恶化环境。此外，Na_2CO_3 价格较贵，对工业还有更重要的用途，用于生铁脱硫是不合理的和不经济的，必须寻求节省 Na_2CO_3 或取代 Na_2CO_3 的途径。

B　石灰粉（CaO）脱硫

石灰粉（CaO）脱硫反应为：

$$CaO + FeS + C = CaS + Fe + CO$$

用专门的喷吹设备将 CaO 粉喷入铁水罐，加以搅拌，加速反应产物 CaS 在铁水中的扩散，可使 [S] 降至 0.03%（质量分数）。CaO 来源广，价格低。我国某厂试验用压缩空气吹石灰脱硫，在 7min 内其脱硫效率能达到 70% 以上。

要求脱硫剂应有较高浓度，根据国内外试验，每立方米气体吹入 30~40kg 的石灰粉。石灰粉的粒度小于 0.3mm，保证纯净。吹粉用的气体最好是非氧化性的。如有特殊需要，可在石灰粉中加入部分强还原剂（如镁粉、铝粉等），可使铁水中的硫质量分数降低到 0.004% 以下。

C　电石（CaC₂）脱硫

电石脱硫需先制成粉末状，再用有效的喷吹机械和搅拌设备喷入铁水，可脱硫至 0.01%（质量分数）以下。

$$CaC_2 + FeS = CaS + 2C + Fe$$

电石（CaC_2）与 S 的结合能力很强，而且 CaC_2 熔点高（2300℃），在铁水中不熔化，故要求将 CaC_2 制成很细的粉。该脱硫反应是放热反应。脱硫过程的降温比较小。生成的 CaS 可牢固地结合在渣中，不产生回硫现象，这是因有以下反应：

$$CaC_2 + FeO = CaO + 2C + Fe$$

D　混合脱硫剂

据国外试验，有两种混合脱硫剂的效果比较好：

（1）60%熟石灰，25%～30%食盐，10%～15%萤石。

（2）50%生石灰，20%焙烧苏打，30%萤石。

预先把混合剂磨碎并熔化后使用。此外，还有试用电石（CaC_2）、NaOH 以及苏打、石灰、萤石粉或 CaO、NaCl 等混合脱硫剂的。

除以上脱硫方法外，国内外正在进行的试验还有真空脱硫、电解脱硫、金属脱硫以及电磁搅拌等许多方法，有的停留在实验室，有的已开始用于生产。

综上所述，高炉炉外脱硫是今后的发展方向，当前应考虑：

（1）寻求一种廉价而实用的脱硫剂。

（2）寻求简便而有效的操作工艺和设备，达到高效率，低成本。

（3）为渣、铁的接触创造良好而有效的条件，并保持铁水有一定温度。

（4）创造还原性或中性的脱硫气氛，防止高硫渣及杂质混入铁水。

2.5　炉缸内燃料的燃烧

入炉焦炭中的碳素除了少部分消耗于直接还原和溶解于生铁（渗碳）外，大部分在风口前与鼓入的热风相遇燃烧。此外还有从风口喷入的燃料（煤粉、重油、天然气），也要在风口前燃烧。

风口前碳素燃烧反应是高炉内最重要的反应之一，它起到以下作用：

（1）燃料燃烧后产生还原性气体 CO 和少量的 H_2，并放出大量热，满足高炉对炉料的加热、分解、还原、熔化、造渣等过程的需要。即燃烧反应既提供还原剂，又提供热能。

（2）燃烧反应使固体碳不断气化，在炉缸内形成自由空间，为上部炉料不断下降创造先决条件。风口前燃料燃烧是否均匀有效，对炉内煤气流的初始分布、温度分布、热量分布以及炉料的顺行情况都有很大影响。所以说，没有燃料燃烧，高炉冶炼就没有动力和能源，就没有炉料和煤气的运动。一旦停止向高炉内鼓风（休风），高炉内的一切过程都将停止。

（3）炉缸内除了燃料的燃烧外，还包括直接还原、渗碳、脱硫等尚未完成的反应，都要集中在炉缸内最后完成。最终形成流动性较好的铁水和熔渣，自炉缸内排出。因此，炉缸反应既是高炉冶炼过程的开始，又是高炉冶炼过程的归宿。炉缸工作得好坏对高炉冶炼过程起决定作用。

2.5.1　燃烧反应

高炉炉缸内的燃烧反应与一般的燃烧过程不同，它是在充满焦炭的环境中进行，即在空气量一定而焦炭过剩的条件下进行的。由于没有过剩的氧，燃烧反应的最终产物是 CO、H_2 及 N_2，没有 CO_2。

在风口前氧气比较充足，最初有完全燃烧和不完全燃烧反应同时存在，产物为 CO 和 CO_2，反应式为：

完全燃烧　　　　　　$C + O_2 = CO_2 + 4006600kJ$（相当每 1kg C 33390kJ）

不完全燃烧　　　　　$C + \dfrac{1}{2}O_2 = CO + 117490kJ$（相当每 1kg C 9790kJ）

在离风口较远处，由于自由氧的缺乏及大量焦炭的存在，而且炉缸内温度很高，即使在氧充足处产生的 CO_2 也会与固体碳进行碳的气化反应（$CO_2 + C = 2CO - 165800kJ$）。

干空气的成分为 $O_2 : N_2 = 21 : 79$，而氮不参加化学反应，这样在炉缸中的燃烧反应的最终产物是 CO 和 N_2，总的反应可表示为：

$$2C + O_2 + \frac{79}{21}N_2 = 2CO + \frac{79}{21}N_2 \tag{2-34}$$

鼓风中还含有一定量的水分，水分在高温下与碳发生以下反应：

$$H_2O + C = H_2 + CO - 124390kJ \tag{2-35}$$

此时炉缸反应最终产物除 CO 和 N_2 外，还有少量 H_2。

2.5.2　炉缸煤气的成分

从式（2-34）可知，$1m^3$ 的 O_2 燃烧后生成 $2m^2$ 的 CO 和 $79/21m^3$ 的 N_2，则 $1m^3$ 干风（不含水分的空气）的燃烧产物为：

$$CO = 2 \times \frac{100}{2 + \dfrac{79}{21}} = 34.7\%$$

$$N_2 = \frac{79}{21} \times \frac{100}{2 + \dfrac{79}{21}} = 65.3\%$$

当鼓风中有一定水分时，从式（2-35）可知，随鼓风湿度的增加，煤气中 H_2 和 CO 的量将会增加，而且吸收热量。煤气成分的计算如下：

设鼓风湿度为 $f(\%)$，则 $1m^3$ 湿风中的干风体积为 $(1-f)m^3$。

$1m^3$ 湿风中含氧量为 $0.21(1-f) + 0.5f = 0.21 + 0.29f\ m^3$

$1m^3$ 湿风含 N_2 量为 $0.79(1-f)m^3$

$1m^3$ 湿风的燃烧产物成分为 $CO = 2 \times (0.21 + 0.29f)m^3$

$$CO\% = \frac{CO \times 100}{CO + N_2 + H_2}\%$$

$$H_2 = f\ m^3$$

$$H_2\% = \frac{H_2 \times 100}{CO + N_2 + H_2}\%$$

$$N^2 = 0.79(1-f)m^3$$

$$N_2\% = \frac{N_2 \times 100}{CO + N_2 + H_2}\%$$

对不同鼓风湿度，炉缸煤气成分计算结果列入表2-10。

表 2-10 不同鼓风湿度时炉缸煤气成分

鼓风湿度/%	含水量/$g \cdot m^{-3①}$	炉缸煤气成分（质量分数）/%		
		CO	N_2	H_2
0	0	34.7	65.3	0
1	8.04	34.96	64.22	0.82
2	16.08	35.21	63.16	1.63
3	24.12	35.45	62.12	2.43
4	32.16	35.70	61.08	3.22

①18kg 水蒸气在标准状态下的体积是 22.4m^3，则 1m^3 水蒸气含水为 $\frac{18 \times 1000}{22.4} = 804g/m^3$，当 $f = 1\%$ 时，则含水约 8.04g/m^3。

同理可计算富氧鼓风时的炉缸煤气成分。表2-11 是某高炉富氧鼓风后炉缸煤气成分的变化。

表 2-11 某高炉富氧鼓风后炉缸煤气成分的变化

鼓风含 O_2 质量分数/%	鼓风湿度/%	喷吹量/$kg \cdot t^{-1}$	炉缸煤气成分（质量分数）/%		
			CO	N_2	H_2
21.0	0.75	145	33.6	62.2	4.2
22.5	0.94	219	34.8	59.6	5.6
23.3	1.19	181	35.9	58.7	5.4
24.6	1.13	265	36.7	56.0	7.3
25.5	1.95	323	37.8	54.6	7.6

增加鼓风湿度（加湿鼓风）时，炉缸煤气中 H_2 和 CO 含量增加，N_2 含量减少。

富氧鼓风时，炉缸煤气中 N_2 含量减少，CO 量相对增加。

喷吹燃料时，炉缸煤气中 H_2 含量显著增加，CO 和 N_2 的含量相对降低。这些措施都相对富化了还原性煤气，均有利于强化高炉和降低焦比。

2.5.3 燃烧带

风口前燃料燃烧反应的区域称为燃烧带，它包括氧气区和还原区。图 2-17 表示沿风口径向煤气成分的变化，也称"经典曲线"。

有自由氧存在的区域称氧气区，反应为：

$$C + O_2 \Longrightarrow CO_2$$

从自由氧消失直到 CO_2 消失处称 CO_2 还原区，此区域内的反应为：

$$CO_2 + C \Longrightarrow 2CO$$

由于燃烧带是高炉内唯一属于氧化气氛的区域，因此也称为氧化带。

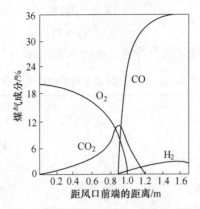

图 2-17　沿风口径向煤气成分的变化

在燃烧带中，当氧过剩时，碳首先与氧反应生成 CO_2，只有当氧开始下降时，CO_2 才与 C 反应，使 CO 急剧增加，CO_2 逐渐消失。燃烧带的范围可按 CO_2 消失的位置确定，常以 CO_2 质量分数降到 $1\% \sim 2\%$ 的位置定为燃烧带的界限。当喷吹燃料后，还必须考虑 H_2O 的含量。H_2O 作为喷吹燃料中碳氢化合物的燃烧产物和 CO_2 一样，起着把氧搬到炉缸深处的作用。喷吹时有部分碳素被 H_2O 中的氧燃烧，这种燃烧只在煤气中自由氧浓度很低或消失之后，才能大量开始。因此，喷吹燃料后，燃烧带应理解为碳素将鼓风和 CO_2 及 H_2O 中氧消耗而进行燃烧反应的空间，可按 $w(H_2O) = 1\% \sim 2\%$ 为燃烧带边缘来确定。

2.5.3.1　风口回旋区

现代高炉由于冶炼强度高和风口风速大（$100 \sim 200 m/s$），在强大气流冲击下，风口前焦炭已不是处于静止状态下燃烧，即非层状燃烧，而是随气流一起运动，在风口前形成一个疏散而近似球形的自由空间，通常称为风口回旋区，如图 2-18 所示。

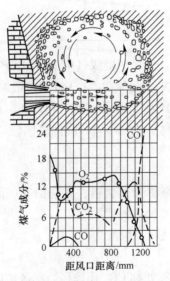

图 2-18　风口回旋区及煤气成分

风口回旋区与燃烧带范围基本一致，但回旋区是指在鼓风动能的作用下焦炭做机械运动的区域，而燃烧带是指燃烧反应的区域，它是根据煤气成分来确定的。回旋区的前端即是燃烧带氧气区的边缘，而还原区是在回旋区的外围焦炭层内，故燃烧带比回旋区略大些。

与以上燃烧特点相对应的煤气成分的分布情况也发生了变化，如图 2-18 下部所示。自由氧不是逐渐地而是跳跃式减少。在离风口 200~300mm 处有增加，在 500~600mm 的长度内保持相当高的含量，直到燃烧的末端急剧下降并消失。CO_2 含量的变化与 O_2 的变化相对应，分别在风口附近和燃烧带末端、在 O_2 急剧下降处出现两个高峰。

当第一个 CO_2 高峰，O_2 急剧下降，并有少量 CO 的出现，这是由于煤气成分受到从上面回旋运动而来的煤气流的混合，加之 C 与 CO 被氧化因而使 CO_2 含量迅速升高，O_2 含量急剧下降。在两个 CO_2 最高点和 O_2 最低点之间，气流相遇到的焦炭较少，故气相中保持较高的 O_2 含量和较低的 CO_2。当气流到回旋区末端时，由于受致密焦炭层的阻碍而转向上方运动，此时气流与大量焦炭相遇，燃烧反应激烈进行，出现 CO_2 第二个高峰，同时 O_2 含量急剧下降到消失。O_2 急剧下降前出现的高峰是因取样管与上转气流中心相遇的结果，因为在流股中心保持有较高的 O_2 含量。

风口前焦炭的回旋运动已被高炉解剖研究所证实。有的单位还在高炉悬料时或冶炼强度较低的高炉上取样研究，结果得到了"经典式"的煤气曲线。由于以上情况，高炉风口前不会形成回旋运动区，焦炭处于层状燃烧，获得"经典曲线"是必然的。

2.5.3.2 理论燃烧温度与炉缸温度

A 理论燃烧温度

理论燃烧温度（$t_理$）是指风口前焦炭燃烧所能达到的最高的平均温度，即假定风口前燃料燃烧放出的热量（化学热）以及热风和燃料带入的物理热全部传给燃烧产物时达到的最高温度，也就是炉缸煤气尚未与炉料参与热交换前的原始温度，用式（2-36）表示。

$$t_理 = \frac{Q_碳 + Q_风 + Q_燃 - Q_水 - Q_喷}{Q_{CO·N_2}(V_{CO} + V_{N_2}) + C_{H_2}V_{H_2}} = \frac{Q_碳 + Q_风 + Q_燃 - Q_水 - Q_喷}{VC_{p煤}} \tag{2-36}$$

式中　　$Q_碳$——风口区碳素燃烧生成 CO 时放出的热量，kJ/t；

$Q_风$——热风带入的物理热，kJ/t；

$Q_燃$——燃料带入的物理热，kJ/t；

$Q_水$——鼓风及喷吹物中水分的分解热，kJ/t；

$Q_喷$——喷吹物的分解热，kJ/t；

$Q_{CO·N_2}$——CO 和 N_2 的热容量，kJ/(m³·℃)；

C_{H_2}——H_2 的热容量；

V_{CO}，V_{N_2}，V_{H_2}——炉缸煤气中 CO、N_2、H_2 的体积量，m³/t；

V——炉缸煤气的总体积，m³/t；

$C_{p煤}$——理论温度下炉缸煤气的平均热容量，kJ/(m³·℃)。

在燃烧带内，有部分碳燃烧生成 CO_2（完全燃烧），此时比生成 CO 时（不完全燃烧）要多放出热量，因此炉缸煤气中含 CO_2 最高的区域即是燃烧带中温度最高的区域，也称燃烧焦点，其温度称为燃烧焦点温度。由于不同条件下 CO_2 在炉缸内的最高点在不断变化，故不便计算燃烧焦点的温度。

生产中所指的炉缸温度，常以渣铁水的温度为标志。但理论燃烧温度与渣铁水温度往往没有严格的依赖关系，两者有本质上的区别。例如，喷吹燃料后 $t_{理}$ 要降低，而渣铁水温度却往往升高。采用富氧鼓风后，$t_{理}$ 会升高。而在富氧鼓风后炉缸煤气量减少，炉缸中心煤气量相对不足，渣铁水温度有可能还会降低。所以把理论燃烧温度作为衡量炉缸温度的依据，显然是不合适的。但由于 $t_{理}$ 受喷吹量的影响较明显，故喷吹燃料之后，$t_{理}$ 仍是高炉操作中重要的参考指标。从式（2-36）可知，$t_{理}$ 的高低与以下因素有关：

（1）鼓风温度。当鼓风温度升高，鼓风带入的物理热增加，$t_{理}$ 升高。

（2）鼓风中 O_2 含量。当含 O_2 增加，鼓风中 N_2 含量减少，此时虽因风量的减少而减少了鼓风带入的物理热，但由于 V_N 降低的幅度较大，煤气总体积减小，$t_{理}$ 会显著升高。

（3）鼓风湿度增加，分解热增加，则 $t_{理}$ 降低。

（4）喷吹燃料量。由于喷吹物的分解吸热和 V_{H_2} 增加，$t_{理}$ 降低。各种喷吹燃料的分解热不同[$w(H_2)=22\%\sim24\%$ 的天然气分解热为 $3350kJ/m^3$；$w(H_2)=11\%\sim13\%$ 的重油分解热为 $61675kJ/m^3$]，所以使用不同喷吹燃料时 $t_{理}$ 降低的幅度不相同。

（5）炉缸煤气体积不同时，会直接影响到 $t_{理}$。炉缸煤气体积增加，$t_{理}$ 降低，反之则升高。

B　炉缸煤气温度的分布

燃料在炉缸内燃烧产生高温煤气，在炉料被煤气加热的同时，煤气本身的温度逐渐降低。因为间接还原反应是放热反应，则煤气温度的降低又会受到一定限制。为了充分利用煤气的热能，高炉炉顶温度应尽可能低些，使热量集中于最需要热能的炉缸，由于煤气是高炉内唯一的载热体，炉内的热量分布与煤气分布有密切关系。煤气在炉内分布合理与否对煤气热能的利用有重要意义。

产生煤气的燃烧带是炉缸内温度最高的区域。在燃烧带内其温度又与煤气中 CO_2 含量相对应，CO_2 含量高的地方，也是温度的最高点（即燃烧焦点）。炉缸内由边缘向中心其煤气量的分布逐渐减少，温度分布也逐渐降低，如图 2-19 所示。

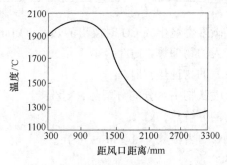

图 2-19　沿半径方向炉缸温度的变化

对不同的高炉，由炉缸边缘向中心的温度降低的程度是相同的。大中型高炉的燃烧焦点温度可达 1900℃ 以上，但炉缸中心的温度则因各方面因素不同，降低很多。高炉操作人员的责任就是设法使炉缸内煤气分布和温度分布达到均匀合理，提高或保持足够的炉缸中心温度。当冶炼制钢生铁时，炉缸中心温度不应低于 1350~1400℃，炼锰铁或硅铁时，燃烧焦点温度可达 2000℃甚至更高，而炉缸中心温度应在 1500~1650℃以上。富氧鼓风时炉缸温度要比普通情况要高些。炉缸中心温度过低，会使中心的炉料得不到充分加热和熔化从而造成"中心堆积"，炉缸工作不均匀，严重影响冶炼进程。

影响炉缸中心温度的主要因素如下：

（1）焦炭负荷和煤气热能利用情况。

（2）风温、鼓风的成分以及炉缸中心煤气量分布的状况。

（3）所炼生铁的品种及造渣制度（主要指炉渣熔化性）。

（4）炉缸内直接还原度（r_d）。

（5）燃料的物理化学性质及炉缸料柱的透气性。

炉缸内的温度分布不仅沿炉缸半径方向不均匀，沿炉缸圆周的温度分布也不完全均匀。表 2-12 是某高炉的 8 个风口中 4 个风口前温度测定的数据。

表 2-12　某高炉 4 个风口前的温度

测定日期	各风口前平均温度/℃				全部风口前的平均温度/℃
	2 号风口	4 号风口	6 号风口	8 号风口	
第一天	1675	1775	1800	1650	1725
第二天	1650	1750	1800	1650	1710
第三天	1750	1850	1700	1600	1725
第四天	1825	1775	1800	1700	1775
10 天平均	1729	1778	1778	1693	1742

各风口前温度不同，有以下原因：

（1）炉料偏行，布料不匀，煤气分布不合理产生管道行程，某些地区下料过快，造成局部直接还原相对增加，温度则比其他地区降低。

（2）风口进风不均匀，靠近热风主管一侧的风口可能进风稍多些，另侧的风量就小些，另外在热风管混风不匀的情况下，也可能造成进风时的风温和风量的不均匀。如果结构上不合理（例如各风口直径不一，进风环管或各弯管的内径不同），将使各风口前温度有更大的差别。

（3）铁口和渣口位置的影响。一般在渣铁口附近比其他部位下料较快，铁口附近更为明显。在表 2-12 中的 8 号风口位于铁口方向，它前面的温度较低。

为使高炉炉缸工作均匀、活跃和炉缸中心有足够的温度，其重要措施是采用合理的送风制度和装料制度。生产中常采用不同口径风口可调剂各风口前的进风情况，以达到全炉缸温度分布尽可能均匀和合理。操作人员可通过各个风口窥视孔观察和比较其亮度及焦炭的活跃情况，判断炉缸的热制度和圆周的下料情况。

2.5.3.3　燃烧带大小对炉缸工作的影响

燃烧带大小对炉缸工作的影响主要表现在以下几个方面：

（1）燃烧带的大小对炉内的煤气温度和炉缸温度分布的影响。燃烧带是高炉煤气的发源地。燃烧带的大小和分布决定着炉缸煤气和煤气的初始分布，在较大程度上决定和影响煤气流在高炉内上升过程中的第二次分布（软熔带处的煤气分布）和第三次分布（块状带）。煤气分布合理，则煤气的热能和化学能利用充分，高炉顺行，焦比就降低。

燃烧带若伸向炉缸中心，中心煤气流就发展，炉缸中心温度则升高。相反，燃烧带缩小至炉缸边缘，此时边缘煤气流发展，炉缸中心温度则降低，这对炉缸内的化学反应不利。炉缸中心不活跃和热量不充足，对高炉冶炼极为不利。通常，希望燃烧带较多地伸向炉缸的中心。但燃烧带过分向中心发展会造成"中心过吹"，而边缘煤气流不足。增加炉料与炉墙之间的摩擦阻力（边缘下料慢），不利高炉顺行。如燃烧带较小而向风口两侧发展，又会造成"中心堆积"，同时煤气流对炉墙的过分冲刷使高炉寿命缩短。因此，为了保证炉缸工作的均匀和活跃，必须有适当大小的燃烧带。

（2）燃烧带的大小对高炉顺行的影响。燃料在燃烧带的燃烧，为炉料的下降腾出了空间，它是促进炉料下降的主要因素。在燃烧带上方的炉料总是比其他地方松动，而且下料快。适当扩大燃烧带（包括纵向和横向），可以缩小炉料的呆滞区域，扩大炉缸活跃区域面积，整个高炉料柱就比较松动，有利于高炉的顺行。从炉料顺行看，希望燃烧带的水平投影面积越大越好。但即使燃烧带水平投影面积相同，高炉内的边缘气流和中心气流也可能有不同的发展情况，它要看燃烧带是靠近边缘还是伸向中心，如图 2-20 和图 2-21 所示。大风量时燃烧带伸向中心，小风时相反。燃烧带的水平投影面积可能相同，但由于风口径缩小可使燃烧带变得细长，它发展中心煤气流，使炉缸中心温度升高。反之，燃烧带

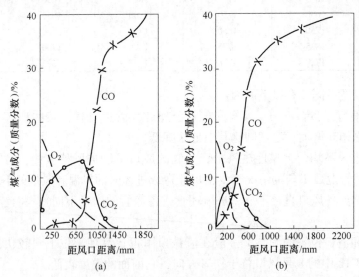

图 2-20 在不同风量时燃烧带长度的变化

（a）大风量；（b）小风量

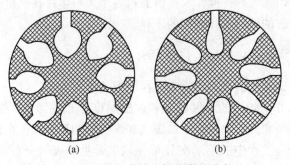

图 2-21 炉缸截面上燃烧带的分布

缩短而向风口两侧扩展,它发展边缘煤气流,使炉缸圆周温度升高,中心温度将降低。大型高炉的炉缸直径大,风口数目已定,首要的问题是应发展和吹透中心,否则炉缸中心"死料柱"过大,会产生中心堆积等故障。

从炉缸的周围看,希望燃烧带连成环形,有利于高炉顺行。这可通过改变送风制度(风量、风压、风温等)以及风口数目、形状、长短等进行调剂。

2.5.3.4　影响燃烧带大小的因素

在整个回旋区中 O_2 含量都比较高,可近似认为回旋区就是氧气区,而还原区是包围的回旋区的外面。据实测,还原区只有 200～300mm,所以燃烧带的尺寸主要取决于回旋区的大小,而焦炭做机械回旋运动的范围主要决定鼓风动能。

(1)鼓风动能。从风口鼓入炉内的风,克服风口前料层的阻力后向炉缸中心扩大和穿透的能力成为鼓风动能,即鼓风所具有的机械能。它是使焦炭回旋运动的根本因素。鼓风动能可用式(2-37)表示:

$$E = \frac{1}{2}m\omega^2 \tag{2-37}$$

式中　E——鼓风动能;

　　　ω——鼓风速度(实际状态下),m/s。

注意:如采用 mmHg 柱表示压力单位代入时,风量仍以 m^3/min 为单位,则公式形式为:

$$E = 2.36 \times 10^{-6} \frac{Q_0^{13} \cdot T^2}{n^3 \cdot f^2 \cdot P^2} \quad (kg \cdot m/s) \tag{2-38}$$

为计算方便,推荐采用式(2-39):

$$E = \frac{1}{2} \times \frac{1.293Q_0}{9.8n}\left(\frac{Q_0}{\sum n \cdot f} \cdot \frac{760}{273} \cdot \frac{273+t}{760+736p}\right)^2 \tag{2-39}$$

式中　Q_0——风量,m^3/s;

　　　t——计算风温,℃;

　　　p——计算热风压力,kg/cm^2。

随着高炉冶炼条件的不同,合适的鼓风动能也不一样,应在实践摸索中获得。

(2)燃烧反应速度对燃烧带大小的影响。通常当燃烧速度增加,燃烧反应在较小范围完成,则燃烧带缩小,反之,燃烧速度降低,则燃烧带扩大。

在有明显回旋区高炉上,燃烧带大小主要决定回旋区尺寸,而回旋区大小又取决于鼓风动能高低,此时燃烧速度仅是通过对 CO_2 还原区的影响来影响燃烧带大小。但 CO_2 还原区占燃烧带的比例很小,因此可以认为燃烧速度对燃烧带大小无实际影响。只有在焦炭处于层状燃烧的高炉上,燃烧速度对燃烧带大小的影响才有实际意义。

此外,焦炭粒度、气孔度及反应性等对燃烧带大小有影响。对无回旋区高炉,焦炭粒度大时,单位质量焦炭的表面积就小,减慢燃烧速度使燃烧带扩大。对存在回旋区的高炉,焦炭粒度增大,不易被煤气夹带回旋,使回旋区变小,燃烧带缩小。

焦炭的气孔度对燃烧带影响是通过焦炭表面实现的。气孔率增加则表面积增大,反应速度加快，使燃烧带缩小。

（3）炉缸料柱阻力对燃烧带大小影响。除鼓风动能影响燃料带大小外，炉缸中心料柱的疏松程度，即透气性也影响燃烧带大小。当中心料柱疏松，透气性好，煤气通过的阻力小，此时即使鼓风动能较小，也能维持较大（长）的燃烧带，炉缸中心煤气量仍然会是充足的。相反，炉缸中心料柱紧密，煤气不易通过，即使有较高鼓风动能，燃烧带也不会较大扩展。

2.5.4　煤气上升过程中的变化

风口前燃料燃烧产生的煤气和热量，在上升过程中与下降炉料进行一系列传导和传质过程，煤气的体积、成分和温度等都发生重大变化。

2.5.4.1　煤气上升过程中的体积和成分的变化

煤气总体积自下而上有所增大。一般在全焦冶炼条件下，炉缸煤气量约为风量的 1.21 倍，炉顶煤气量约为风量的 1.35~1.37 倍。喷吹燃料时，炉缸煤气量约为风量的 1.25~1.30 倍，炉顶煤气量约为风量的 1.4~1.45 倍。

炉缸煤气上升过程中成分的变化，如图 2-22 所示。

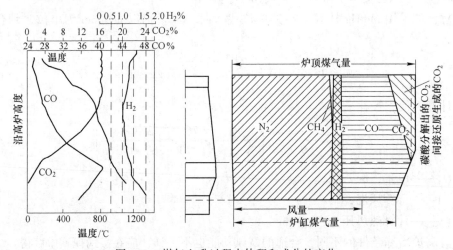

图 2-22　煤气上升过程中体积和成分的变化

（1）CO。在风口前的高温区，CO 的体积逐渐增大，这是因为 Fe 和 Si、Mn、P 等元素的直接还原生成一部分 CO，同时有部分碳酸盐在高温区分解出的 CO_2 与 C 作用，生成两倍体积的 CO。到了中温区，有大量间接还原进行，又消耗了 CO，所以 CO 量是先增加而后又降低。

（2）CO_2。在高温区 CO_2 不稳定，所以炉缸、炉腹处煤气中 CO_2 几乎为零。以后上升中由于有了间接还原和碳酸盐的分解，CO_2 逐渐增加。由于间接还原时消耗 1 体积的 CO，仍生成 1 体积 CO_2。所以此时 CO 的减少量与 CO_2 的增加量相等，如图 2-22 中虚线左边的 CO_2，即为间接还原生成；而虚线右边代表碳酸分解产生的 CO_2 量，总体积有所增加。

（3）H_2。鼓风中水分分解，焦炭中有机 H_2、挥发分中 H_2，以及喷吹燃料中的 H_2 等是氢的来源。H_2 在上升过程中有 $1/3 \sim 1/2$ 参加间接还原，变成 H_2O。

（4）N_2。鼓风中带入大量 N_2，少量是焦炭中的有机 N_2 和灰分中的 N_2，N_2 不参加任何化学反应，故绝对量不变。

（5）CH_4。在高温区有少量 C 与 H_2 生成 CH_4。煤气上升中焦炭挥发分中的 CH_4 加入，但数量均很少。

最后，到达炉顶的煤气成分（不喷吹时）大致范围见表 2-13。

表 2-13 到达炉顶的煤气成分

煤气成分	CO_2	CO	N_2	H_2	CH_4
质量分数/%	$15 \sim 22$	$20 \sim 25$	$55 \sim 57$	约 2.0	约 3.0

一般炉顶煤气中（$CO + CO_2$）质量分数比较稳定，大约为 38% ~ 42%。

由于冶炼条件变化，会引起炉顶煤气成分变化，主要是 CO 与 CO_2 的相互改变，其他成分变化不十分明显。影响炉顶煤气成分变化的主要因素如下：

（1）当焦比升高时，单位生铁炉缸煤气量增加，煤气化学能利用率降低，CO 量升高，CO_2 量降低，即 CO_2/CO 比值降低。同时由于入炉风量增大，带入的 N_2 量增加，故使（$CO + CO_2$）相对含量下降。

（2）当炉内铁的直接还原度 r_d 提高，煤气中 CO 增加，CO_2 下降，同时由于风口前燃烧碳素减少，入炉风量降低，鼓风带入的 N_2 含量降低，（$CO + CO_2$）相对增加。

（3）熔剂用量增加时，分解出的 CO_2 增加，煤气中 CO_2 和（$CO + CO_2$）含量增加，N_2 含量相对下降。

（4）矿石氧化度提高，即矿石中 Fe_2O_3 增加，间接还原消耗 CO 增加，同时产生同体积 CO_2，则煤气中 CO_2 量增加，CO 量降低，（$CO + CO_2$）没有变化。

（5）鼓风中 O_2 增加，鼓风带入的 N_2 减少，炉顶煤气中 N_2 量减少，CO、CO_2 均相对提高。

（6）喷吹燃料时，由于煤气中 H_2 含量增加，则 N_2 和（$CO + CO_2$）均会降低。

改善煤气化学能利用的关键是提高 CO 的利用率（η_{CO}）和 H_2 的利用率（η_{H_2}）。炉顶煤气中 CO_2 含量越高，H_2 含量越低，则煤气化学能利用越好；反之，CO_2 越低，H_2 越高，则化学能利用越差。

CO 的利用率表示为：

$$\eta_{CO} = [CO_2/(CO + CO_2)] \times 100\%$$

一般情况下（$CO + CO_2$）基本稳定不变，提高炉顶煤气中 CO_2 含量，就意味着 CO 必然降低，η_{CO} 必然提高，即有更多 CO 参加间接还原变成了 CO_2，改善煤气（CO）能量的利用。

2.5.4.2 煤气上升过程中压力的变化

煤气从炉缸上升，穿过软熔带、块状带到达炉顶，本身压力能降低，产生的压头损失（ΔP）可表示为 $\Delta P = P_{炉缸} - P_{炉喉}$，炉喉压力（$P_{炉喉}$）主要决定高炉炉顶结构、煤气系统的阻力和操作制度（常压或高压操作）等。它在条件一定时变化不大。炉缸压力（$P_{炉缸}$）

主要取决于料柱透气性、风温、风量和炉顶压力等。一般不测定炉缸压力。所以对高炉风料柱阻力（ΔP）常近似表示为：

$$\Delta P = P_{热风} - P_{炉顶}$$

当操作制度一定时，料柱阻力（透气性）变化，主要反映在热风压力（$P_{热风}$），所以热风压力增大，即说明料柱透气性变差，阻力变大。

正常操作的高炉，炉缸边缘到中心的压力是逐渐降低的，若炉缸料柱透气性好，中心的压力较高（压差小），反之，中心压力低（压差大）。

压力变化在高炉下部比较大（压力梯度大），而在高炉上部则较小。随着风量加大（冶炼强度提高），高炉下部压差（梯度）变化更大，说明此时高炉下部料柱阻力增长值提高。由此可见，改善高炉下部料柱的透气性（渣量、炉渣黏度等）是进一步提高冶炼强度的重要措施。

2.5.5　高炉内的热交换

2.5.5.1　热交换基本规律

高炉的热交换比较复杂，表现在下列三方面：

（1）料块表面温度不仅取决于气体与料层之间的热交换（外边热交换），也取决于料块内部的热量传导。

（2）外部热交换包括传导、对流和辐射等形式。

（3）内部热交换与料块大小、导热性能及料块形状有关。

由于煤气与炉料的温度沿高炉高度不断变化，要准确计算各部分传热方式的比例很困难。大体上可以说，炉身上部主要进行的是对流热交换，炉身下部温度很高，对流热交换和辐射热交换同时进行，料块本身与炉缸渣铁之间主要进行传导传热。

热交换可用基本方程式（2-40）表示：

$$dQ = \alpha_F \cdot F(t_{煤气} - t_{料})d\tau \tag{2-40}$$

式中　　dQ——$d\tau$ 时间内煤气传给炉料的热量；

　　　　α_F——传热系数，$kJ/(m^2 \cdot h \cdot ℃)$；

　　　　　F——散料每小时流量的表面积，m^2；

　$t_{煤气} - t_{料}$——煤气与炉料的温度差，℃。

单位时间内炉料吸收的热量与炉料表面积、煤气与炉料的温度差及传热系数成正比。而 α_F 又与煤气流速、温度、炉料性质有关。在风量、煤气量、炉料性质一定的情况下，dQ 主要取决于 $t_{煤气} - t_{料}$。然而，由于沿高度上煤气与炉料温度不断变化，因而煤气与炉料温差也是变化的，这种变化规律如图 2-23 所示。

沿高炉高度上煤气与炉料之间热交换分为三段：Ⅰ——上段热交换区，Ⅱ——中段热交换平衡区，Ⅲ——下段热交换区。在上、下两段热交换区（Ⅰ和Ⅲ），煤气和炉料之间存在着较大的温差（$\Delta t = t_{煤气} - t_{料}$），而且下段比上段还大。$\Delta t$ 随高度而变化，在上段是越向上越大，在下段是越向下越大。因此，在这两个区域存在着激烈的热交换。在中段Ⅱ，Δt 较小，而且变化不大（小于 20℃），热交换不激烈，被认为是热交换的动态平衡区，也称热交换空区。

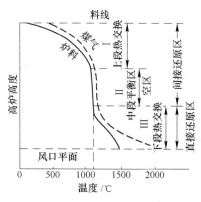

图 2-23　高炉热交换过程示意图

2.5.5.2　水当量概念

高炉是竖炉的一种，竖炉热交换过程有一个共同的规律，即温度沿高度的分布呈 S 形变化。

为研究和阐明这个问题，常引用"水当量"概念。所谓水当量就是单位时间内通过高炉某一截面的炉料（或煤气），其温度升高（或降低）1℃ 所吸收（或放出）的热量，即单位时间内使煤气或炉料改变 1℃ 所产生的热量变化。

炉料水当量　　　　　　　　　　$W_料 = G_料 C_料$

煤气水当量　　　　　　　　　　$W_气 = V_气 C_气$

式中　　$G_料$，$V_气$——分别为通过高炉某一截面上的炉料量和煤气量；

　　　　$C_料$，$C_气$——分别为炉料热容和煤气热容。

高炉不是一个简单的热交换器，因为在煤气和炉料进行热交换的同时，还进行着传质等一系列的物理化学反应。

在高炉下部热交换区 III，由于炉料中碳酸盐激烈分解，直接还原反应激烈进行和熔化造渣等，都需要消耗大量的热，越到下部需热量越大，因此，$W_料 > V_气$，不断增大。即单位时间内通过高炉下部某一截面使炉料温升高 1℃ 所需之热量远大于煤气温度降低 1℃ 所放出的热量，热量供应相当紧张，煤气温度迅速下降，而炉料温度升高并不快，即煤气的降温速度远大于炉料的升温速度。这样两者之间就存在着较大的温差 Δt，而且越向下 Δt 越大，使热交换激烈进行。

煤气上升到中部某一高度后，由于直接还原等耗热反应减少，间接还原放热反应增加，$W_料$ 逐渐减小，以至某一时刻与 $V_气$ 相等（$W_料 = V_气$），此时煤气和炉料间的温度差很小（$\Delta t \leqslant 20℃$），并维持相当时间，煤气放出的热量和炉料吸收的热量基本保持平衡，炉料的升温速率大致等于煤气的降温速率，热交换进行缓慢，成为"空区"（II）。煤气何时、何温度下进入空区？当用天然矿冶炼而使用大量石灰石时，空区的开始温度取决于石灰石激烈分解的温度，即 900℃ 左右。在使用熔剂性烧结矿（高炉不加石灰石）时，取决于直接还原开始大量发展的温度，即 1000℃ 左右。

煤气从空区往上进入上部热交换区 I。此处进行炉料的加热、蒸发和分解以及间接还原反应等。由于所需热量较少，因而 $W_料 < W_气$，即单位时间内炉料温度升高 1℃ 所吸收的

热量小于煤气降温 1℃ 所放出的热量，热量供应充足，炉料迅速被加热，其升温速率大于煤气降温速率。

2.5.5.3　高炉上部热交换及影响高炉炉顶温度的因素

提高炉缸温度 $t_{缸}$，降低炉顶温度 $t_{顶}$，与 $W_{料}/W_{气}$ 的比值变化有关。

根据区域热平衡和热交换原理，在上部热交换区 I 的任一截面上，煤气所含的热量应等于固体炉料吸收的热量与炉顶煤气带走的热量之和（不考虑入炉料的物理热）。

$$W_{气}t_{气} = W_{料}t_{料} + W_{气}t_{缸}$$

所以　　　　　　　　　　$$t_{气} = W_{料}/W_{气}t_{料} + t_{缸}$$

当上段热交换终了，创造空区时，$t_{气} \approx t_{料} \approx t_{空}$

于是　　　　　　　　　　$$t_{空} = W_{料}/W_{气}t_{空} + t_{缸}$$

所以　　　　　　　　　　$$t_{顶} = (1 - W_{料}/W_{气})t_{空}$$

式中　$t_{空}$，$t_{顶}$——分别为热交换空区和炉顶煤气温度。

可见，炉顶煤气温度决定于空区温度和 $W_{料}/W_{气}$ 的比值。在原料、操作稳定的情况下，$t_{空}$ 一般变化不大，故 $t_{顶}$ 主要决定于 $W_{料}/W_{气}$。

由此可知，影响 $t_{顶}$ 的因素是：

（1）煤气在炉内分布合理，煤气与炉料充分接触，煤气的热能利用充分，$t_{顶}$ 则低。相反，煤气分布失常，过分发展边缘或中心气流，甚至产生管道，$t_{顶}$ 会升高。

（2）如果焦比降低，则作用于单位炉料的煤气量减少，即煤气的水当量 $W_{气}$ 减小，$W_{料}/W_{气}$ 比值增大，$t_{顶}$ 降低。反之，焦比提高时，煤气量增大，煤气水当量增大，$W_{料}/W_{气}$ 比值减小，$t_{顶}$ 提高。

（3）炉料的性质。炉料中如水分高，在上部蒸发时要吸收更多热量，即 $W_{料}$ 增大，$W_{料}/W_{气}$ 比值增大，$t_{顶}$ 则降低。如果使用焙烧过的干燥矿石，炉顶温度 $t_{顶}$ 相应较高，如使用热烧结矿，$t_{顶}$ 更高。

（4）提高风温后若焦比降低，则煤气量减少，$t_{顶}$ 会降低。如果焦比不变时，则煤气量变化不大，对 $t_{顶}$ 的影响也不大。

（5）采用富氧鼓风时，由于含 N_2 量减少，煤气量减少，使 $W_{气}$ 降低，$W_{料}/W_{气}$ 升高，从而使 $t_{顶}$ 降低。

炉顶温度是评价高炉热交换的重要指标。当前高炉采用高压操作后，为保证炉顶设备的严密性，更要防止炉顶温度过高。正常操作时的 $t_{顶}$ 常在 200℃ 左右。

2.5.5.4　高炉下部热交换及对炉缸温度 $t_{缸}$ 的影响因素

在高炉下部，$W_{料}/W_{气} > 1$，根据热平衡和热交换原理，可推出在下部热交换区炉缸温度和 $W_{气}/W_{料}$ 比值的关系为：

$$W_{料}t_{缸} + W'_{料}t_{空} = W_{气}t_{气} - W'_{气}t_{空}$$

当下部热交换终了，煤气上升到达空区时

$$W'_{料} \approx W'_{气}$$

即　　　　　　　　　　　$$W'_{料}t_{空} = W'_{气}t_{空}$$

于是　　　　　　　　　　$$W_{料}t_{缸} = W_{气}t_{气}$$

所以
$$t_缸 = W_气 / W_料 t_气$$

式中　　$t_缸$——炉渣温度；

　　　　$t_气$——炉缸煤气温度。

可见，凡能提高 $t_气$ 和降低 $W_料$、提高 $W_气 / W_料$ 比值的措施，都有利于 $t_缸$ 的升高。

影响 $t_缸$ 的因素是：

（1）风温提高，$t_气$ 升高，$t_缸$ 增加。

（2）风温提高后，焦比降低，煤气量减少，$W_气$ 减少，又使 $t_缸$ 降低，其结果 $t_缸$ 可能变化不大。如果焦比不变，则 $t_缸$ 增加。

（3）富氧鼓风时，N_2 减少，煤气量减少 $W_气 / W_料$ 降低，然而富氧可大大提高 $t_气$，结果使 $t_缸$ 升高。

2.6　高炉内炉料和煤气的运动

2.6.1　炉料下降的条件

2.6.1.1　炉料下降的必要条件

炉料下降的必要条件是在高炉内不断存在着的促使炉料下降的自由空间。形成这一空间的因素有：

（1）风口前燃料的燃烧，形成较大的自由空间，占缩小的总体积的 44%～52%。

（2）炉料中的碳素参加直接还原的消耗，占缩小的总体积的 11%～16%。

（3）固体炉料的熔化，形成液态的渣、铁，引起炉料体积缩小。

（4）定期从炉内放出渣、铁，炉缸内经常保持有一定空间，使上面炉料得以下降，两项约占体积缩小部分的 25%～35%。

（5）固体炉料在下降过程中，小块料不断充填于大块料的间隙以及受压使之体积收缩，约占体积缩小部分的 5%～15%。

风口前焦炭的燃烧，对炉料的下降有决定性影响，尤其在焦比较高的情况。这不仅是因燃烧产生的自由空间较大，而且若没有焦炭燃烧，那么其他因素也就不存在了。

焦比较低的高炉，炉料的熔化和出渣、出铁对炉料下降的影响因素增大。如果原料的整料工作不好，则最后一项对下料的影响较大。

只有以上的因素并不能保证炉料就可以顺利下降。例如高炉在难行、悬料之时，风口前的燃烧虽还在缓慢进行，但炉料的下降却停止了。所以炉料的下降除具备以上必要条件外，还应具备充分条件。

2.6.1.2　炉料下降的充分条件

除炉料下降的必要条件外，能否顺利下降还要受力学因素的支配。

$$P = Q_炉料 - P_墙摩 - P_料摩 - \Delta P \tag{2-41}$$

式中　　P——决定炉料下降的力；

　　　　$Q_炉料$——炉料在炉内的总重；

$P_{墙摩}$——炉料与炉墙间的摩擦阻力；

$P_{料摩}$——料块相互运动时，颗粒之间的摩擦阻力；

ΔP——煤气对炉料的支撑力。

$$Q_{炉料} - P_{墙摩} - P_{料摩} = Q_{有效}　　　（称为炉料的有效重力）$$

即　　　　　　　　　　　　　　$$P = Q_{有效} - \Delta P \qquad\qquad (2\text{-}42)$$

炉料的有效重力（$Q_{有效}$）指的是高炉料柱本身的重量在克服了各种摩擦阻力后，作用于炉缸底部的垂直重力。$Q_{有效}$ 越大，压差 ΔP 越小，此时 P 值越大即越有利于炉料顺行。反之，不利于顺行。当 $Q_{有效}$ 接近或等于 ΔP 时，炉料难行或悬料。要注意的是，$P>0$ 是炉料能否下降的力学条件，并且其值越大，越有利炉料下降。但是 P 值的大小，对炉料下降快慢影响并不大。影响下料速度的因素，主要取决于单位时间内焦炭燃烧的数量，即下料速度与鼓风量和鼓风中的含氧量成正比。

2.6.1.3　影响有效重力的因素

高炉料是一种散粒状物体，它与一般连续物体的区别在于它的内部没有结合力或有很小结合力，与一般液体的区别在于它具有很大的内摩擦力。由料块组成的料柱重量所产生的压力，从一块传到另一块，对四周的墙壁还要产生较大的侧压力和摩擦力。因此，料柱本身重量最后作用在炉底的重力（$Q_{有效}$）要比实际重力小得多。影响有效重力（$Q_{有效}$）的因素主要有以下几个方面：

（1）高炉设计参数。炉腹角 α（炉腹与炉腰部分的夹角）减少，炉身角 β（炉腰与炉身部分夹角）增大，此时炉料与炉墙摩擦阻力会增大，即 $P_{墙摩}$ 增大，有效重力 $Q_{有效}$ 则减小，不利于炉料顺行。反之，α 增大，β 缩小，有利于 $Q_{有效}$ 提高，有利于炉料顺行。增加风口，有利于提高 $Q_{有效}$。这是因为随着风口数目增加，扩大了燃烧带炉料的活动区域，减小了 $P_{墙摩}$ 和 $P_{料摩}$，所以有利于 $Q_{有效}$ 提高。矮胖型高炉的 $Q_{有效}$ 较大，有利于顺行，尤其是对于高度较高的大型高炉。

（2）炉料的运动状态。凡是运动状态的炉料下降过程中的摩擦阻力均小于静止状态的炉料。所以说运动态的料的有效重力都比静止态炉料的有效重力大。

（3）炉料的堆积密度越大，$Q_{炉料}$ 增大，有利于 $Q_{有效}$ 增大。因此，焦比降低后，随着焦炭负荷提高，炉料堆积密度提高，对顺行是有利的。

（4）在生产高炉上，影响 $Q_{有效}$ 因素更为复杂，如渣量的多少、成渣位置的高低、初成渣的流动性、炉料下降时的均匀程度以及炉墙表面的光滑程度等，都会造成 $P_{墙摩}$、$P_{料摩}$ 的改变，从而影响炉料有效重力的变化而影响炉料顺行。

目前对高炉软熔带以下的高温区（即存在固相、液相的混合区域），有关炉料有效重力的直接数据还较少，尚待进一步研究。

2.6.1.4　影响 ΔP 的因素

高炉内煤气所以能穿过炉料柱自下而上运动，主要靠鼓风具有的压力能。煤气流在克服炉料阻力的过程中，本身压力能逐渐减小，产生压力降（即压头损失），也就是煤气对下降炉料的支撑阻力。

$$\Delta P = P_{炉缸} - P_{炉喉} \approx P_{热风} - P_{炉顶}$$

式中 $P_{炉缸}$——煤气在炉缸风口水平面的压力;

$P_{炉喉}$——料线水平面炉喉煤气压力;

$P_{热风}$——热风压力;

$P_{炉顶}$——炉顶煤气压力。

由于炉缸和炉喉处的煤气压力不便于经常测定,故近似采用 $P_{热风}$ 和 $P_{炉顶}$ 代替。

为便于理解或简化,引入气体通过圆形直管的压头通式为:

$$\Delta P = \lambda \frac{\gamma_g \cdot \omega^2}{2g} \cdot \frac{L}{d} \qquad (2-43)$$

式中 ΔP——流动气体的压力降;

ω——给定温度和压力下,气流通过时的实际流速;

γ_g——气体密度;

L,d——管路长度和管路的水利学直径;

λ——阻力系数,与雷诺准数有关。

煤气在通过散粒状料的高炉料柱时,其通道不是圆孔直线,而是非常曲折,并且在高温区有渣、铁液相的存在,其阻力损失非常复杂,目前尚无正确可靠的公式表示。可借用公式近似分析高炉内煤气运动的一些规律。

也有许多学者将散料体中流体力学参数引入并依据实例资料,导出一些不同的经验公式,分析高炉内情况,常用下列公式。

(1) 沙沃隆科夫公式为:

$$\Delta P = \frac{2 \cdot f \cdot \omega^2}{g \cdot d_当 \cdot F_a} \cdot H \qquad (2-44)$$

在高炉生产中主要为过渡性紊流或紊流情况,式 (2-44) 可变为:

过渡性紊流时
$$\Delta P = \frac{7.6 \cdot \omega^{1.8} \cdot \gamma^{0.2}}{g \cdot d_当^{1.2} \cdot F_a^{1.8}} \cdot H \qquad (2-45)$$

紊流时
$$\Delta P = \frac{1.3 \cdot \gamma \cdot \omega^2}{g \cdot d_当 \cdot F_a^2} \cdot H \qquad (2-46)$$

式中 ΔP——散粒状料柱内煤气的压力差;

γ——煤气的密度;

ω——煤气假定流速或称空炉速度;

$d_当$——通道的当量直径;

F_a——散料的平均可通面积,其值等于散料孔隙度 ε;

g——重力加速度;

H——散料层高度;

f——总的阻力系数,$f = f_摩 + f_局$,$f_摩 = \phi_{(Re)}$,$f_局 = \phi_{(Fa)}$。

(2) 埃根 (Ergun) 公式。内容比较全面,其表达式为:

$$\frac{\Delta P}{H} = 150 \frac{\mu \cdot \omega \cdot (1 - \varepsilon)^2}{\phi \cdot d_0^2 \cdot \varepsilon^2} + 1.75 \frac{r \cdot \omega^2 \cdot (1 - \varepsilon)}{\varepsilon^3 \cdot d_0 \cdot \phi} \qquad (2-47)$$

式中 ω——煤气平均流速;

μ——气体的黏度;

ϕ——形状系数，它等于等体积圆球表面积与料块表面积之比，或表示为散料粒度
　　与圆球形状粒度不一致的程度，$\phi<1$；

d_0——料块的平均粒径；

ε——散料孔隙度，

$$\varepsilon = (1 - \gamma_{堆}/\gamma_{块}) = F_a$$

$\gamma_{堆}$——散料堆积密度；

$\gamma_{块}$——料块密度。

埃根公式对研究高炉冶炼过程中炉料的透气性、煤气管道的形成等很有意义。

该公式前一项代表层流，后一项代表紊流，一般高炉内非层流，故前一项为零，即

$$\frac{\Delta P}{H} = 1.75 \cdot \frac{r \cdot \omega^2 \cdot (1 - \varepsilon)}{\varepsilon^3 \cdot d_0 \cdot \phi}$$

移项可得

$$\frac{\omega^2}{\Delta P} = \frac{\phi \cdot d_0}{1.75H \cdot r}\left(1 - \frac{\varepsilon^3}{1 - \varepsilon}\right) \tag{2-48}$$

生产高炉的煤气流速一般与风量 Q 成正比关系，当炉料没有显著变化时，ϕ、d_0 可认

为是常数，料线稳定时 H 也是常数，所以 $\dfrac{\phi \cdot d_0}{1.75H \cdot r}$ 都归纳为常数 K，可得：

$$\frac{\omega^2}{\Delta P} = K\left(1 - \frac{\varepsilon^3}{1 - \varepsilon}\right) \tag{2-49}$$

从式（2-49）可知，$Q^2/\Delta P$ 的变化代表了 $\varepsilon^3/(1 - \varepsilon)$ 的变化，生产高炉的 Q 和 ΔP
都是已知的，可直接计算。由于 ε 恒小于 1，所以 ε 的细小变化会使 ε^3 变化很大，所以
$Q^2/\Delta P$ 反映炉料透气性的变化非常灵敏，可作为冶炼操作中重要依据，常把它称为透气
性指数。有的厂近似采用 $Q/\Delta P$，称为透气性指数，虽然也能反映一定的炉料透气性变
化，但与此公式相比并不严格。

透气性指数把风量和高炉料柱全压差联系起来，更好地反映出风量必须与料柱透气性
相适应的规律。它的物理意义是单位压差所允许通过的风量。在一定条件下，透气性指数
有一个适宜的波动范围，超过或低于这个范围，说明风量和透气性不相适应，应及时调
整，否则将会引起炉况不顺。所以，当前高炉都装有透气性指数仪表，可作为操作人员准
确判断或处理炉况的重要依据。

上述的有关 ΔP 的公式只适用于炉身部位没有液相存在的块状带，而且是在固定床推
导的，但高炉中的炉料下降不是固定床，而是缓缓下降的移动床（只有在悬料时或开炉
点火之前相当于固定床）。

ΔP 的影响因素可归纳两方面：一是煤气流方面，包括流量、流速、密度、黏度、压
力、温度等；其二是原料方面，它包括孔隙度、透气性、通道的形状和面积以及形状系数
等。这里只做一般的定性分析。

（1）风量对 ΔP 的影响。从上述 ΔP 的公式可见

$$\Delta P \propto \omega^{1.8\sim2.0} \tag{2-50}$$

即 ΔP 随煤气流速增加而迅速增加。因此，降低煤气流速 ω 能明显降低 ΔP。然而，对一
定容积和截面的高炉，煤气流速同煤气量或同鼓风量成正比。在焦比（燃料比）不变的

情况下，风量（或冶炼强度）又同高炉生产率成正比，这就形成了强化和顺行的矛盾。

$\Delta P \propto \omega^2$这一关系，在一定时期内曾束缚了一些高炉操作者，使他们在条件本来允许的情况下，也不敢强化高炉，担心提高冶炼强度，ΔP迅速升高会破坏高炉顺行。图2-24是ΔP与I的关系，可见，随冶炼强度提高，ΔP开始直线增加，当冶炼强度达到一定水平后，ΔP几乎不再升高。这是因为高炉炉料处于不断运动状态（移动床），随冶炼强度提高，风量加大，燃烧加速，下料加快，炉料处于松动活跃状态，导致料柱空隙率ε增加。

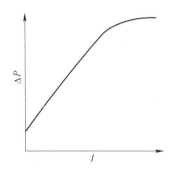

图2-24 料柱全压差ΔP与冶炼强度I的关系

风量过大，超过了料柱透气性允许的程度，会引起煤气流分布失常，形成局部过吹的煤气管道，此时尽管ΔP不会过高，但大量煤气得不到充分利用，必然导致炉况恶化。参考透气性指数来确定是否加减风量会给操作者带来很大方便。例如，加风之后，ΔP上升很多，透气性指数$Q/\Delta P$已接近合适范围的下限，说明此时料柱透气性已接近恶化程度不可再加风了，如果指数下降，离下限还远，说明还允许再增加些风量。

（2）温度对ΔP的影响。气体的体积受温度影响很大，例如1650℃的空气体积是常温下的6.5倍。所以当炉内温度增高，煤气体积增大，如料柱其他条件变化不多，煤气流速增大，此时ΔP增大。这直接反映在热风压力的变化上，例如炉温升高，热风压力随之升高，当炉况向凉时热风压力则降低。

（3）煤气压力对ΔP的影响。当炉内煤气压力升高，煤气体积缩小，煤气流速降低时，有利于炉况顺行。同时在保持原ΔP的水平，则允许增加风量以强化冶炼和增产。这就是当代高炉采用高压操作的优越性。

（4）炉料方面对ΔP的影响。主要影响因素是炉料的透气性及与此有关的孔隙度ε和$d_{当}$。

为了改善炉料透气性以降低ΔP，首先应提高焦炭和矿石的强度，减少入炉料的粉末。特别要提高矿石的高温强度，增加其在高温还原状态下抵抗摩擦、挤压、膨胀、热裂的能力。这样即可减少炉内粉末，增大ε和$d_{当}$，改善料柱透气性，降低ΔP。其次要大力改善入炉原料的粒度组成，加强原料的整粒工作。一般说，增大原料粒度对改善料层透气性、降低ΔP有利。实验证实随料块直径的增加，料层相对阻力减小，但当料块直径超过一定数值范围（$D>25mm$）后，相对阻力基本不降低。当料块直径在6～25mm范围，随着粒度减小，相对阻力增加不明显。若粒度小于6mm，则相对阻力显著升高，如图2-25所示。

可见，适于高炉冶炼的矿石粒度范围是6～25mm，5mm以下的粉末危害极大，务必筛除。对25mm以上的大块，得益不多，反而增加还原的困难，应予以破碎。使用天然矿

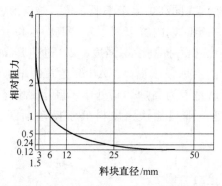

图 2-25　料柱透气性的变化与矿块大小（用计算直径表示）的关系

的尤需如此。因此，靠增大原料粒度来提高 $d_{当}$，以降低 ΔP 是有限的。

在原料适宜的粒度范围内，如何达到粒度的均匀化，这是改善透气性至关重要的一面。图 2-26 是料层空隙度与大、小料块直径及大、小块数量比的关系。对于粒度均一的散料，空隙率与原料粒度无关，一般在 0.4~0.5。如炉料粒度相差越大，小块越易堵塞在大块空隙之间。实验得到不同粒径比（小／大）为 0.01~0.5 之间的七种情况，ε 都小于 50%，当细粒占 30%、大粒占 70% 时，ε 值为最小。而且 $D_小/D_大$ 比值越小（曲线 1），料柱孔隙率 ε 越小，反之 $D_小/D_大$ 比值越大，即粒度差减小，此时不但 ε 增大，其波动幅度也变小（曲线 7，近于水平）。因此，为改善料柱透气性，除了筛去粉末和小块外，最好采用分级入炉（如分成 10~25mm 和 5~10mm 两级），达到粒度均匀。

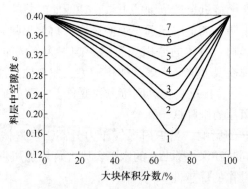

图 2-26　料层空隙率与大、小块之间以及大、小块数量比的关系

$D_小/D_大$：1—0.01；2—0.05；3—0.1；4—0.2；5—0.3；6—0.4；7—0.5

总之，加强原料管理，确保原料的"净"（筛除粉末）和"匀"（减少同级原料上、下限粒度差），能明显地改善高炉行程和技术经济指标。粒度均匀可以减少炉顶布料的偏析，使煤气分布更加合理。原料分级和单级入炉可使 ΔP 下降，减少煤气管道行程。同时粒度均匀还能使炉料在炉内的堆角变小，布料时可使中心的矿云石相对增多，抑制和防止中心过吹，所有这些都有利于煤气能量的合理利用，有利降低焦比，提高产量。

对 ΔP 影响因素除上述有关煤气和炉料方面外，生产中还有很多因素影响 ΔP 的变化。例如装料制度方面，发展边缘气流的装料制度有利于 ΔP 降低，尤其影响高炉上部 ΔP。

反之, 采用压制边缘气流 (发展中心) 的装料制度则不利于高炉上部 ΔP 的降低, 即不利于高炉顺行, 但对煤气的利用有利。

2.6.2 有液态渣、铁区域的煤气流动

2.6.2.1 液泛现象

高炉自软熔带开始有液相产生, 自滴落带以下, 液相的渣、铁穿过固态焦炭空隙向下流动, 而煤气向上升起, 此时焦层空隙的一部分被流体 (炉渣) 所占有, 另一部分空隙被气体所占有。一般情况下, 液态渣铁往往贴壁流动, 气体则在中心通过。只要流过料层的液体数量不多, 两者就没有显著矛盾。因为液体贴附在颗粒之间, 显著改变了通道的形状, 使管壁面光滑, 与没有液体的干燥料层相比, 通道相对直些, 气流通过时, 方向改变少些, 气体通过时的阻力损失减小。所以 ΔP 反而能下降一点。但当流过料层的液体数量增多时, 情况就不同了。由于液体占有较多的空隙, 使气体通过的截面减少, 与干燥料层比较, 在同样气流速度下, ΔP 有所增加。液体流量继续增加时, 则 ΔP 进一步增大。当液体数量在一定范围内, 不断提高气流速度, 显然受到向下流动的液态渣、铁的阻力也越大, 而且渣、铁量越多和炉渣黏度越大时, 其阻力损失也越大。当煤气流速增加到一定程度, 渣、铁液体将完全被煤气托住而下不来。此时气体以气泡形式穿过液体层, 因而需要很大压差才能使气泡通过料层, 又由于气体以气泡形态穿过渣、铁液层, 液体中充满气泡, 如同沸腾的牛奶或稀饭一样, 液层变厚, 液体被气体托升, 这种现象称液泛现象。渣量大时, 更易发生液泛现象。在相对渣量一定时, 煤气流速对液泛现象影响较大, 其次是比表面积 $S(S = 6/d_0)$, S 增加, 易形成液泛。目前有些高炉已接近液泛的界限, 使用品位较低的矿石, 渣量很大, 容易悬料。在此情况下, 强化冶炼 (提高煤气流速) 比别的高炉更为困难, 因此改善焦炭的强度, 减少焦炭粉末以改善炉渣的流动性 (黏度) 都具有更大的现实意义。

一般情况下高炉内不会发生液泛现象, 但在渣量很大、炉渣表面张力又小、而其中 (FeO) 含量又高时, 很可能产生液泛现象。

高炉内的液泛现象会使已熔化的液相上升进入低温区再凝结, 造成高炉难行和悬料。

2.6.2.2 通过软熔带时的煤气流动

在软熔带内, 矿石、熔剂逐渐软化、熔融、造渣而成液态渣、铁, 只有焦炭此时仍保持固体状态, 形成的熔融而黏稠的初成渣与中间渣充填于焦块之间, 并向下滴落, 使煤气通过的阻力大大增加。

在软熔带是靠焦炭的夹层, 即焦窗透气, 在滴落带和炉缸内是靠焦块之间的空隙透液和透气。因此提高焦炭的高温强度, 对改善这个区域的料柱透气 (液) 性具有重要意义。同时改善粒度组成 (减少焦末), 可充分发挥其骨架作用。焦炭的粒度相对矿石可略大些, 根据不同高炉, 可将焦炭分为 40 ~ 60mm、25 ~ 40mm、15 ~ 25mm 三级, 分别分炉使用。

焦炭的高温强度与本身的反应性 ($C+CO_2 = 2CO$) 有关, 反应性好的焦炭, 其部分

碳素及早气化，产生溶解损失，使焦炭结构疏松、易碎，从而降低其高温强度。所以，抑制焦炭的反应性以推迟气化反应进行，不但改善其高温强度，而且对发展间接还原，抑制直接还原，都是有利的。

软熔带的形状和位置对煤气通过时的压差也有重大影响。上升的高炉煤气从滴下带到软熔带后，只能通过焦炭夹层（气窗）流向块状带，软熔带在这里起着相当于煤气分配器的作用。通过软熔带后，煤气被迫改变原来的流动方向，向块状带流去。所以在软熔带中的焦炭夹层数及其总断面积对煤气流的阻力有很大影响。

(1) 软熔带形状的影响。在软熔带高度大致相同情况下，煤气通过倒 V 形软熔带时的压差 ΔP 最小，W 形软熔带压差 ΔP 最大，V 形软熔带居中。

(2) 软熔带的位置和宽度对 ΔP 的影响。对形状相同的软熔带（以倒 V 形为例），如软熔带高度较高，含有较多的焦炭夹层，供煤气通过的断面积大，煤气通过时的压差小，反之，煤气通过时所产生的压差较大。

但是软熔带高度增大，块状带的体积则减小，即矿石的间接还原区相应减小，煤气利用变差，焦比升高。反之，软熔带高度降低，可提高煤气利用率，降低焦比。所以，高度较高的软熔带属高产型，一般利用系数大的高炉为此种类型。高度较矮的软熔带属低焦比型，燃料比低的先进高炉大多属此类型。

当增加软熔带宽度时（软熔范围扩大），煤气压力要增大，这不仅由于块状带的体积因软熔带变宽而缩小，而且也因包含在软熔带内的焦炭夹层长度相对增加所致。当缩小软熔带宽度时煤气压差减小。

(3) 软熔带厚度对 ΔP 影响。在软熔带焦炭夹层数减少不多的情况下，适当增加焦炭夹层厚度，可降低煤气通过时的压差。但焦炭夹层过厚，会使焦炭夹层数减少，从而使焦炭夹层总的纵断面积减少过多，此时煤气通过时的压差则会增大。

合适的软熔带形状，应由具体高炉的原料条件和操作条件决定。根据杜鹤桂教授研究，气流通过软熔带的阻力损失与软熔带各参数之间存在如下关系：

$$\Delta P_{软} = K \frac{L^{0.183}}{n^{0.46} \cdot h_C^{0.93} \cdot \varepsilon^{3.74}} \tag{2-51}$$

式中　$\Delta P_{软}$——软熔带单位高度上的透气阻力指数；

K——系数；

L——软熔带宽度；

n——焦炭夹层的层数；

h_C——焦炭夹层的高度；

ε——焦炭夹层的孔隙率。

可见，软熔带越窄，焦炭夹层的层数越多，夹层越高（厚），孔隙率越大，则软熔带透气阻力指数越小，透气性越好。反之，透气性差。

在当前条件下，料柱透气性对高炉强化和顺行起主导作用。只要料柱透气性能与风量、煤气量相适应，高炉就可以进一步强化。从这个意义上讲，料柱透气性的极限，就是高炉强化的极限。改善料柱透气性，必须改善原燃料质量，改善造渣，改善操作，获得适宜的软熔带形状和最佳的煤气分布。而改善造渣和软熔带状况的根本问题，仍是精料问题。这是强化顺行的物质基础。

2.6.3 炉料运动与冶炼周期

2.6.3.1 高炉下料情况的探测

高炉的下料情况直接反映冶炼进程的好坏。通过探料尺的变化和观察风口情况，了解炉内的下料情况。图 2-27 是探尺工作曲线，当炉内料面降到规定的料线时，探尺提到零位，大料钟开启将炉料装入炉内，料尺又重新下降至料面，并随料面一起逐步向下运动，图中 B 点表示已达料线，紧接着探尺自动提到 A 点（零位）。AB 线代表料线高低，此线越延伸至圆盘中心，表示料线越低。AE 线所示方向表示时间。加完料后，料尺重新下降至 C 点，由于这段时间很短，故是一条直线。以后随时间的延长，料面下降，画出 CD 斜线，至 D 点则又到了规定料线。

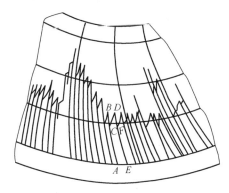

图 2-27　探尺工作曲线

BC 表示一批料在炉喉所占的高度，AC 是加完料后，料面离开零位的距离（后尺），CD 线的斜率就是炉料下降速度。当 CD 变水平时，斜率等于零，下料速度为零，此即悬料。如 CD 变成与半径平行的直线时，说明瞬间下料速度很快，即崩料。分析探尺曲线，能看出下料是否平稳或均匀。探尺若停停走走说明炉料下行不理想（设备机械故障除外），再发展下去就可能难行。如果两探尺指示不相同，说明是偏料。后尺 AC 很短，说明有假尺存在，探尺可能陷入料面或陷入管道，造成料线提前到达的假象。多次重复此情况，可考虑适当降低料线。

观察各风口前焦炭燃烧的活跃情况，可判断炉缸周围的下料情况，焦块明亮活跃，表明炉况正常，如不活跃，可能出现难行或悬料。

生产中控制料速的主要方法是：加风量则提高料速，减风量则降低料速。其次还可通过控制喷吹量来控制料速或用控制炉温来微调料速。

2.6.3.2 炉料下降的平均速度

炉料下降的平均速度 $V_均$ 可用下式近似计算：

$$V_均 = \frac{V}{24S} \qquad (2-52)$$

式中　V——每昼夜装入高炉的全部炉料体积，m^3；

　　　S——炉喉截面积，m^2；

$$V_均 = \frac{V_有 \cdot \eta_有 \cdot V'}{24S} \tag{2-53}$$

或写成

式中　$V_有$——高炉有效容积，m^3；

　　　$\eta_有$——有效容积利用系数，$t/(m^3 \cdot d)$；

　　　V'——1t 铁炉料的体积，m^3/t。

在一定条件下，利用系数越高，下料速度越快，每吨铁的炉料体积越大，下料速度也越快。

2.6.3.3　高炉不同部位处的下料速度

高炉内不同部位，炉料的下料速度是不一样的。下料速度一般有以下规律：

（1）沿高炉半径。炉料运动速度不相等，紧靠炉墙的地方下料最慢，距炉墙一定距离处，下料速度最快（这里正是燃烧带的上方，产生很大的自由空间，同时这区域炉料最松动，有利炉料的下降）。此外，由于布料时在距炉墙一定距离处，矿石量总是相对多些，此处矿石下降到高炉中、下部时，被大量还原和软化成渣后，炉料的体积收缩比半径上的其他点都要大。

（2）沿高炉圆周方向。炉料运动速度也不一致，由于热风总管离各风口距离不同，阻力损失则不相同，致使各风口的进风量相差较大（有时各风口进风量之差可达 25% 左右），造成各风口前的下料速度不均匀。另外，在渣口、铁口方位经常排放渣、铁，因此在渣口、铁口的上方炉料下降速度相对较快。

（3）不同高度处炉料的下降速度也不相同。炉身部分由于炉子断面往下逐渐扩大，下料速度变化。到炉身下部下料速度最小。到炉腹处，由于断面开始收缩，炉料的下降速度又有增加。从高炉解体研究的资料可见，随着炉料下降，料层厚度逐渐变薄，显然是因为炉身部分断面向下逐渐扩大所造成，证明了炉身部分下料速度是逐渐减小的。另外还看到，炉料刚进炉喉的分布都有一定的倾斜角，即离炉墙一定距离处料面高，炉子中心和紧靠炉墙处的料面较低。随着炉料下降，倾斜角变小，料面变平坦。说明距炉墙一定距离处，炉料下降比半径的其他地方要快。

（4）高温区内焦炭运动情况。从滴下带到炉缸均是由焦炭构成的料柱所充满，在每个风口处都因焦炭回旋运动形成一个疏松带。当炉缸排放渣铁后，焦炭仅从疏松区进入燃烧带燃烧。由于疏松区和燃烧带距炉子中心略远，形成中心部分炉料的运动比燃烧带上方的炉料运动慢得多。当渣铁在炉缸内集聚到一定数量后，焦炭柱开始漂浮，这时炉缸中心部的焦炭一方面受到料柱的压力，一方面又受渣、铁的浮力，使中心的焦炭经过熔池，从燃烧带下方迂回进入燃烧带。以上说明高炉中心部分的炉料不是静止的，而是运动的，其运动速度不仅取决于中心部分炉料的熔化和焦炭中碳素消耗于还原反应而产生的体积收缩的大小，同时还取决于炉缸中心的焦炭，通过炉缸熔池从燃烧带下方进入燃烧带参加燃烧反应的数量。所谓炉缸中心的"死料柱"不是静止不动的，只不过运动速度比风口上方的料柱小些而已。

2.6.3.4　冶炼周期

冶炼周期就是炉料在炉内停留的时间，它也可说明炉料在炉内的下降速度，习惯的计算方法是：

$$t = \frac{24V_{有}}{PV'(1-C)}h \tag{2-54}$$

因为 $\eta_{有} = \dfrac{P}{V_{有}}$，所以

$$t = \frac{24}{\eta_{有}V'(1-C)}h$$

式中　t——冶炼周期，h；

　　$V_{有}$——高炉有效容积，m^3；

　　P——高炉日产量，t/d；

　　V'——1t 铁的炉料体积，m^3/t；

　　C——炉料在炉内的压缩系数，大中型高炉 $C \approx 12\%$，小高炉 $C \approx 10\%$。

此为近似公式，因为炉料在炉内，除体积收缩外，还有变成液相或气相的体积收缩等，故可看作是固体炉料在不熔化状态下在炉内的停留时间。

生产中常采用由料线平面到达风口平面时的下料批数，作为冶炼周期的表达方法。如果知道这一料批数，又知每小时下料的批数，同样可求出下料所需的时间。

$$N_{批} = \frac{V}{(V_{矿} + V_{焦})(1-C)} \tag{2-55}$$

式中　$N_{批}$——由料线平面到风口平面曲的炉料批数；

　　V——风口以上的工作容积，m^3；

　　$V_{矿}$——每批料中矿石料的体积（包括熔剂的），m^3；

　　$V_{焦}$——每批料中焦炭的体积，m^3。

通常矿石的堆积密度取 $2.0 \sim 2.2 t/m^3$，烧结矿为 $1.6 t/m^3$，焦炭为 $0.45 \sim 0.55 t/m^3$。

冶炼周期是评价冶炼强化程度的指标之一。冶炼周期越短，利用系数越高，意味着生产越强化。冶炼周期还与高炉容积有关，小高炉料柱短，冶炼周期也短。如容积相同，矮胖型高炉易接受大风，料柱相对较短，故冶炼周期也较短。我国大中型高炉的冶炼周期一般为 $6 \sim 8 h$，小型高炉为 $3 \sim 4 h$。

2.6.3.5 非正常情况下的炉料运动

A 炉料的流态化

由于原料的粒度和密度等性质的差异（尤其是当整粒工作不好时），此时风量大，煤气量过多，则一部分密度小、颗粒也小的炉料首先变成悬浮状态，不断运动，进而整个料层均变成流体状态，故称为"流态化"。

实际高炉中炉料的粒度较大，距炉料全部流态化尚远。但是炉料中的粒度和密度很不一致，在风量很大的情况下，料柱中产生局部性的或短暂的流态化还是有可能的。

常遇到的流态化现象，如炉尘的吹出。流态化又往往造成煤气管道行程，使正常作业受到破坏。随着风量加大，炉尘量增加是正常现象，但为了减少炉尘和消除管道行程，应加强原料的管理和寻求合理的操作制度，采用高压操作和降低炉顶温度，均可降低煤气流动速度，有助于减少炉尘损失，增加产量。

B 存在"超越现象"

炉料在下降中，由于沿半径方向各点的运动速度不同，初始料面形状发生很大变化。

同时由于炉料的物理性质，如粒度、密度不均时的流态化密度等存在较大差别，造成下料快慢有差别。对同时装进高炉的炉料，下降速度快的超过下降速度慢的现象，即超越现象。

从高炉解剖研究中发现，炉内矿、焦料层直到软熔带还清楚可辨。但这一事实并不能完全否认超越现象的存在。它只能说明，当前对炉料的整粒等工作正在改善，使炉料中的粒度、密度等差别减小了，因此在固体颗粒间不存在超越现象，但在软熔带以下的渣、铁液态超越固态焦炭的现象仍然显著存在。

过去认为炉料中密度大粒度小的矿石在炉内基本呈直线下降，并比密度小粒度大的焦炭先期到达炉缸。焦炭在下降的同时还有水平方向移动，特别在炉身截面逐渐扩大处，焦炭常被下降的矿石挤向炉墙边缘。当前由于加强了原料的处理，特别是烧结矿和球团矿的大量使用，矿、焦之间的粒度及密度差别大大缩小。尤其在高炉强化后，各处料流下降都比较均匀，因此在固态颗粒之间的超越现象大大减少了。

高炉正常生产时，超越现象对冶炼进程并无影响，当高炉变料、改变负荷和铁种时，则影响明显。例如，改变焦炭负荷有两种方法：一种是增减料批中的焦炭量，另一种是变更矿石量。由于矿石比焦炭下降快，在正常条件下，当减轻负荷是采用减少矿石量时，此时炉缸要比采用增加焦炭的方法热得早些。当增加焦炭负荷时，增加矿石量要比减少焦炭量炉缸冷得快些。

在高炉不顺、发生崩料时超越现象发展严重。由于炉料突然崩落，短时间内炉料大量松动，密度大、粒度小的矿石会大量超越焦炭进入高炉下部，由于大量生矿的下达，会引起炉缸的冷却和其他更严重的故障。

在生产过程中有时也可以利用超越现象来纠正炉况，例如，当炉渣碱度过高，可从炉顶加入细粒河沙，它能很快地穿过料层而到达炉缸稀释炉渣。

2.6.4　高炉内煤气流的分布

煤气流在炉料中的分布和变化直接影响炉内反应过程的进行，从而影响高炉的生产指标。在煤气分布合理的高炉上，煤气的热能和化学能得到充分利用，炉况顺行，生产指标改善，反之则相反。寻找合理的煤气分布一直是生产上最重要的操作问题。

2.6.4.1　煤气流分布的基本规律——自动调节原理

气流分布存在自动调节作用。一般认为各风口前煤气压力（$P_{风口}$）大致相等，炉喉截面处各点压力（$P_{炉喉}$）也都一样。因此，可以说任何通路的 $\Delta P = P_{风口} - P_{炉喉}$。

为便于理解，如图 2-28 所示，P_1、P_2 分别代表 $P_{风口}$ 与 $P_{炉喉}$，煤气分别从 1 和 2 两条通道而上，各自阻力系数分别为 K_1 和 K_2。由于 $K_1 > K_2$，煤气通过时的阻力分别为 $\Delta P_1 = K_1 W_1^2 / 2g$ 与 $\Delta P_2 = K_2 W_2^2 / 2g$（$W_1$ 与 W_2 分别为煤气在 1 和 2 通道内的流速），此时煤气的流量在通道 1 和 2 之间自动调节，因为 K_1 较大，在通道 1 中煤气量自动减少使 W_1 降低，而在通道 2 中煤气量分布增加使 W_2 逐渐增大，最后达到 $K_1 W_1^2 / 2g = K_2 W_2^2 / 2g$ 为止。显然阻力大的通道气流分布少，阻力小的通道气流分布较多，这就是煤气分布的自动调节。

一般炉料中矿石的透气性比焦炭要差。所以炉内矿石集中区域阻力较大，煤气量的分布必然少于焦炭集中区域。但并非煤气流全部从透气性好的地方通过。因为随着流量增

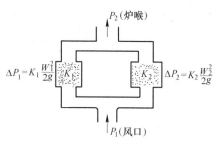

图 2-28   气流分布自动调节原理示意图

加，流速以二次方的程度加大，压头损失大量增加，当 $\Delta P_1 = \Delta P_2$ 之后，自动调节达到相对平衡。W_2 如若再加大，煤气量将会反向调节。只有在风量很小情况下（如刚开炉或复风不久的高炉），煤气产生较少。由于气流的改变引起的压头损失也很小，煤气不能渗进每一个通道，只能从阻力最小的几个通道中通过。在此情况下，即使延长炉料在炉内的停留时间，高炉内的还原过程也得不到改善，只有增加风量，多产生煤气量，提高风口前的煤气压力和煤气流速，煤气才能穿透进入炉料中阻力较大的地方，促使料柱中煤气分布改善。所以说，高炉风量过小或长期慢风操作时，生产指标不会改善。但是，增加风量也不是无限的，因为风量超过一定范围后，与炉料透气性不相适应，会产生煤气管道，煤气利用会严重变差。

2.6.4.2   高炉内煤气分布检测

测定炉内煤气分布的方法很多，常用的有两种：一是根据炉喉截面的煤气取样，分析各点的 CO_2 含量，间接测定煤气分布；其二是根据炉身和炉顶煤气温度，间接判断炉内煤气分布。

煤气上升时与矿石相遇产生还原反应，煤气中 CO 含量逐渐减少而 CO_2 不断增加。在炉喉截面的不同方位取煤气样分析 CO_2 含量，凡是 CO_2 含量低而 CO 含量高的方位，则煤气量分布必然多，反之则少。

通常，在炉喉与炉身交界部位的 4 个方向设有 4 个煤气取样孔，如图 2-29 所示，按规定时间在沿炉喉半径不同位置上取煤气样，沿半径取 5 个样，1 点靠近炉墙边缘，5 点在炉喉中心，3 点在大料钟边缘对应的位置。4 个方向共 20 点取煤气样，化验各点煤气样中 CO_2 含量，绘出曲线，操作人员即可根据曲线判断各方位煤气的分布情况。

图 2-30 表示 3 种煤气 CO_2 曲线。曲线 2 是煤气在边缘分布多中心分布少的情况，又称边缘轻中心重的煤气曲线，也称边缘气流型曲线。曲线 3 是中心轻边缘重，又称中心气流型曲线。曲线 1 是日常生产中常采用的煤气曲线，它介于前两者之间。

（1）曲线边缘点与中心点的差值。如边缘点 CO_2 含量低，是边缘煤气流发展；中心 CO_2 含量低，属中心气流发展。

（2）分析曲线的平均水平高低。如 CO_2 的平均水平较高，说明煤气能量利用好，反之，整个 CO_2 平均水平低，说明煤气能量利用差。

（3）分析曲线的对应性。看炉内煤气分布是否均匀，有无管道或是否有某侧长期透气性不好，甚至出现有炉瘤征兆的煤气曲线。

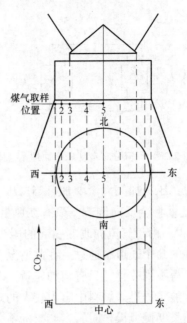

图 2-29　煤气取样点位置分布

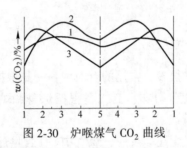

图 2-30　炉喉煤气 CO_2 曲线

（4）分析各点的 CO_2 含量。由于各点间的距离不相等，各点所代表的圆环面积不一样，所以各点 CO_2 值的高低，对煤气总的利用的影响是不一样的。其中 2 点影响最大，1、3 点次之，以 5 点为最小。煤气曲线的最高点若从 3 移至 2 点，此时即使最高值相等，也说明煤气利用有了改善，因为 2 点代表的圆环面积大于 3 点的。

为了正确判断各点煤气的利用和分布情况，煤气取样孔的位置应设在炉内料面以下，否则取出的已是混合煤气，没有代表性。在低料线操作，料面已降至取气孔以下，不可取气。目前国内大部分高炉均是间断的人工操作取气，先进高炉已采用自动连续取样，自动分析各点煤气 CO_2 含量，可判断出煤气分布的连续变化情况。

还可根据高炉的炉身温度和炉喉温度判断煤气在不同方位的分布情况。凡是煤气分布多的地方，温度必然要高，相反，煤气分布较少之处温度必定较低。

随着高炉的大型化和现代化，有很多检测炉内煤气分布的方法，如红外线连续分析炉喉和炉顶煤气成分，有用雷达微波装置测量料面形状，或快速显示料面各处温度分布等。

2.6.4.3　合理的煤气流分布

所谓合理的煤气流分布是指煤气的热能、化学能利用最充分，焦比最低时的煤气流分布。最理想的煤气曲线气流分布应该是高炉整个断面上经过单位质量矿石所通过的煤气量相等。要达到这种最均匀的煤气分布就需要最均匀的炉料分布（包括数量、粒度），但这样的炉料分布对煤气上升的阻力也大，按现有高炉的装料设备条件，要达到如此理想的均匀布料是困难的。

煤气分布是否合理，除煤气能量利用最充分外，炉况要顺行。生产实践表明，高炉内煤气若完全均匀分布，即煤气曲线成一水平线时，冶炼指标并不理想，因为此时炉料与炉墙摩擦阻力很大，下料不会顺利，只有在较多的边缘气流情况下才有利于顺行。因此，合理的煤气流分布应该是在保证顺行的前提下，力求充分利用煤气能量。另一方面，只有保证高炉中心料柱活跃，中心温度提高，煤气利用才更合理，即通常所说的保持较多的中心煤气流和边缘煤气流两条通道。

必须指出，过分发展边缘或中心煤气流，不仅对煤气利用不利，也会引起炉况不顺，甚至结瘤。

随着高炉大小和冶炼条件的不同，合理煤气分布的 CO_2 曲线也不会完全一样，如图2-31所示。随着生产水平的发展，人们对合理煤气分布曲线的看法和观点也有不同。但必须遵循一条总的原则：在保证炉况稳定顺行的前提下，尽量提高整个 CO_2 曲线的水平，以提高炉顶混合煤气 CO_2 的总含量，最充分利用煤气的能量，获得最低焦比。

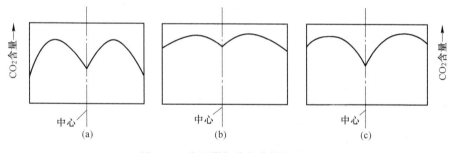

图2-31 我国煤气分布曲线的发展
(a) 双峰式；(b) 平峰式；(c) 中心开放式

过去中小型高炉大多都推行"双峰式"曲线，即所谓"两道气流"的煤气分布。20世纪60年代后，有些厂逐步提高中心和边缘 CO_2 含量，使"双峰式"趋于平坦，向高水平的"平峰式"发展，如图2-31 (b) 所示。这是由于冶炼强度提高，风量逐渐加大，中心气流过分发展，在操作上必然相应采取扩大批重等措施来抑制中心气流，不仅加重了中心，也相对加重了边缘，使中心和边缘的 CO_2 含量升高。与此同时，由于料速加快和煤气流量增加，料柱变得更为疏松，促使高炉截面煤气分布趋向均匀，煤气得到充分利用，同时又保证了炉料顺行和炉缸工作的均匀活跃、稳定。煤气曲线由"双峰"型向"平峰"型过渡，意味着冶炼指标的改善和操作水平的提高，因此这是高炉操作的努力方向，这种曲线需维持较高的压差操作，对技术水平的要求很高。

进入70~80年代，随着高炉大型化又提出了新问题，即炉缸直径越大，中心越易堆积，需要发展中心气流，吹透中心。国内外大型高炉实践表明，要获得好的冶炼指标，必须开放中心气流，下部扩大燃烧带吹透炉缸中心，中部形成"∧"形软熔带，促使煤气在块状带合理分布的同时，继续把气流引向中心；上部采用分装，大料批压制边缘，发展中心气流，形成中心较边缘低得多的开放型 CO_2 分布曲线，如图 2-31（c）所示，也称"喇叭形"或"展翅形"曲线。这种曲线能保证高炉（特别是巨型高炉）中心料柱的活跃和良好的透气性，高炉顺行，而且炉墙温度相对较低，炉体散热少，炉墙受煤气冲刷少，可延长炉衬寿命。

煤气曲线可归纳为四种类型，对高炉冶炼的影响见表 2-14。

表 2-14 四种煤气曲线对高炉冶炼的影响

类型	名称	煤气曲线形状	煤气温度分布	软熔带形状	煤气阻力	对炉墙侵蚀	炉喉温度	散热损失	煤气利用	对炉料要求
1	边缘发展型	（曲线）	（曲线）	（曲线）	最小	最大	最高	最大	最差	最差
2	双峰型	（曲线）	（曲线）	（曲线）	较小	较大	较高	较大	较差	较差
3	中心开放型	（曲线）	（曲线）	（曲线）	较大	最小	较低	较小	较好	较好
4	平峰型	（曲线）	（曲线）	（曲线）	最大	较小	最低	最小	最好	最好

 学习目标检测

（1）叙述铁氧化物还原原理及热力学条件。

（2）写出高炉冶炼常遇到的各种金属由易到难的还原顺序。

（3）依顺序写出用 CO 还原铁氧化物的反应方程式。

（4）写出碳的气化反应方程式和铁氧化物直接还原的反应方程式。

（5）用 H_2 还原铁氧化物和 CO 有何不同，其特点如何？

（6）什么是间接还原和直接还原，各有什么特点，在高炉内的区域是如何划分的？

（7）什么是直接还原度，怎么表示？

（8）试述生铁的形成。

（9）碳酸盐的分解反应对高炉冶炼有哪些影响？

（10）高炉渣主要成分来源是什么；什么是炉渣碱度，如何表示；什么是碱性渣、酸性渣？

（11）简述高炉造渣过程。什么是初渣和终渣？

（12）炉渣的化学成分对炉渣黏度有哪些影响？

（13）写出碳素完全或不完全燃烧的反应式。炉缸燃烧的反应式是什么，炉缸煤气成分有哪些？

（14）简述高炉各区域对煤气运动的影响。

（15）什么是风口前燃烧带和风口回旋区？

（16）什么是理论燃烧温度，受哪些因素影响，与炉缸温度有何区别？

模块 3　高炉炼铁设备

学习目标：

（1）掌握高炉本体结构的组成及作用。

（2）熟悉高炉用耐火材料的性能，会为高炉选择合适的耐火材料。

（3）掌握高炉冷却的结构形式、作用，会选择合适的冷却设备。

（4）了解现代高炉对原料供应系统、炉顶装料系统的要求和工艺流程。

（5）掌握高炉上料主要设备的结构、用途和工作原理。

（6）了解高炉送风系统的工艺流程。

（7）了解高炉常用鼓风机的类型、工作原理及特性。

（8）掌握热风炉的结构、用途和工作原理，能够根据要求选择合适的热风炉结构。

（9）了解高炉喷煤的工艺流程。

（10）掌握高炉喷煤主要设备的构造和工作原理。

（11）了解高炉风口平台及出铁场的工艺布置。

（12）掌握高炉渣、铁沟和撇渣器的构造。

（13）掌握炉前主要设备的性能、构造和工作原理。

（14）了解高炉煤气除尘的工艺流程及其特点。

（15）掌握高炉主要除尘设备的结构和工作原理。

3.1　高炉炉体及维护

高炉炉体包括高炉基础、钢结构、炉衬、冷却装置，以及高炉炉型等。高炉有效容积和座数表明高炉车间的规模，高炉有效容积和炉型是高炉炉体设计的基础。近代高炉有效容积向大型化发展。

高炉炉体结构的设计以及是否先进合理是实现优质、低耗、高产、长寿的先决条件，也是高炉辅助系统装置的设计和选型的依据。

3.1.1　高炉炉型

高炉是竖炉，高炉内部工作空间的形状称为高炉炉型或高炉内型。高炉冶炼的实质是上升的煤气流和下降的炉料之间进行传热传质的过程，因此必须提供燃料燃烧的空间，提供高温煤气流与炉料进行传热传质的空间。高炉炉型要适应原燃料条件的要求，保证冶炼过程的顺行。

随着原燃料条件的改善以及鼓风能力的提高，高炉炉型也在不断地演变和发展，炉型演变过程大体可分为无型阶段、大腰阶段和近代高炉三个阶段。无型阶段是最原始的方法，大腰阶段生产率很低，近代高炉由于鼓风能力进一步提高，原燃料处理更加精细，高炉炉型向着"矮胖形"发展。

高炉炉型合理与否对高炉冶炼过程有很大影响。炉型设计合理是获得良好技术经济指标、保证高炉操作顺行的基础。

近代高炉由炉缸、炉腹、炉腰、炉身和炉喉五段组成，故称为五段式炉型，如图 3-1 所示。

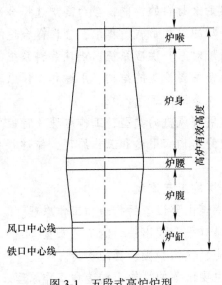

图 3-1　五段式高炉炉型

（1）高炉有效容积和有效高度。高炉大钟下降位置的下线到铁口中心线间的距离称为高炉有效高度（$H_有$），对于无钟炉顶为流槽最低位置的下线到铁口中心线之间距离；在有效高度范围内，炉型所包括的空间称为高炉有效容积（V_u）。高炉的大小以高炉有效容积表示，近代高炉有效容积向大型化发展。目前，世界大型高炉有效容积已达到 5000m³级。

高炉的有效高度，对高炉内煤气与炉料之间传热传质过程也有重大影响，增加有效高度，在相同的炉容和冶炼强度的条件下，煤气流速和与炉料接触机会增加，有利于改善传热传质过程，并降低燃料消耗量；但过分增加有效高度，料柱有效重量并不成比例增加，但对煤气的阻力却成比例增加，容易形成料拱，对炉料下降不利，甚至破坏高炉顺行。高炉有效高度应适应原料燃料条件，诸如原料燃料强度、粒度及其均匀性等。冶炼实践得到，高炉有效高度与有效容积有一定关系，但不是直线关系，当有效容积增加到一定值后，有效高度的增加已不显著。

（2）炉喉。炉喉呈圆柱形，它的作用是承接炉料，稳定料面，保证炉料合理分布。炉喉直径与炉腰直径、炉身角、炉身高度相关，并决定了高炉炉型的上部结构特点。钟式炉顶装料设备的大钟与炉喉间隙对炉料堆尖在炉喉内的位置有较大影响。间隙小，炉料堆尖靠近炉墙，抑制边缘煤气流；间隙大，炉料堆尖远离炉墙，发展边缘煤气流。炉喉间隙大小应考虑原料条件，矿石粉末多时，应适当扩大炉喉间隙；同时还应考虑炉身角大小，炉身角大，炉喉间隙可大些，炉身角小，炉喉间隙要小一些。

(3) 炉身。炉身呈正截圆锥形，其形状适应炉料受热后体积的膨胀和煤气流冷却后体积的收缩，有利于减小炉料下降的摩擦阻力，避免形成料拱。炉身角对高炉煤气流的合理分布和炉料顺行影响较大。炉身角小，有利于炉料下降，但易发展边缘煤气流，过小时会导致边缘煤气流过分发展，使焦比升高。炉身角大，有利于抑制边缘煤气流，但不利于炉料下降，对高炉顺行不利。设计炉身角时要考虑原燃料条件，原燃料条件好，炉身角可取大值；相反，原燃料粉末多，燃料强度差，炉身角取小值；高炉冶炼强度高，喷煤量大，炉身角取小值。同时也要适应高炉容积，一般大高炉由于径向尺寸大，所以径向膨胀量也大，这就要求炉身角小些，相反中小型高炉炉身角大些。炉身角一般取值为 $81.5° \sim 85.5°$ 之间。$4000 \sim 5000 m^3$ 高炉炉身角取值为 $81.5°$ 左右。

(4) 炉腰。炉身下部相连的圆柱形空间为炉腰，是高炉炉型中直径最大的部位。炉腰处恰是冶炼的软熔带，透气性变差，炉腰的存在扩大了该部位的横向空间，改善了透气条件。在炉型结构上，炉腰起着承上启下的作用，使炉腹向炉身的过渡变得平缓，减小死角。经验表明，炉腰高度对高炉冶炼的影响不太显著，一般取 $1 \sim 3m$，炉容大取上限，设计时可通过调整炉腰高度修定炉容。

(5) 炉腹。炉腹呈倒截圆锥形。炉腹的形状适应炉料融化滴落后体积的收缩，稳定下料速度的特点。同时，可使高温煤气流离开炉墙，即不烧坏炉墙又有利于渣皮的稳定，对上部料柱而言，使燃烧带处于炉喉边缘的下方，有利于松动炉料，促进冶炼顺行。燃烧带产生的煤气量为鼓风量的 1.4 倍左右，理论燃烧温度 $1800 \sim 2000℃$，气体体积剧烈膨胀，炉腹的存在适应这一变化。

炉腹角一般为 $79° \sim 83°$，过大不利于煤气分布并破坏稳定的渣皮保护层，过小则增大对炉料下降的阻力，不利于高炉顺行。

(6) 炉缸。高炉炉型下部的圆筒部分为炉缸，在炉缸上分别设有风口、渣口与铁口。现代大型高炉多不设渣口。炉缸下部贮存液态渣铁，上部空间为风口的燃烧带。

1) 炉缸直径。炉缸直径过大和过小都直接影响高炉生产。直径过大将导致炉腹角过大，边缘气流过分发展，中心气流不活跃而引起炉缸堆积，同时加速对炉衬的侵蚀；炉缸直径过小限制焦炭的燃烧，影响产量的提高。炉缸截面积应保证一定数量的焦炭和喷吹燃料的燃烧。

2) 炉缸高度。炉缸高度的确定，包括渣口高度、风口高度以及风口安装尺寸的确定。铁口位于炉缸下水平面，铁口数目多少应根据高炉炉容或高炉产量而定，一般 $1000 m^3$ 以下高炉设一个铁口，$1500 \sim 3000 m^3$ 高炉设 $2 \sim 3$ 个铁口，$3000 m^3$ 以上高炉设 $3 \sim 4$ 个铁口，或以每个铁口日出铁量 $1500 \sim 3000t$ 设铁口数目。原则上出铁口数目取上限，有利于强化高炉冶炼。渣口中心线与铁口中心线间距离称为渣口高度，它取决于原料条件，即渣量的大小。渣口过高，下渣量增多，对铁口的维护不利；渣口过低，易出现渣中带铁事故，从而损坏渣口；大中型高炉渣口高度多为 $1.5 \sim 1.7m$。

小型高炉设 1 个渣口，大中型高炉一般设 2 个渣口，2 个渣口高度差为 $100 \sim 200mm$，也可在同一水平面上。渣口直径一般为 $\phi 50 \sim 60mm$。有效容积大于 $2000 m^3$ 的高炉一般设置多个铁口，而不设渣口，例如宝钢 4063m³ 高炉，设置 4 个铁口；唐钢 2560m³ 高炉有 3 个铁口，多个铁口交替连续出铁。

3.1.2　高炉炉衬

高炉炉衬是用能够抵抗高温和化学侵蚀作用的耐火材料砌筑成的。炉衬的主要作用是构成工作空间，减少散热损失，以及保护金属结构件免遭热应力和化学侵蚀作用。延长炉衬寿命是高炉设计的重要任务，也是高炉操作的重要任务。

3.1.2.1　炉衬破损的原因

高炉炉衬一般是以陶瓷材料和碳质材料砌筑。归纳起来，炉衬破损机理主要有以下几个方面：

（1）高温渣铁的渗透和侵蚀。

（2）高温和热震破损。

（3）炉料和煤气流的摩擦冲刷及碳素沉积的破坏作用。

（4）碱金属及其他有害元素的破坏作用。

高炉炉体各部位炉衬的工作条件及炉衬本身的结构都是不相同的，各部分炉衬的破损情况也各异。

3.1.2.2　对高炉炉衬的质量要求

用于高炉的耐火材料，必须对于炉内反应保持物理和化学上的稳定性，因此，在质量方面应达到以下的要求：在高温下，应该不熔化、不软化、不挥发；在高温、高压条件下能保持炉体结构的强度；耐热冲击、耐磨蚀的性能要强；具有对于铁水、炉渣和炉内煤气等的化学稳定性；具有适当的导热率，同时又不影响冷却效果。这些特性，对高炉不同部位上的耐火材料来说，其侧重点是不同的。

3.1.2.3　炉墙耐火砖

炉墙耐火砖的性质是影响高炉寿命的重要因素之一。设计时，各部位内衬工作条件和侵蚀机理不同，所选耐火材料性质也应不同。目前，高炉常用的耐火材料有陶瓷质耐火材料（如黏土砖、高铝砖、刚玉砖、不定形耐火材料等）和碳质耐火材料（如碳砖、石墨碳砖、石墨碳化硅砖、自结合或氮结合碳化硅砖和捣打材料等）两大类。

（1）炉底耐火砖。20 世纪 50 年代以前，炉底都是使用黏土耐火砖。后来由于出铁量增加，炉底侵蚀日益严重，不断发生炉底烧穿事故，成为制约高炉寿命的主要环节之一。因此自 60 年代开始采用导热性高的碳砖。在采用碳砖的初期阶段，一般是采用黏土砖和碳砖组合在一起的综合炉底（见图 3-2）。而目前，全碳砖炉底（见图 3-3）和陶瓷杯炉底技术（见图 3-4）在大中型高炉中已普遍采用。

（2）炉腹、炉腰和炉身耐火砖。炉腹、炉腰和炉身下部是高炉内衬侵蚀最严重的部位，尤其难以形成保护层的炉腰和炉身下部，目前已成为高炉内衬的薄弱环节，这里不仅受到下降炉料和上升煤气流的机械磨损，还有各种化学侵蚀，特别是因温度波动而引起的热冲击破损危害更大。因此，炉腰到炉身下部的耐火材料应具有良好的耐磨性、抗热冲击

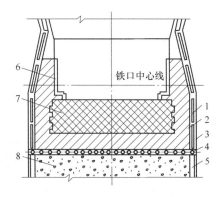

图 3-2　综合炉底结构示意图

1—冷却壁；2—碳砖；3—碳素填料；4—水冷管；5—黏土砖；
6—保护砖；7—高铝砖；8—耐热混凝

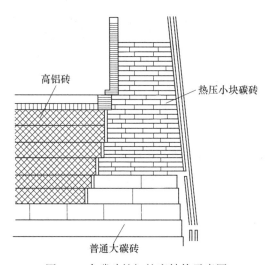

图 3-3　全碳砖炉缸炉底结构示意图

性和化学侵蚀的能力。

此部位耐火砖现趋向使用纯的氧化物（如纯氧化镁、纯刚玉）、纯碳（石墨或半石墨砖）或纯碳化硅砖。较多使碳化硅砖，因为它具有导热性好、膨胀系数小、高温强度好和蠕变变形小等优点。欧洲多用无结合剂的高密度碳化硅砖，日本多用氮化物结合的碳化硅砖。前者效果远比黏土砖、刚玉砖或其他方式结合的碳化硅砖好。

高炉炉身上部温度较低，只有气体和固体存在，此部位耐火衬的磨损情况较为严重，因此应使用气孔率低、强度高的黏土砖。

（3）炉喉耐火砖。主要受固体炉料的摩擦和夹带炉尘的高速煤气流冲刷作用，还有装入炉料时温度的急剧变化带来的影响，故一般在炉喉直接与炉料碰撞的部位，要用耐磨和耐热铸钢制成的炉喉钢砖来进行保护。钢砖下面部分常用黏土砖。宝钢 1 号高炉采用了耐磨抗剥落的高铝砖，以适应耐磨损耐急冷急热的要求。也有用碳化硅砖于此处，并获成功的例子。

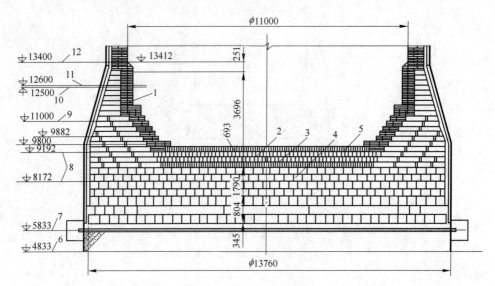

图 3-4　陶瓷杯结构示意图

1—刚玉莫来石砖；2—黄刚玉砖；3—烧成铝碳砖；4—半石墨化自焙碳砖；5—保护砖；6—炉壳封板；
7—水冷管；8—测温电偶；9—铁口中心线；10，11—东、西渣口中心线；12—炉壳拐点

3.1.3　高炉冷却设备

3.1.3.1　高炉冷却设备的作用

高炉炉体的合理冷却，对保护砖衬和金属构件、维护合理的炉型有决定性作用，在很大程度上决定着高炉寿命的长短，并对高炉技术经济指标有重要影响。其主要作用表现在：

（1）降低炉衬温度，使砖衬保持一定的强度，维护炉型，延长寿命。

（2）形成保护性渣皮，保护炉衬。

（3）保护炉壳、支柱等金属结构，免受高温影响。

（4）有些冷却设备还可以起到支持部分砖衬的作用。

3.1.3.2　冷却方法

高炉系统的冷却一般有强迫冷却和自然冷却两种。强迫冷却具有冷却强度大的优点，但自然冷却（喷水）设备简单，故小高炉常用外部喷水冷却的方法。

目前，强迫冷却用的冷却介质有水冷、风冷和汽化冷却三种。

水冷是目前高炉冷却最主要的方式。水的热容量和传热系数大而且价廉易得，但水的用量大，一般 $1m^3$ 炉容用水量达 $2.0 \sim 2.5t/h$，而且对水质也有一定的要求。风冷目前主要用于炉底，它的比热容量只有水的 $1/4$，故无法用于热负荷较高的部位，但风冷比水冷安全性高。

汽化冷却是目前高炉冷却上的一项新技术。它是利用接近饱和温度的软水，在冷却器内受热汽化时大量吸收热量的原理达到冷却设备的目的如图 3-5 所示。这种方法的优点是可大量节约工业用水，可为缺水地区建设钢铁厂提供方便条件。

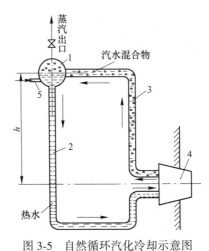

图 3-5 自然循环汽化冷却示意图
1—汽包；2—下降管；3—上升管；4—冷却设备；5—供水管

3.1.3.3 冷却设备

高炉主要有以下冷却装置和专用冷却设备：

（1）喷水冷却装置。一般高炉炉身和炉腹部位设有环形喷水管冷却炉皮。这种装置简单、易于检修，但冷却不能深入，只限于炉皮或碳质炉衬的冷却。我国小型高炉炉身和炉腹多采用喷水冷却，国外也有大型高炉炉身和炉缸用碳砖结构配以炉皮喷水冷却的。

（2）冷却壁。它是内部铸有无缝钢管的铸铁板，装在砖衬和炉壳之间。冷却留有光面和镶砖的两种，其构造如图 3-6 所示。光面冷却壁用于炉底和炉缸，镶砖冷却壁用于炉腹、炉腰和炉身下部。

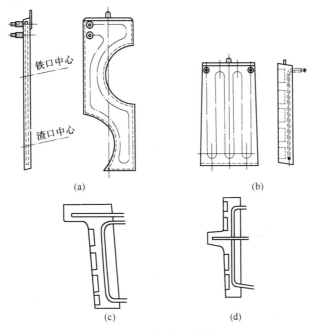

图 3-6 冷却壁基本结构
（a）渣铁口区光面冷却壁；（b）镶砖冷却壁；（c）上部带凸台镶砖冷却壁；（d）中间带凸台镶砖冷却壁

（3）冷却水箱（冷却板）。这是埋设在高炉砖衬中的冷却器，其材质以铸铁为主，也有用锈钢和钢板焊接的。从外形上可分为扁平卧式和支梁式，其结构如图 3-7 和图 3-8 所示。

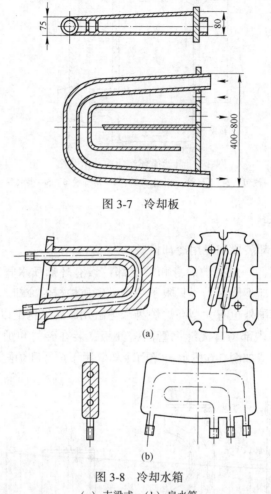

图 3-7　冷却板

图 3-8　冷却水箱

（a）支梁式；（b）扁水箱

（4）炉底冷却设备。随着高炉冶炼的进一步强化，炉底侵蚀严重，炉基经常出现过热现象。为延长炉底寿命，通常在炉底耐火砖下面进行强制冷却，在炉底砌体周围则用光面冷却壁冷却。图 3-9 为我国某高炉的水冷炉底结构图。

3.1.3.4　炉冷却设备的维护

（1）严格按照设计要求控制高炉炉体及各冷却设备系统的水压、流量、进水温度及水温差的规定。超过规定范围时应及时和调度联系处理并报告当班作业长（工长）特殊情况报告厂长，特殊情况有关部门应下达有关指令。

（2）每班测规定部位水温差并认真记录，随时调整超范围的冷却部位。调整前后都要有记录，并填配管日报及交班。

（3）保持视孔小镜 24h 明亮，密切观察风口内状况，通过液流显示仪和根据人工减

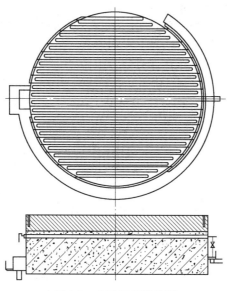

图 3-9　水冷炉底结构图

水发现风口、二套及冷却设备破损。当发现风口破损时，应根据破损状况及时减水，避免向炉内大量漏水，同时防止冒渣、烧穿。风口一旦破损由一助手负责维护，若风口破损严重时卸下来排水外部打水，或进水插事故打水管，断水应从排水或用压缩空气顶开，同时报告当班作业长（工长）立即出铁，避免大事故，铁后休风处理。

（4）当发现二套液流显示仪有波动或风口下沿有水迹（风口没破损）立即把工业水接通再切断软水。如破损适当减水，使排水在平稳状况待休风更换后恢复软水。

（5）在出铁晚点或连续三次出不净渣铁、放风、坐料及连续崩料洗炉时，要密切注意风口情况，防止烧穿，当发现风口冒渣、浇穿时应立即站在上风头打水冷却，并立即通知中控人员。

（6）炉皮等局部温度过高，除调整各区水量应及时喷水，炉役后期要加强整个炉体的点检，特别是炉底和炉缸。

3.1.4　风口与铁口

3.1.4.1　风口装置

从热风炉来的热风先通过呈环状围绕着高炉的围管中，再经风口装置进入高炉，如图3-10所示。风口装置由热风围管以下的送风支管、弯管、直吹管、风口水套等组成。对它的要求是：接触严密不漏风，耐高温，隔热且热量损失少，耐用，拆卸方便，易于机械化。

风口水套由大中小三个套组成。为便于更换和减少备件消耗，风口大套采用铸入蛇形无缝钢管的铸铁冷却器，由法兰盘用螺钉固定在炉壳上；风口二套和风口一般用青铜铸成，大高炉也有用铜板焊接而成的。

风口维护主要检查内容有：

（1）风温电偶的温度、跑风情况。要求温度稳定在正常范围内，电偶管根部分没有

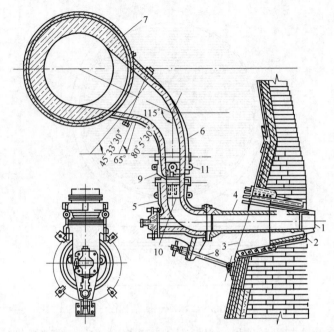

图 3-10　风口装置

1—风口；2—风口二套；3—风口大套；4—直吹管；5—弯管；6—鹅颈管；

7—热风围管；8—拉杆；9—吊环；10—销子；11—套环

烧红跑风现象。

（2）法兰无烧红跑风，要求管道、焊缝无开裂。

（3）检查风口装置的鹅颈管。膨胀节等的烧红、跑风情况，要求无烧红、无跑风、无异物堵塞。

（4）炉皮外部打水时，要求安装挡水板，防止连接件结垢。

（5）对于风口中、小套，要勤检查其冷却器，保证水管无漏水、出水无气泡、流量流速适当。

风口常见故障及处理方法见表 3-1。

表 3-1　风口常见故障及处理方法

常 见 故 障	故 障 原 因	处 理 方 法
风口进风少、风口不活	热风围管内衬砖脱落或风口灌渣造成堵塞	及时维护检查
各连接球面跑风	各连接球面未清理干净或安装不合适	清理干净、正确安装
各部位烧红	各部位内衬脱落造成烧红	及时维护检查
风口中、小套烧坏、漏水、放炮、崩漏	炉缸堆积、风口套老化	及时维护检查、更换

3.1.4.2　铁口装置

铁口是在炉缸耐火砖墙上砌筑的孔道内填以耐火泥浆做成的，每次出铁后要用堵口泥堵塞，开炉生产前的铁口如图 3-11 所示，开炉后生产中的铁口状况如图 3-12 所示。铁口周围的炉壳，因频繁地受到出铁时的热力作用，很易破坏。这部分炉壳用无冷却的铸钢框架加固，框架与炉壳之间一般采用铆接，中小高炉也有用焊接的。现在国外高炉铁口炉皮也用喷水冷却。

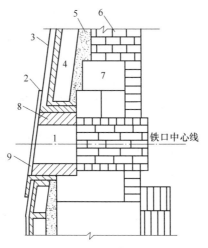

图 3-11 开炉生产前的铁口

1—铁口通道；2—铁口框架；3—炉壳；4—冷却壁；5—填料；6—炉墙砖；7—炉缸环砌碳砖；8—砖；9—保护板

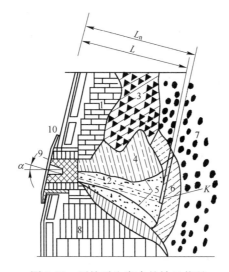

图 3-12 开炉后生产中的铁口状况

L_n—铁口的全深；L—铁口深度；K—红点（硬壳）；α—铁口角度；

1—残存的炉墙砌砖；2—铁口孔道；3—炉墙渣皮；4—旧堵泥；5—出铁时泥包被渣、铁侵蚀的变化；

6—新堵泥；7—炉缸焦炭；8—残存的炉底砌砖；9—铁口泥套；10—铁口框架

3.1.5 高炉基础

高炉基础是高炉最底层的承载建筑结构，其作用是将所承受的全部荷重均匀地传给地层。高炉基础必须稳定，不允许发生较大的不均匀下沉，以免高炉与其周围设备相对位置发生大的变化，从而破坏它们之间的联系，并使之发生危险的变形。

高炉基础结构的一般形式如图 3-13 所示。它是由钢筋混凝土做成的一个整体，一部分露出地面，称为基墩；一部分埋入土中，称为基座。为了扩大炉基的底面积，基座放大成悬臂状。炉基的断面形状一般为多边形。为了使炉基稳定，基础埋入地下的深度必须超过地下水位和冰冻线。

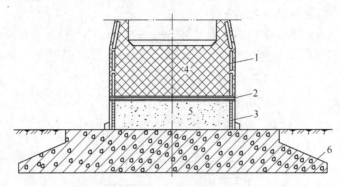

图 3-13 高炉基础

1—冷却壁；2—水冷管；3—耐火砖；4—炉底砖；5—耐热混凝土基墩；6—钢筋混凝土基座

3.1.6 高炉金属结构

高炉金属结构是指高炉本体的外部结构。在大中型高炉上采用钢结构的部位有炉壳、支柱、炉腰托圈（炉腰支圈）、炉顶框架、斜桥、各种管道、平台、过桥以及走梯等。对钢结构的要求是简单耐用、安全可靠、操作便利、容易维修和节省材料。

3.1.6.1 高炉结构形式

初始的高炉炉墙很厚，它既是耐火炉衬又是支持高炉及其设备的结构。但随着炉容扩大，冶炼的强化，高炉砌体的寿命大为缩短，从而总结出结构分离的原则，即受力不受热，受热不受力，以延长高炉寿命。

高炉的结构形式，主要决定于炉顶和炉身的荷载传递到基础的方式及炉体各部位的内衬厚度和冷却方式。我国高炉基本上有 4 种结构形式，如图 3-14 所示。

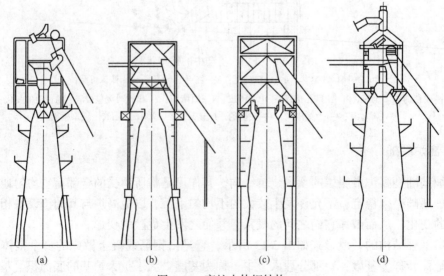

图 3-14 高炉本体钢结构

（a）炉缸支柱式；（b）炉缸炉身支柱式；（c）炉体框架式；（d）自立式

3.1.6.2 炉壳

炉壳的主要作用是承受载荷、固定冷却设备和利用炉外喷水来冷却炉衬，以保证高炉衬体的整体坚固性和使炉体具有一定的气密程度。炉壳除承受巨大的重力外，还受热应力和内部的煤气压力，有时还要抵抗煤气爆炸、崩料、坐料等突然事故冲击，因此要求炉壳具有足够的强度。

炉壳维护主要包括：

(1) 每周全面检查炉壳至少两次。高炉后期要做到每班检查，发现炉壳开裂、煤气泄漏，要标好位置，及时汇报，严重者要立即休风处理。

(2) 炉壳严禁积灰和结垢，尤其炉体外冷时，休风时必须处理结垢物。

(3) 发现炉皮烧红和煤气泄漏除及时外冷外，要尽量休风灌浆处理，防止变形和干裂。

炉壳常见故障及处理方法见表3-2。

表 3-2　炉壳常见故障及处理方法

常 见 故 障	故 障 原 因	处 理 方 法
烧红、变形、跑煤气、烧穿	维护不及时；炉衬变薄或脱落，边缘煤气流过剩，衬砖砌筑或冷却壁镶砖不好，灌浆不实串气；冷却壁强度不够，温度过高	及时维护；正确操作，边缘煤气流不过剩；灌浆实，冷却好

3.1.6.3 支柱

支柱可分3种，即炉缸支柱、炉身支柱和炉体框架，如图3-14 (a)、(b)、(c) 所示。

3.1.6.4 炉顶框架

为了便于炉顶设备的检修和维护，在炉顶法兰水平面上设有炉顶平台。炉顶平台上有炉顶框架，用来支撑大小料钟的平衡杆、安装大梁和受料漏斗等。

3.2　高炉原料供应系统

3.2.1　高炉原料供应系统的作用

在高炉生产中，料仓（又称矿槽）上下所设置的设备是为高炉上料服务的。其所属的设备称为供料设备，包括储矿槽、筛分、运输、称量等一系列设备。其生产过程构成上料系统或供料系统，俗称为槽下系统。主要作用是保证及时、准确、稳定地将合格原料从储矿槽送上高炉炉顶。高炉上料系统是供应高炉炉料的重要环节，其基本工艺参数是由高炉的冶炼需求确定的。为了满足冶炼要求，必须合理确定配矿方案。配矿方案不仅与设计和选用设备有关，而且直接影响高炉的操作条件。高炉冶炼过程是一个连续的、大规模的、高温生产过程。炉料（矿石、熔剂、焦炭）按照确定的比例通过装料设备分批地从炉顶装入炉内。只要使高炉吃饱、吃好、吃精料，这对高炉实现优质、高产、低耗以及提高高炉冶炼水平具有十分重要的意义。

3.2.2　高炉上料方式

目前高炉的上料方式主要有两种：中小型高炉一般采用料车上料，大型高炉采用皮带机上料。

皮带机与料车比较具有以下优点：

（1）设备简单，节省投资；而称量车设备复杂，投资高，维护麻烦。另外，称量车工作环境恶劣，传动系统和电器设备很容易出故障，要经常检修，要求有备用车，有的高炉甚至要有两台备用车才能满足生产需要，增加投资。

（2）皮带机运输容易实现槽下操作自动化，能有效地减轻体力劳动和改善劳动条件，有利于工人健康。

（3）采用皮带机运输，可以降低矿槽漏嘴的高度，在储矿槽顶面高度不变的情况下，可以增大储矿槽面积。

基于上述原因，我国高炉基本上都选用皮带机上料方式。

3.2.3　高炉上料设备

3.2.3.1　储矿（焦）槽

储矿（焦）槽是高炉上料系统的核心，其作用如下：

（1）解决高炉连续上料和车间断续供料之间的矛盾。高炉冶炼要求各种原料要按一定数量和顺序分批加入炉内，每批料的间隔只有 6~8min。原料从车间外或车间内的储矿场按冶炼要求直接加入料车或皮带是不可能的。只有设置储矿槽这一中间环节，才能保证有计划按比例连续上料。

（2）起到原料储备的作用。原燃料生产和运输系统总会发生一些故障和定期检修等，造成原、燃料供应中断。若在储矿槽内储存足够数量的原、燃料，就能够应付这些意外情况，保证高炉正常供料。

（3）供料系统易实现机械化和自动化。设储矿槽可使原、燃料供应运输线路缩短，控制系统集中，使漏料、称量和装入料车等工作易于实现机械化、自动化。

常用的矿槽结构形式为钢筋混凝土结构、钢—钢筋混凝土混合式结构和钢结构。钢筋混凝土结构是矿槽的周壁和底壁都是用钢筋混凝土浇灌而成。钢—钢筋混凝土混合式结构是储矿槽的周壁用钢筋混凝土浇灌，底壁、支柱和轨道梁用钢板焊成，投资较前一种高。全钢结构的矿槽主体由钢板焊成，固定在钢支柱上。我国多采用钢筋混凝土结构。为了保护储矿槽内表面不被磨损，一般要在储矿槽内加衬板，贮焦槽内衬以废耐火砖或厚 25~40mm 的辉绿岩铸石板。为了减轻储矿槽的重量，有的衬板采用耐磨橡胶板。在使用中矿槽内的炉料一般不放净，存留的炉料做自保护层，减缓矿槽的磨损。

储矿槽的布置根据上料方式、原料来源、数量和品种等条件确定。一般常与高炉列线平行。在采用料车上料时，储矿槽与斜桥垂直。采用皮带机上料时，储矿槽与上料皮带机的中心线应避免互相成直角，以缩短储矿槽与高炉的间距。

储矿槽的在库量应保持在每个槽有效容积的 70% 以上。槽内料位低于规定料位 3m 时，应停止使用，并向厂调汇报。各槽应遵循一槽一品种的原则，不得混料。总在库量低于管理标准时，应迅速判明情况，主动向有关部门汇报，同时做好应变准备。例如，当某 1800m³ 高炉总在库量小于 50% 时，要求减风 10%~30%；当总在库量小于 30% 时，要求高炉休风。

3.2.3.2 闭锁装置

每个储矿槽下设有两个漏嘴，漏嘴上应装有闭锁装置，即闭锁器，其作用是开关漏嘴并调节料流。对闭锁装置的要求是：

(1) 关闭时准确可靠，不向外跑料。

(2) 具有足够的放料能力。

(3) 具有较均匀的料流。

(4) 放料量可以调节。

(5) 能够承受一定的仓压。

目前常用的闭锁装置有启闭器和给料机两种。

启闭器的供料是借助炉料本身的重力进行的，常用形式有单扇形板式、双扇形板式、S 形翻板式和流嘴式四种，扇形板式多用于焦槽。

给料机是利用炉料自然堆角自锁的，关闭可靠。能均应、稳定而连续地给料，从而也保证了称量精度。按结构形式分为链板式给料机、往复式给料机和电磁振动给料机三种。

3.2.3.3 振动筛

振动筛是用来筛去焦炭、烧结矿以及其他原材料中的粉末，有时还兼作给料器用，对储矿槽下的筛子的要求为耐磨性能好，噪声小，对原料的破碎尽可能小，应有较高的筛分效率。另外还要求设备结构简单、维修工作量小。

振动筛的类型主要有辊筛、惯性振动筛、电磁振动筛。惯性振动筛又有简单振动筛、自定中心振动筛以及双质体的共振筛。从筛板层数分有单层、双层、多层。按安装方式可分为，固定式和台车式。按用途可分为焦炭筛、烧结矿筛及其他原料筛。

3.2.3.4 运输设备

槽下运输设备有胶带运输机和称量车。由于胶带运输机设备简单、投资少、自动化程度高、生产能力大、可靠性强、劳动条件比较好，已取代称量车成为目前槽下运输的主要设备。

3.2.3.5 称量漏斗

称量漏斗的作用在于称量原料，使原料组成一定成分的料批。

焦炭称量漏斗用来接受经过筛分的合格焦炭，然后按照重量要求进行称量，再卸入上料胶带输送机。

矿石称量漏斗用来称量烧结矿、球团矿及生矿石，其安装部位有的在储矿槽下面，也有的在料坑里，称量后的炉料经过漏斗、闸门卸入胶带输送机。

按照称量传感原理不同，称量漏斗分为杠杆式称量漏斗和电子式称量漏斗两种。杠杆式称量漏斗主要由漏斗本体、称量机构、漏斗阀门启闭机构组成。杠杆式称量系统在刀刃口磨损后称量精度降低，而且杠杆系统比较复杂，整体尺寸较大，已逐步被电子式称量漏斗所取代。电子式称量漏斗由传感器、固定支座、称量漏斗本体及启闭阀门机构组成，具有体积小、重量轻、结构简单、拆卸方便等优点，不存在刀口处磨损等问题，因此精度较高，一般误差不超过 0.5%，因此目前被国内外广泛采用。

由皮带机运输的槽下工艺流程根据筛分和称量设施的布置，可以分为以下 3 种：

（1）集中筛分，集中称量。料车上料的高炉槽下焦炭系统常采用这种工艺流程。其优点是设备数量少，布置集中，可节省投资，但设备备用能力低，一旦筛分设备或称量设备发生故障，则会影响高炉生产。

（2）分散筛分，分散称量。矿槽下多采用此流程。这种布置操作灵活，备用能力大，便于维护，适用于大料批多品种的高炉。

（3）分散筛分，集中称量。焦槽下多采用此流程。其优点是有利于振动筛的检修，集中称量可以减少称量设备，节省投资。

3.2.3.6　料车坑

料车式高炉在储矿槽下面斜桥下端向料车供料的场所称为料车坑。一般布置在主焦槽的下方。

料车坑的大小与深度取决于其中所容纳的设备和操作维护的要求。小高炉比较简单，只要能容纳装料漏斗和上料小车就可以了，大型高炉则比较复杂。

料车坑中安装的设备有：

（1）焦炭称量设备。包括振动筛、称量漏斗和控制漏斗的闭锁器。在需要装料时振动筛振动，当给料量达到要求时停止。称量漏斗一般为钢结构，内衬锰钢，其有效容积应与料车的有效容积一致。

（2）矿石称量漏斗。当槽下矿石用皮带机运输时，一般采用矿石称量漏斗。烧结矿在称量之前应筛除小于 5mm 的粉末。

（3）碎焦运出设备。经过焦炭振动筛筛出的焦粉，一般由斗式提升机提升到地面上的碎焦贮存槽中。

3.2.3.7　料车式上料机

料车式上料机是由卷扬机通过钢绳驱动料车在斜桥上行走，将炉料送到炉顶的机构，如图 3-15 所示。一般高炉都采用两个互相平行的料车上料，一个上升，一个下降，彼此起着平衡作用。料车式上料机一般由 3 部分组成，即料车、斜桥和卷扬机。

A　料车

料车由车体、车轮、辕架 3 部分组成，如图 3-16 所示。一般每座高炉两个料车，互相平衡。料车容积大小则随着高炉容积增大而增大，一般为高炉容积的 0.7%~1%。为了制造维修方便，我国料车的容积有 $2.0m^3$、$4.5m^3$、$6.5m^3$ 和 $9m^3$ 4 种。随着高炉强化，常用增大料车容积的方法来提高供料能力。

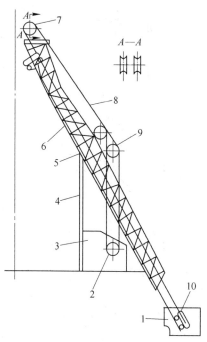

图 3-15　料车上料机总体布置图

1—料车坑；2—料车卷扬机；3—卷扬机室；4—支柱；5—轨道；
6—斜桥；7，9—绳轮；8—钢绳；10—料车

B　斜桥

斜桥大多采用桁架结构，其倾角取决于铁路线路数目和平面布置形式，一般为55°～65°。设两个支点，下端支撑在料车坑的墙壁上，上端支撑在从地面单设的门形架子上，顶端悬臂部分和高炉没有联系，其目的是使结构部分和操作部分分开。有的把上支点放在炉顶框架上或炉体大框架上，在相接处设置滚动支座，允许斜桥在温度变化时自由位移，消除了框架产生的斜向推力。为了使料车上下平稳可靠，通常在行轨上部装护轮轨。为了使料车装得满些，常将料车坑内的料车轨道倾角加大到60°左右。

C　料车卷扬机

料车卷扬机是牵引料车在斜桥上行走的设备。在高炉设备中是仅次于鼓风机的关键设备。要求它运行安全可靠，调速性能良好，终点位置停车准确，能够自动运行。料车卷扬机系统主要由驱动电机、减速箱、卷筒、钢丝绳、安全装置及控制系统组成。

3.2.3.8　带式上料机

近年来，由于高炉的大型化，料车式上料机已不能满足高炉生产需要，如1座3000m³的高炉，料车坑会深达5层楼以上，钢丝绳会粗到难以卷曲的程度，故新建的大型高炉和部分中小型高炉都采用了皮带机上料系统，因为它连续上料，可以很容易地通过增大皮带速度和宽度满足高炉要求。

带式上料机由皮带、上下托辊、装料漏斗、头轮及尾轮、张紧装置、驱动装置、换带装置、料位监测装置以及皮带清扫除尘装置等组成。

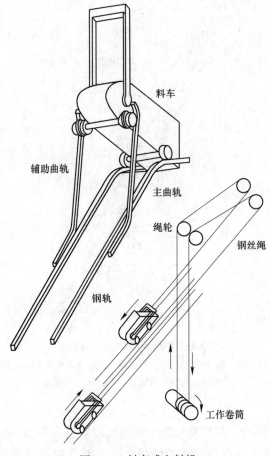

图 3-16　料车式上料机

3.3　高炉炉顶装料设备

　　高炉炉顶装料设备是用来将炉料装入高炉并使之合理分布，同时起炉顶密封作用的设备。

　　高炉是按逆流原则进行冶金过程的竖炉，炉顶是炉料的入口也是煤气的出口。为了便于人工加料，过去很长时间炉顶是敞开的。后来为了利用煤气，在炉顶安装了简单的料钟与料斗，即单钟式炉顶装料设备，把敞开的炉顶封闭起来，煤气用管导出加以利用，但在开钟装料时仍有大量煤气逸出，这样不仅散失了大量煤气，污染了环境，而且给煤气用户造成很大不便。后改用双钟式炉顶装料设备，交错启闭。为了布料均匀防止偏析，于1906 年起出现了布料器，最初是马基式旋转布料器，它组成一个完整的密封系统和较为灵活的布料工艺，获得了广泛应用，后来又出现了快速旋转布料器和空转螺旋布料器。随着高压操作的广泛应用，炉顶的密封出现了新的困难，大料钟和大料斗的寿命也成为关键问题。1972 年，由卢森堡设计的 PW 型无钟炉顶，采用旋转溜槽布料，引起炉顶结构的重大变化。目前新建的 1000m^3 以上的高炉多数采用无钟炉顶装料设备。

　　无论何种炉顶装料设备均应能满足以下基本要求：

（1）要适应高炉生产能力。

（2）能满足炉喉合理布料的要求，并能按生产要求进行炉顶调剂。

（3）保证炉顶可靠密封，使高压操作顺利进行。

（4）设备结构应力求简单和坚固，制造、运输、安装方便，能抵抗急剧的温度变化及高温作用。

（5）易于实现自动化操作。

3.3.1 钟式炉顶装料设备

3.3.1.1 马基式布料器双钟炉顶

马基式布料器双钟炉顶是钟式炉顶装料设备的典型代表，由大钟、大料斗、煤气封盖、小钟、小料斗和受料漏斗组成，如图 3-17 所示。

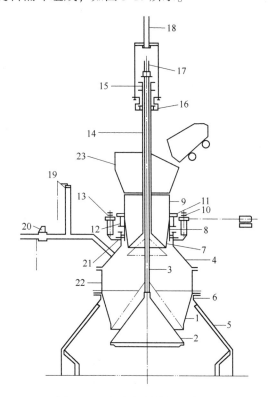

图 3-17 马基式布料器双钟炉顶

1—大料斗；2—大钟；3—大钟杆；4—煤气封罩；5—炉顶封板；6—炉顶法兰；7—小料斗下部内层；
8—小料斗下部外层；9—小料斗上部；10—小齿轮；11—大齿轮；12—支撑轮；13—定位轮；14—小钟杆；
15—钟杆密封；16—轴承；17—大钟杆吊挂件；18—小钟杆吊挂件；19—放散阀；20—均压阀；
21—小钟密封；22—大料斗上节；23—受料漏斗

A 大钟

大钟用来分布炉料，其直径在设计炉型时应与炉喉直径同时确定，一般用 35 号钢整体铸造。对大型高炉来说，其壁厚不能小于 50mm，一般为 60~80mm。钟壁与水平面成 45°~55°，一般为 53°，对于球团矿和烧结矿角度可以取小值；对流动性较差、水分含量较高、粉末较多的矿则取大值。为了保证大钟和大料斗密切接触，减少磨损，大钟与大料斗的接触带都必须堆焊硬质合金并且进行精密加工，要求接触带的缝隙小于 0.08mm。为了减小大钟的扭曲和变形，常做成刚性大钟，即在大钟的内壁增加水平环形刚性环和垂直加强筋。

大钟与大钟杆的连接方式有铰式连接和刚性连接两种。铰式连接的大钟可以自由活动，当大钟与大料斗中心不吻合时，大钟仍能将大料斗很好地关闭；其缺点是当大料斗内装料不均匀时，大钟下降时会偏斜和摆动，使炉料分布更不均匀。刚性连接时大钟杆与大钟之间用楔子固定在一起，其优缺点与活动的铰式连接恰好相反，在大钟与大料斗中心不吻合时，有可能扭曲大钟杆，但从布料角度分析，大钟下降后不会产生摇摆，所以偏料率比铰式连接小。

　　B　大料斗

对大高炉而言，大料斗由于尺寸很大，加工和运输都很困难，所以常将大料斗做成两节，如图 3-17 中的 1 和 22 所示，这样当大料斗下部磨损时，可以只更换下部，上部继续使用。为了密封良好，与大钟接触的下节要整体铸成，斗壁倾角应大于 70°，壁应做得薄些，厚度不超过 55mm，而且不需要加强筋，这样，高压操作时，在大钟向上的巨大压力下，可以发挥大料斗的弹性作用，使两者紧密接触。

常压高炉大钟可以工作 3~5 年，大料斗 8~10 年，高压操作的高炉，当炉顶压力大于 0.2MPa 时，一般只能工作 1.5 年左右，有的甚至只有几个月。主要原因是大钟与大料斗接触带密封不好，产生缝隙，由于压差的作用，带灰尘的煤气流高速通过，磨损设备。炉顶压力越高，磨损越严重。

为了减小大钟、大料斗间的磨损，延长其寿命，常采取以下措施：

（1）采用刚性大钟与柔性大料斗结构。在炉喉温度条件下，大钟在煤气托力和平衡锤的作用下，给大料斗下缘一定的作用力，大料斗的柔性使它能够在接触面压紧力的作用下，发生局部变形，从而使大钟与大料斗密切闭合。

（2）采用双倾斜角的大钟，即大钟上部的倾角为 53°，下部与大料斗接触部位的倾角为 60°~65°，其优点有：

1）减小炉料滑下时对接触面的磨损作用，因为大部分炉料滑下时，跳过了接触面直接落入炉内，双倾斜角起了"跳料台"的作用。

2）可增加大钟关闭时对大料斗的压紧力，从而使大钟与大料斗闭合得更好。通过力学计算可知，当倾斜角由 53°增大到 62°时，大钟对大料斗的压紧力约增大 28%，这样可以进一步发挥刚性大钟与柔性大料斗结构的优越性。

3）可减小煤气流对接触面以上的大钟表面的冲刷作用，这是由于漏过缝隙的煤气仍沿原方向前进，就进入了大钟与大料斗间的空间。

（3）在接触带堆焊硬质合金，提高接触带的抗磨性。大钟与大料斗间即使产生缝隙，也因有耐磨材质的保护而延长寿命，一般在接触带堆焊厚 5mm、宽约 100mm 的硬质合金。

（4）在大料斗内充压，减小大钟上、下压差。这一方法是向大料斗内充入洗涤塔后的净煤气或氮气，使得大钟上、下压差变得很小，甚至没有压差。由于压差的减小和消除，从而使通过大钟与大料斗间缝隙的煤气流速减小或没有流通，也就减小或消除了磨损。

C 煤气封罩

煤气封罩是封闭大小料钟之间的外壳。为了使料钟间的有效容积能满足最大料批进行同装的需要，其容积为料车有效容积的5~6倍，煤气封罩上设有2个均压阀管的出口和4个人孔，4个人孔中3个小的人孔为日常维修时的检视孔，1个大的椭圆形人孔用来在检修时放进或取出半个小料钟。

D 布料器

料车式高炉炉顶装料设备的最大缺点是炉料分布不均。料车只能从斜桥方向将炉料通过受料漏斗装入小料斗中，因此在小料斗中产生偏析现象，大粒度炉料集中在料车对面，粉末料集中在料车一侧，堆尖也在这侧，炉料粒度越不均匀，料车卸料速度越慢，这种偏析现象越严重。这种不均匀现象在大料斗内和炉喉部位仍然重复着。为了消除这种不均匀现象，通常采用的措施是将小料斗改成旋转布料器，或者在小料斗之上加旋转漏斗。

a 马基式旋转布料器

马基式旋转布料器是过去普遍采用的一种布料器，由小钟、小料斗和小钟杆组成，上边设有受料漏斗，整个布料器由电机通过传动装置驱动旋转，由于旋转布料器的旋转，所以在小料斗和下部大料斗封盖之间需要密封。

小钟采用焊接性能较好的ZG35Mn2铸成，为了增强抗磨性也有用ZG50Mn2的。为便于更换，小钟都铸成两半，两半的垂直结合面用螺栓从内侧连接起来。小钟壁厚约60mm，倾角50°~55°。在小钟与小料斗接触面堆焊硬质合金，或者在整个小钟表面堆焊硬质合金。小钟关闭时与小料斗相互压紧。小钟与小钟杆刚性连接，小钟杆由厚壁钢管制成，为防止炉料的磨损，设有锰钢保护套，保护套由两个半环组成。大钟杆从小钟杆内穿过，两者之间又有相对运动，大钟杆和小钟杆一般吊挂在固定轴承上。

小料斗由内、外两层组成（见图3-17中8、9），外层为铸钢件，起密封作用和固定传动用大齿轮。内料斗由上、下两部分组成，上部由钢板焊成，内衬以锰钢衬板；下部是铸钢的，承受炉料的冲击与磨损。为防止炉料撒到炉顶平台上，要求小料斗的容积为料车容积的1.1~1.2倍。

这种布料设备的特点是：小料斗装料后旋转一定角度，再开启小钟，一般是每批料旋转60°，即0°、60°、120°、180°、240°、360°，俗称6点布料，要求每次转角误差不超过2°，这样小料斗中产生的偏析现象就依次沿炉喉圆周按上述角度分布。落在炉喉某一部位的大块料与粉末，或者每批料的堆尖，沿高度综合起来是均匀的，这种布料方式称为马基式布料。为了操作方便，当转角超过180°时布料器可以逆转，例如240°角可变为−120°角。

这种布料器尽管应用广泛，但存在一定的缺点：一是布料仍然不均，这是由于双料车上料时，料车位置与斜桥中心线有一定夹角，因此堆尘位置受到影响；二是旋转漏斗与密封装置极易磨损，而更换、检修又较困难。为了解决上述问题，出现了快速旋转布料器。

b 快速旋转布料器

快速旋转布料器实现了旋转件不密封、密封件不旋转。它在受料漏斗与小料斗之间加一个旋转漏斗，当上料机向受料漏斗卸料时，炉料通过正在快速旋转的漏斗，使料在小料斗内均匀分布，消除堆尖。其结构如图3-18（a）所示。

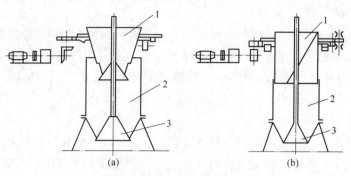

图 3-18　布料器结构示意图
(a) 快速旋转布料器；(b) 空转螺旋布料器
1—旋转漏斗；2—小料斗；3—小钟

快速旋转布料器的容积为料车有效容积的 0.3~0.4 倍，转速与炉料粒度及漏斗开口尺寸有关，过慢布料不匀，过快由于离心力的作用，炉料漏不尽。当漏斗停止旋转后，炉料又集中落入小料斗中形成堆尖，一般转速为 10~20r/min。

快速旋转布料器开口大小与形状，对布料有直接影响，开口小布料均匀，但易卡料，开口大则反之，所以开口直径应与原燃料粒度相适应。

c　空转螺旋布料器

空转螺旋布料器与快速旋转布料器的构造基本相同，只是旋转漏斗的开口做成单嘴的，并且操作程序不同，如图 3-18 (b) 所示。小钟关闭后，旋转漏斗单向慢速 (3.2r/min) 空转一定角度，然后上料系统再通过受料漏斗、静止的旋转漏斗向小料斗内卸料。若转角为 60°，则相当于马基式布料器，所以一般采用每次旋转 57°或 63°。这种操作制度使高炉内整个料柱比较均匀，料批的堆尖在炉内成螺旋形，不像马基式布料器那样固定，而是扩展到整个炉喉圆周上，因而能改善煤气的利用。但是，当炉料粒度不均匀时会增加偏析。

空转螺旋布料器和快速旋转布料器取消了马基式布料器的密封装置，结构简单，工作可靠，增强了炉顶的密封性能，减小了维护检修的工作量。另外，由于旋转漏斗容积较小，没有密封的压紧装置，所以传动装置的动力消耗较少。例如，255m^{3}高炉用马基式布料器时传动功率为 11kW，用快速旋转漏斗时为 7.5kW，而空转螺旋布料器则更小，2.8kW 已足够。

3.3.1.2　变径炉喉

随着高炉炉容的扩大，为了解决炉喉径向布料问题，把只用来抵抗炉料磨损的炉喉保护板的作用扩大，采用钟斗装置和变径炉喉相结合，达到既准确又有效地进行布料调剂的目的。

宝钢 1 号高炉大修前采用的是日本钢管式活动炉喉保护板（NKK 式），如图 3-19 所示。沿炉喉圆周均布有 20 组水平移动式炉喉板，每组炉喉板由单独的油缸直接驱动，使炉喉板在导轨上前进或后退，行程距离在 700~800mm 之间。由于每组炉喉板单独驱动，故可全部或部分动作，用于调节炉料堆尖位置及炉内煤气发布。

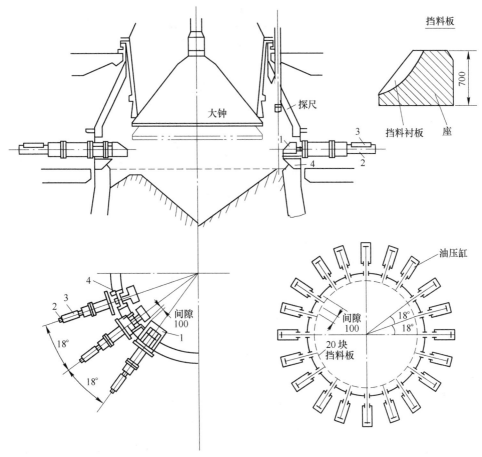

图 3-19　日本钢管式活动炉喉保护板示意图
1—炉喉板；2—油压缸；3—限位开关箱；4—炉喉板导轨

3.3.2　无钟炉顶装料装置

随着高炉炉容的增大，大钟体积越来越庞大，重量也相应增大，难以制造、运输、安装和维修，寿命短。从大钟锥形面的布料结果看，大钟直径越大，径向布料越不均匀，虽然配用了变径炉喉，但仍不能从根本上解决问题。20 世纪 70 年代初，兴起了无钟炉顶，用一个旋转溜槽和两个密封料斗，代替了原来庞大的大小钟等一整套装置，是炉顶设备的一次革命。

无钟炉顶装料设备从结构上，根据受料漏斗和称量料罐的布置情况可划分为两种：并罐式结构和串罐式结构。PW 公司早期推出的无钟炉顶设备是并罐式结构，直到今天，仍然有着广泛的市场。串罐式无钟炉顶设备出现得较晚，是 1983 年由 PW 公司首先推出的，并于 1984 年投入运行，它的出现以及随之而来的一系列改进，使得无钟炉顶装料设备有了一个崭新的面貌。

3.3.2.1　并罐式无钟炉顶结构

并罐式无钟炉顶的结构如图 3-20 所示，主要由受料漏斗、称量料罐、中心喉管、气密箱和旋转溜槽等 5 部分组成。

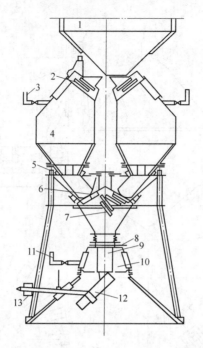

图 3-20　并罐式无钟炉顶装置示意图

1—移动受料漏斗；2—上密封阀；3—均压放散系统；4—称量料罐；5—料罐称量装置；
6—节流阀；7—下密封阀；8—眼镜阀；9—中心喉管；10—气密箱传动装置；
11—气密箱冷却系统；12—旋转溜槽；13—溜槽更换装置

　　受料漏斗有带翻板的固定式和带轮子可左右移动的活动式受料漏斗两种。带翻板的固定式受料漏斗通过翻板来控制向哪个称量料罐卸料。带有轮子的受料漏斗，可沿滑轨左右移动，将炉料卸到任意一个称量料罐。

　　称量料罐有两个，其作用是接受和贮存炉料，内壁有耐磨衬板加以保护。一般是一个料罐装矿石，另一个料罐装焦炭，形成一个料批。在称量料罐上口设有上密封阀，可以在称量料罐内炉料装入高炉时，密封住高炉内煤气。在称量料罐下口设有下节流阀和下密封阀，节流阀在关闭状态时锁住炉料，避免下密封阀被炉料磨损，在开启状态时，通过调节其开度，可以控制下料速度，下密封阀的作用是当受料漏斗内炉料装入称量料罐时，密封住高炉内煤气。

　　中心喉管上面设有一叉形管和两个称量料罐相连，为了防止炉料磨损内壁，在叉形管和中心喉管连接处，焊上一定高度的挡板，用死料层保护衬板，并避免中心喉管磨偏，但是挡板不宜过高，否则会引起卡料。中心喉管的高度应尽量长一些，一般是其直径的两倍以上，以免炉料偏行，中心喉管内径应尽可能小，但要能满足下料速度，并且又不会引起卡料，一般为 $\phi500\sim700mm$。

　　旋转溜槽为半圆形的长度为 $3\sim3.5m$ 的槽子，旋转溜槽本体由耐热钢铸成，上衬有鱼鳞状衬板。鱼鳞状衬板上堆焊 8mm 厚的耐热耐磨合金材料。旋转溜槽可以完成两个动作，一是绕高炉中心线的旋转运动，二是在垂直平面内可以改变溜槽的倾角，其传动机构在气密箱内。

　　无钟炉顶装料过程的操作程序是：当称量料罐需要装料时，受料漏斗移到该称量料罐上面，打开称量料罐的放散阀和上密封阀，炉料装入称量料罐后，关闭上密封阀和放散阀。为了减小下密封阀的压力差，打开均压阀，使称量料罐内充入均压净煤气。当探尺发出装料入炉的信号时，打开下密封阀，同时给旋转溜槽信号，当旋转溜槽转到预定布料的位置时，打开节流阀，炉料按预定的布料方式向炉内布料。节流阀开度的大小不同可获得不同的料流速度，一般是卸球团矿时开度小，卸烧结矿时开度大些，卸焦炭时开度最大。当称量料罐发出"料空"信号时，先完全打开节流阀，然后再关闭，以防止卡料，然后再关闭下密封阀，同时当旋转溜槽转到停机位置时停止旋转，如此反复。

并罐式无钟炉顶装料设备与钟斗式炉顶装料设备相比具有以下主要优点：

（1）布料理想，调剂灵活。旋转溜槽既可作圆周方向上的旋转，又能改变倾角，从理论上讲，炉喉截面上的任何一点都可以布有炉料，两种运动形式既可独立进行，又可复合在一起，故装料形式是极为灵活的，从根本上改变了大、小钟炉顶装料设备布料的局限性。

（2）设备总高度较低，大约为钟式炉顶高度的2/3。它取消了庞大笨重而又要求精密加工的部件，代之以积木式的部件，解决了制造、运输、安装、维修和更换方面的困难。

（3）无钟炉顶用上、下密封阀密封，密封面积比大为减小，并且密封阀不与炉料接触，因而密封性好，能承受高压操作。

（4）两个称量料罐交替工作，当一个称量料罐向炉内装料时，另一个称量料罐接受上料系统装料，具有足够的装料能力和赶料线能力。

但是并罐式无钟炉顶也有其不利的一面：

（1）炉料在中心喉管内呈蛇形运动，因而造成中心喉管磨损较快。

（2）由于称量料罐中心线和高炉中心线有较大的间距，会在布料时产生料流偏析现象，称之为并罐效应。高炉容积越大，并罐效应就越加明显。在双料罐交替工作的情况下，由于料流偏析的方位是相对应的，尚能起到一定的补偿作用，一般只要在装料程序上稍做调整，即可保证高炉稳定顺行。但是从另一个角度讲，毕竟两个料罐所装入的炉料在品种上，质量上不可能完全对等，因而并罐效应始终是高炉顺行的一个不稳定因素。

（3）尽管并列的两个称量料罐在理论上讲可以互为备用，即在一侧出现故障、检修时用另一侧料罐来维持正常装料，但是实际生产经验表明，由于并罐效应的影响，单侧装料一般不能超过6h，否则炉内就会出现偏行，引起炉况不顺。另外，在不休风并且一侧料罐维持运行的情况下，对另一侧料罐进行检修，实际上也是相当困难的。

3.3.2.2　串罐式无钟炉顶

串罐式无钟炉顶也称中心排料式无钟炉顶，其结构如图3-21所示。与并罐式无钟炉顶相比，串罐式无钟炉顶有一些重大的改进：

（1）密封阀由原先单独的旋转动作改为倾动和旋转两个动作，最大限度地降低了整个串罐式炉顶设备的高度，并使得密封动作更加合理。

（2）采用密封阀阀座加热技术，延长了密封圈的寿命。

（3）在称量料罐内设置中心导料器，使得料罐在排料时形成质量料流，改善了料罐排料时的料流偏析现象。

（4）1988 年 PW 公司进一步提出了受料漏斗旋转的方案，以避免皮带上料系统向受料漏斗加料时由于落料点固定所造成的炉料偏析。

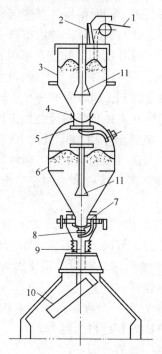

图 3-21　串罐式无钟炉顶装置示意图

1—上料皮带机；2—挡板；3—受料漏斗；4—上闸阀；5—上密封阀；6—称量料罐；
7—下节流阀；8—下密封阀；9—中心喉管；10—旋转溜槽；11—中心导料器

概括起来，串罐式无钟炉顶与并罐式无钟炉顶相比具有以下特点：

（1）投资较低，与并罐式无钟炉顶相比可减少投资 10%。

（2）在上部结构中所需空间小，从而使得维修操作具有较大的空间。

（3）设备高度与并罐式炉顶基本一致。

（4）极大地保证了炉料在炉内分布的对称性，减小了炉料偏析，这一点对于保证高炉的稳定顺行是极为重要的。

（5）绝对的中心排料，从而减少了料罐以及中心喉管的磨损，但是，旋转溜槽所受炉料的冲击有所增大，从而对溜槽的使用寿命有一定影响。

3.3.2.3　无钟炉顶的布料方式

无钟炉顶的旋转溜槽可以实现多种布料方式，根据生产对炉喉布料的要求，常用的有以下 4 种基本的布料方式，如图 3-22 所示。

（1）环形布料。倾角固定的旋转布料称为环形布料。这种布料方式与料钟布料相似，改变旋转溜槽的倾角相当于改变料钟直径。由于旋转溜槽的倾角可任意调节，所以可在炉喉的任一半径做单环、双环和多环布料，将焦炭和矿石布在不同半径上以调整煤气分布。

（2）螺旋形布料。倾角变化的旋转布料称为螺旋形布料。布料时溜槽做等速的旋转运动，每转一圈跳变一个倾角，这种布料方法能把炉料布到炉喉截面任一部位，并且可以根据生产要求调整料层厚度，也能获得较平坦的料面。

（3）定点布料。方位角固定的布料形式称为定点布料。当炉内某部位发生"管道"或"过吹"时，需用定点布料。

（4）扇形布料。方位角在规定范围内反复变化的布料形式称为扇形布料。当炉内产生偏析或局部崩料时，采用该布料方式。布料时旋转溜槽在指定的弧段内慢速来回摆动。

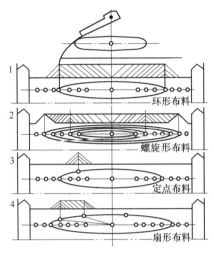

图 3-22　无钟炉顶布料形式

3.3.3　探料装置

探料装置的作用是准确探测料面下降情况，以便及时上料，既可防止料满时开大钟顶弯钟杆，又可防止低料线操作时炉顶温度过高，烧坏炉顶设备，特别是高炉大型化、自动化、炉顶设备也不断发展的今天，料面情况是上部布料作业的重要依据。目前使用最广泛的是机械传动的探尺、微波式料面计和激光式料面计。

3.3.3.1　探尺

一般小型高炉常使用长 3~4m、直径 25mm 的圆钢，自大料斗法兰处专设的探尺孔插入炉内，每个探尺用钢绳与手动卷扬机的卷筒相连，在卷扬机附近还装有料线的指针和标尺，为避免探尺陷入料中，在圆钢的端部安装一根横棒。

中型和高压操作的高炉多采用自动化的链条式探尺，它是链条下端挂重锤的挠性探尺，如图 3-23 所示。探尺的零点是大钟开启位置的下缘，探尺从大料斗外侧炉头内侧伸入炉内，重锤中心距炉墙不应小于 300mm，重锤的升降借助于密封箱内的卷筒传动。在箱外的链轴上，安设一钢绳卷筒，钢绳与探尺卷扬机卷筒相连。探尺卷扬机放在料车卷扬机室内，料线高低自动显示与记录。

每座高炉设有两个探尺，互成 180°，设置在大钟边缘和炉喉内壁之间，并且能够提升到大钟关闭位置以上，以免被炉料打坏。

这种机械探尺基本上能满足生产要求，但是只能测两点，不能全面了解炉喉的下料情况；另外，由于探尺端部直接与炉料接触，容易由于滑尺和陷尺而产生误差。

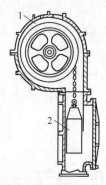

图 3-23 链条探尺
1—链条的卷筒；2—重锤

3.3.3.2 微波式料面计

微波料面计也称微波雷达，分调幅和调频两种。调幅式微波料面计是根据发射信号与接收信号的相位差来决定料面的位置，调频式微波料面计是根据发射信号与接收信号的频率差来测定料面的位置。

微波料面计由机械本体、微波雷达、驱动装置、电控单元和数据处理系统等组成。微波雷达的波导管、发射天线、接收天线均装在水冷探测枪内，并用氮气吹扫。其测量原理如图 3-24 所示。

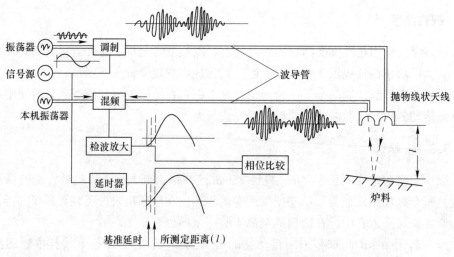

图 3-24 微波料面计的测量原理

振荡器发出 55GHz 的微波与信号源发出 15MHz 的信号在调制器中调制后，载波经波导管从抛物面状天线向炉料面发射，反射波由接收天线接收，再经波导管送入混频器中混频（本机振荡频率为 53.5GHz），产生 1.5GHz 的中频微波，经检波、放大即得到 15MHz 的信号波，再经信号基准延时进行比较，即可计算出测定的距离。

3.3.3.3 激光料面计

激光料面计是 20 世纪 80 年代开发出的高炉料面形状检测装置。它是利用光学三角法测量原理设计的，如图 3-25 所示。它由方向角可调的旋转光束扫描器向料面投射氩气激光，在另一侧用摄像机测量料面发光处的光学图像得到各光点的二维坐标，再根据光线断面的水平方位角和摄像机的几何位置，进行坐标变换等处理，找出该点的三维坐标，并在图像字符显示器（CRT）显示出整个料面形状。

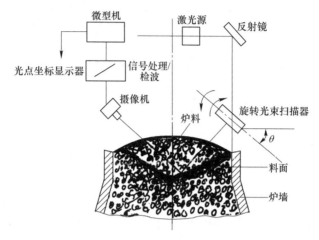

图 3-25 激光料面计

激光料面计已在日本许多高炉上使用，我国鞍钢也已应用。根据各厂使用的经验，激光料面计与微波料面计相比，各有其优缺点。激光料面计检测精度高，在煤气粉尘浓度相同和检测距离相等的条件下，其分辨率是微波料面计的 25 ~ 40 倍。但在恶劣环境下，就仪表的可靠性来说，微波料面计较方便。

3.4 送 风 系 统

高炉送风系统包括鼓风机、冷风管路、热风炉、热风管路以及管路上的各种阀门等。热风带入高炉的热量约占总热量的 1/4，目前鼓风温度一般为 1000 ~ 1200℃，最高可达 1400℃，提高风温是降低焦比的重要手段，也有利于增大喷煤量。

准确选择送风系统鼓风机，合理布置管路系统，阀门工作可靠，热风炉工作效率高，是保证高炉优质、低耗、高产的重要因素之一。

3.4.1 高炉鼓风机

高炉鼓风机用来提供燃料燃烧所必需的氧气，热空气和焦炭在风口燃烧所生成的煤气，又是在鼓风机提供的风压下才能克服料柱阻力从炉顶排出。因此，没有鼓风机的正常运行，就不可能有高炉的正常生产。

高炉冶炼对鼓风机的要求有：

（1）要有足够的鼓风量。高炉鼓风机要保证向高炉提供足够的空气，以保证焦炭的燃烧。

（2）要有足够的鼓风压力。高炉鼓风机出口风压应能克服送风系统的阻力损失、克服料柱的阻力损失、保证高炉炉顶压力符合要求。

（3）既能均匀、稳定地送风又要有良好的调节性能和一定的调节范围。高炉冶炼要求固定风量操作，以保证炉况稳定顺行，此时风量不应受风压波动的影响。但有时需要定风压操作，如在解决高炉炉况不顺或热风炉换炉时，需要变动风量但又必须保证风压的稳定。此外高炉操作中常需加、减风量，如在不同气象条件下、采用不同炉顶压力或料柱阻力损失变化时，都要求风机出口风量和风压能在较大范围内变化，因此，风机要有良好的调节性能和一定的调节范围。

3.4.1.1　高炉鼓风机的类型及特性

常用的高炉鼓风机有离心式和轴流式两种。

A　离心式鼓风机

离心式鼓风机的工作原理是靠装有许多叶片的工作叶轮旋转所产生的离心力，使空气达到一定的风量和风压。高炉用的离心式鼓风机一般都是多级的，级数越多，风机的出口风压也越高。

图 3-26 为四级离心式鼓风机。空气由进风口进入第一级叶轮，在离心力的作用下提高了运动速度和密度，并由叶轮顶端排出，进入环形空间扩散器，在扩散器内空气的部分动能转化为压力能，再经固定导向叶片流向下一级叶轮，经过四级叶轮，将空气压力提高到出口要求的水平，经排气口排出。

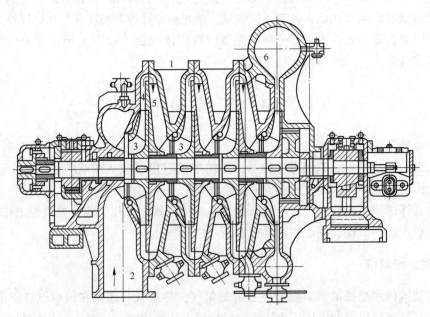

图 3-26　四级离心式鼓风机

1—机壳；2—进气口；3—工作叶轮；4—扩散器；5—固定导向叶片；6—排气口

鼓风机的性能用特性曲线表示。该曲线表示出在一定条件下鼓风机的风量、风压、功率及转速之间的变化关系。鼓风机的特性曲线，一般都是在一定试验条件下通过对鼓风机做试验运行实测得到的。每种型号的鼓风机都有它自己的特性曲线，鼓风机的特性曲线是选择鼓风机的主要依据。图 3-27 为 K-4250-41-1 型离心式鼓风机特性曲线。

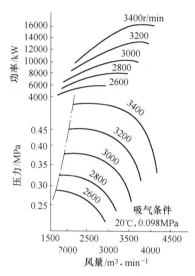

图 3-27 K-4250-41-1 型离心式鼓风机特性曲线

离心式鼓风机的特性如下：

(1) 在某一转速下，管网阻力增加（或减小），出口风压上升（或下降），风量将下降（或上升）。当管网阻力一定时改变转速，风压和风量都将随之改变。为了稳定风量，风机上装有风量自动调节机构，管网阻力变化时可自动调节转速和风压，保证风量稳定在某一要求的数值。

(2) 风量和风压随转数而变化，转速可作为调节手段。

(3) 风机转速越高，风压—风量曲线曲率越大。并且曲线尾部较陡，即风量增大时，压力降很大；在中等风量时曲线平坦，即风量变化风压变化较小，此区域为高效率经济运行区域。

(4) 风压过高时，风量迅速减少，如果再提高压力，则产生倒风现象，此时的风机压力称为临界压力。将不同转数的临界压力点连接起来形成的曲线称为风机的飞动曲线。风机不能在飞动曲线的左侧工作，一般在飞动曲线右侧风量增加 20% 以上处工作。

(5) 风机的特性曲线是在某一特定吸气条件下测定的，当风机使用地点及季节不同时，由于大气温度、湿度和压力的变化，鼓风压力和质量都有变化，同一转速夏季出口风压比冬季低 20%~25%，风量也低 30% 左右，应用风机特性曲线时应给予折算。

B 轴流式鼓风机

轴流式鼓风机是由装有工作叶片的转子和装有导流叶片的定子以及吸气口和排气口组成，其结构如图 3-28 所示。工作原理是依靠在转子上装有扭转一定角度的工作叶片随转子一起高速旋转，由于工作叶片对气体做功，使获得能量的气体沿轴向流动，达到一定的风量和风压。转子上的一列工作叶片与机壳上的一列导流叶片构成轴流式鼓风机的一个级。级数越多，空气的压缩比越大，出口风压也越高。

轴流式鼓风机的特性如下：

(1) 气体在风机中沿轴向流动，转折少，风机效率高，可达到 90% 左右。

(2) 工作叶轮直径较小，结构紧凑、质量小，运行稳定，功率大，更能适应大型高

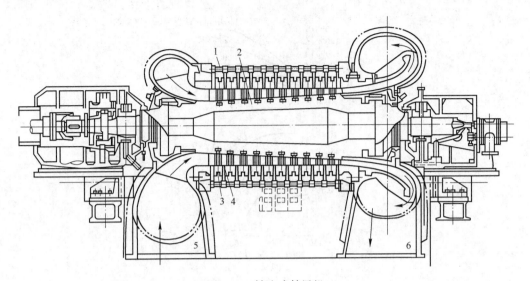

图 3-28　轴流式鼓风机
1—机壳；2—转子；3—工作叶片；4—导流叶片；5—吸气口；6—排气口

炉冶炼的要求。

（3）汽轮机驱动的轴流风机，可通过调整转速调节排风参数；采用电动机驱动的轴流风机，可调节导流叶片角度来调节排风参数；两者都有较宽的工作范围。

（4）特性曲线斜度很大，近似等流量工作，适应高炉冶炼要求。

（5）飞动曲线斜度小，容易产生飞动现象，使用时一般采用自动放风。

3.4.1.2　提高风机出力的途径

对于已建成的高炉，由于生产条件改变，感到风机能力不足，或者新建高炉缺少配套风机，都要求采取措施，满足高炉生产的要求。

提高风机出力的措施主要有：改造现有鼓风机本身的性能，如改变驱动力、增大其功率、使风量和风压增加；提高转子的转速使风量风压增加；还可以改变风机叶片尺寸、叶片加宽和改变其角度均可改变风量。改变吸风参数、吸风口的温度和压力，如喷水降温，设置前后加压机，均可提高风机的出力。通常的办法是同性能的风机串联或并联。

（1）风机串联。即在主风机吸风口前置一加压机，使主风机吸入的空气密度增加，由于主风机的容积流量是不变的，因而通过主风机的空气量增大，不仅提高了压缩比，而且提高了风量，提高了风机出力。串联用的加压风机，其风量可比主风机稍大，而风压较低。两个风机串联时，风机特性曲线低于两者叠加的特性曲线，受两风机串联距离和管网的影响。同时，在加压风机后设冷却装置，否则主风机温度过高。一般串联是为了提高风压。如果高炉管网阻力很大，高炉透气性差，而不需大风量，串联后可获得好的效果。

（2）风机并联。一般选用同性能的风机并联，把两台鼓风机的出口管道顺着风的流动方向合并成一条管道送往高炉。并联的效果，原则上是风压不变，风量叠加。当管网阻力小，需风量大的，可采用风机并联送风。为了保证风机并联效果，除两台风机应尽量采用同型号或性能相同外，每台鼓风机的出口，都应设置逆止阀和调节阀。逆止阀用来防止风的倒灌，调节阀是用来在并联时两机调到相同的风压。同时，因为并联后风量增加，其送风管道直径也要相应扩大，使管线阻力损失不致增加。

串联、并联送风的方法只是在充分利用现有设备的情况下采用，但它提高鼓风机的出力程度是有限的，虽然能够提高高炉产量，但风机的动力消耗增加，则是不经济的。

3.4.2 热风炉

热风炉实质上是一个热交换器。现代高炉普遍采用蓄热式热风炉。由于燃烧和送风交替进行，为保证向高炉连续供风，通常每座高炉配置 3 座或 4 座热风炉。热风炉的大小及各部位尺寸，取决于高炉所需要的风量及风温。热风炉的加热能力用每 $1m^3$ 高炉有效容积所具有的加热面积表示，一般为 $80\sim110m^2/m^3$ 或更高。

根据燃烧室和蓄热室布置形式的不同，热风炉分为 3 种基本结构形式，即内燃式热风炉（传统型和改进型）、外燃式热风炉和顶燃式热风炉。

3.4.2.1 传统型内燃式热风炉

传统型内燃式热风炉基本结构如图 3-29 所示。它由炉衬、燃烧室、蓄热室、炉壳、炉箅子、支柱、管道及阀门等组成。燃烧室和蓄热室砌在同一炉壳内，之间用隔墙隔开。煤气和空气由管道经阀门送入燃烧器并在燃烧室内燃烧，燃烧的热烟气向上运动经过拱顶时改变方向，再向下穿过蓄热室，然后进入大烟道，经烟囱排入大气。在热烟气穿过蓄热室时，将蓄热室内的格子砖加热。格子砖被加热并蓄存一定热量后，热风炉停止燃烧，转入送风。送风时冷风从下部冷风管道经冷风阀进入蓄热室，空气通过格子砖时被加热，经拱顶进入燃烧室，再经热风出口、热风阀、热风总管送至高炉。

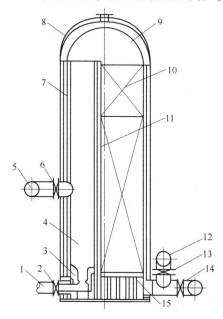

图 3-29 内燃式热风炉结构

1—煤气管道；2—煤气阀；3—燃烧器；4—燃烧室；5—热风管道；6—热风阀；7—大墙；
8—炉壳；9—拱顶；10—蓄热室；11—隔墙；12—冷风管道；
13—冷风阀；14—烟道阀；15—炉箅子和支柱

A 燃烧室

燃烧室是燃烧煤气的空间，内燃式热风炉位于炉内一侧紧靠大墙。燃烧室断面形状有3种，即圆形、眼睛形和复合形，如图3-30所示。

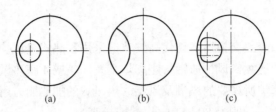

图3-30 燃烧室断面形状

(a)圆形；(b)眼睛形；(c)复合形

燃烧室隔墙由两层互不错缝的高铝砖砌成。互不错缝是为受热膨胀时，彼此没有约束。燃烧室比蓄热室要高300~500mm，以保证烟气流在蓄热室内均匀分布。

B 蓄热室

蓄热室是热风炉进行热交换的主体，它由格子砖砌筑而成。格子砖的特性对热风炉的蓄热能力、换热能力以及热效率有直接影响。

对格子砖的要求是：有较大的受热面积进行热交换；有一定的砖重量来蓄热，保证送风周期内不产生过大的风温降；能引起气流扰动，保持高流速，提高对流体传热效率；砌成格子室后结构稳定，砖之间不产生错动。常用的格子砖基本上分两类，板状砖和块状穿孔砖。

蓄热室的结构可以分为两类，即在整个高度上格孔截面不变的单段式和格孔截面变化的多段式。从传热和蓄热角度考虑，采用多段式较为合理。热风炉工作中，希望蓄热室上部高温段多贮存一些热量，这样送风期间不致冷却太快，以免风温急剧下降。在蓄热室下部由于温度低，气流速度也较低，对流传热效果减弱，所以应设法提高下部格子砖热交换能力，较好的办法是采用波浪形格子砖或截面互变的格孔，以增加紊流程度，改善下部对流传热作用。

蓄热室是热风炉最重要的组成部分，砌筑质量必须从严要求。格子砖有"独立砖柱"和"整体交错"两种砌筑方式。独立砖柱结构，在砌筑高度上公差要求不太严格，但稳定性差；交错砌筑法是上、下层格子砖相互咬砌，使蓄热室形成一个整体的砌筑方法，该方法可以有效地防止格子砖的倾斜位移。整体交错砌筑对格子砖本身公差要求严格，砌筑前要认真挑选、分类。交错砌筑法如图3-31所示。

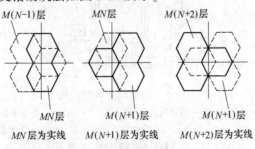

$M(N-1)$层 MN层 $M(N+2)$层

MN层 $M(N+1)$层 $M(N+1)$层

MN层为实线 $M(N+1)$层为实线 $M(N+2)$层为实线

图3-31 格子砖交错砌筑法

C 炉墙

炉墙起隔热作用并在高温下承载，因此各部位炉墙的材质和厚度要根据砌体所承受的温度、荷载和隔热需要而定。

炉墙一般由砌体（大墙）、填料层、隔热层组成。

炉墙砌砖是在安好算子支柱，经校正和灌浆找平后进行的。砌筑时以炉壳为导面，用样板砌筑。炉算子以下砌成不错缝的同心圆环，炉算子以上按炉墙结构砌筑。

热风口、燃烧口周围1m半径范围内的砌体紧靠炉壳，以防止填料脱落时串风。其间不严处用与砌体同成分的浓泥浆填充堵严，热风出口与热风短管的内衬热接头应沿炉壳方向砌成直缝，不得咬缝，防止炉墙膨胀时将热风出口砌砖切断串风。

D 拱顶

拱顶是连接燃烧室和蓄热室的砌筑结构，在高温气流作用下应保持稳定，并能够使燃烧的烟气均匀分布在蓄热室断面上。由于拱顶是热风炉温度最高的部位，必须选择优质耐火材料砌筑，并且要求保温性能良好。内燃式热风炉，拱顶为半球形，如图3-32所示。这种结构的优点是炉壳不受水平推力，炉壳不易开裂。拱顶一般以优质黏土砖或高铝砖砌筑。

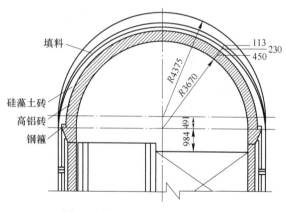

图 3-32 热风炉半球形拱顶结构

由于拱顶支撑在大墙上，大墙受热膨胀，使拱顶受压容易损坏，故新设计的高风温热风炉，除加强拱顶的保温绝热外，还在结构上将拱顶与大墙分开，拱顶座在环梁上，外形呈蘑菇状即锥球形拱顶。这样使拱顶消除因大墙热胀冷缩而产生的不稳定因素，同时也减轻了大墙的荷载。锥球形拱顶如图3-33所示。

E 支柱及炉算子

蓄热室全部格子砖都通过炉算子支持在支柱上，当废气温度不超过350℃，短期不超过400℃时，用普通铸铁就能稳定地工作，当废气温度较高时，可用耐热铸铁[$w(Ni)=0.4\% \sim 0.8\%$，$w(Cr)=0.6\% \sim 1.0\%$]或高硅耐热铸铁。

为避免堵住格孔，支柱和炉算子的结构应和格孔相适应，如图3-34所示。支柱高度要满足安装烟道和冷风管道的净空需要，同时保证气流畅通。炉算子的块数与支柱数相同，而炉算子的最大外形尺寸，要能从烟道口进出。

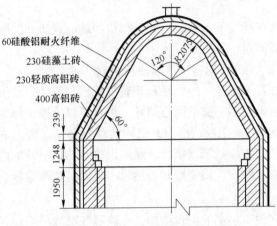

图 3-33　热风炉锥球形拱顶

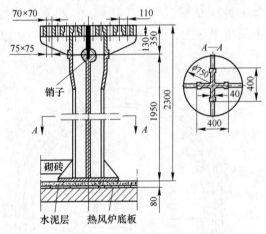

图 3-34　支柱和炉算子的结构

F　燃烧器

燃烧器是用来将煤气和空气混合，并送进燃烧室内燃烧的设备。对燃烧器的要求是：首先应有足够的燃烧能力，即单位时间能送进、混合、燃烧所需要的煤气量和助燃空气量，并排出生成的烟气量，不致造成过大的压头损失（即能量消耗）；其次还应有足够的调节范围，空气过剩系数可在 1.05～1.50 范围内调节。应避免煤气和空气在燃烧器内燃烧、回火，保证在燃烧器外迅速混合、完全而稳定地燃烧。

燃烧器种类很多，我国常见的有套筒式和栅格式，就其材质而言又分金属燃烧器和陶瓷燃烧器。

a　金属燃烧器

金属燃烧器由钢板焊成，如图 3-35 所示。

煤气道与空气道为一套筒结构，进入燃烧室后混合并燃烧。这种燃烧器的优点是结构简单，阻损小，调节范围大，不易发生回火现象。因此，过去国内热风炉广泛采用这种燃烧器。

金属燃烧器的缺点是：

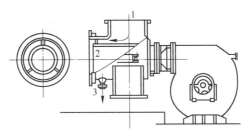

图 3-35 金属燃烧器
1—煤气；2—空气；3—冷凝水

（1）由于空气与煤气平行喷出，流股没有交角，故混合不好，燃烧时需较大体积的燃烧室才能完成充分燃烧。

（2）由于混合不均，需较大的空气过剩系数来保证完全燃烧，因此降低了燃烧温度，增大了废气量，热损失大。

（3）由于燃烧器方向与热风炉轴线垂直，造成气流直接冲击燃烧室隔墙，折回后又产生"之"字形运动。前者给隔墙造成较大温差，加速隔墙的破损，甚至短路，后者"之"字运动与隔墙的碰点，可造成隔墙内层掉砖，还会造成燃烧室内气流分布不均。

（4）燃烧能力小。

由上述分析，金属燃烧器已不适应热风炉强化和大型化的要求，正在迅速被陶瓷燃烧器所取代。

b 陶瓷燃烧器

陶瓷燃烧器是用耐火材料砌成的，安装在热风炉燃烧室内部。一般是采用磷酸盐耐火混凝土或矾土水泥耐火混凝土预制而成，也有采用耐火砖砌筑成的，图 3-36 为几种常用的陶瓷燃烧器。

（1）套筒式陶瓷燃烧器。套筒式陶瓷燃烧器是目前国内高炉热风炉用得最普遍的一种燃烧器。这种燃烧器由两个套筒和空气分配帽组成，如图 3-36（a）所示。燃烧时，空气从一侧进入到外面的环形套筒内，从顶部的环状圈空气分配帽上的狭窄喷口中喷射出来。煤气从另一侧进入到中心管道内，并从其顶部出口喷出，由于空气喷出口中心线与煤气管中心线成一定交角（一般为 50°左右），所以空气与煤气在进入燃烧室时能充分混合，完全燃烧。有的还在空气道与煤气道之间的管壁上部段开设与煤气道轴向正交的矩形一次空气进入口，形成空气与煤气两次混合，这就进一步提高了空气与煤气的混合及燃烧效果。

套筒式陶瓷燃烧器的主要优点是结构简单，构件较少，加工制造方便。但燃烧能力较小，一般适合于中小型高炉的热风炉采用。

（2）栅格式陶瓷燃烧器。这种燃烧器的空气通道与煤气通道呈间隔布置，如图 3-36（b）所示。燃烧时，煤气和空气都从被分隔成若干个狭窄通道中喷出，在燃烧器上部的栅格处得到混合后进行燃烧。这种燃烧器与套筒式燃烧器比较，其优点是空气与煤气混合更均匀，燃烧火焰短，燃烧能力大，耐火砖脱落现象少。但其结构复杂，构件形式种类多，并要求加工质量高。大型高炉的外燃式热风炉，多采用栅格式陶瓷燃烧器。

（3）三孔式陶瓷燃烧器。图 3-36（c）为三孔式陶瓷燃烧器示意图，这种燃烧器的结构特点是有 3 个通道，即中心部分为焦炉煤气通道。外侧圆环为高炉煤气通道，二者之间

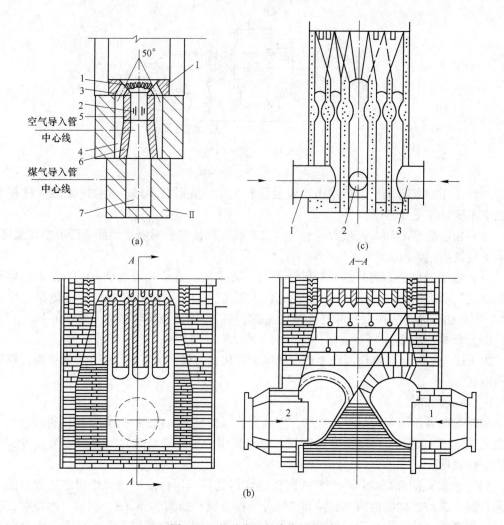

图 3-36　几种常用的陶瓷燃烧器

（a）套筒式陶瓷燃烧器：1—二次空气引入孔；2——次空气引入孔；3—空气帽；4—空气环道；
5—煤气直管；6—煤气收缩管；7—煤气通道；Ⅰ—磷酸混凝土；Ⅱ—黏土砖
（b）栅格式陶瓷燃烧器：1—煤气入口；2—助燃空气入口
（c）三孔式陶瓷燃烧器：1—空气入口；2—焦炉煤气入口；3—高炉煤气入口

的圆环形空间为助燃空气通道。在燃烧器的上部设有气流分配板，各种气流从各自的分配板孔中喷射出来，被分割成小的流股，使气体充分的混合，同时进行燃烧。

三孔式陶瓷燃烧器的优点是不仅使气流混合均匀，燃烧充分，燃烧火焰短，而且是采取了低发热值的高炉煤气将高发热值的焦炉煤气包围在中间燃烧的形式，避免了高温气流烧坏隔墙，特别是避免了热风出口处的砖被烧坏的弊病。另外，采取高炉煤气和焦炉煤气在燃烧器内混合，要比它们在管道中混合效果好得多。燃烧时，由于焦炉煤气是从燃烧器的中心部位喷出的，所以燃烧气流的中心温度比边缘温度高，约 200℃ 左右。这种燃烧器的主要缺点是结构复杂，使用砖型种类多，施工复杂，目前只有部分大型高炉的外燃式热风炉采用这种燃烧器。

陶瓷燃烧器所用耐火材料要求上部空气帽耐急冷急热性能好，一般选用磷酸盐耐火混凝土经高温烧成处理。其余部分尤其是下部要求体积稳定，避免工作中隔墙断裂漏气，一般可用高铝砖、黏土砖或耐火混凝土预制块。

陶瓷燃烧器有如下优点：

（1）助燃空气与煤气流有一定交角，并将空气或煤气分割成许多细小流股，因此混合好，能完全燃烧。

（2）气体混合均匀，空气过剩系数小，可提高燃烧温度。

（3）燃烧气体向上喷出，消除了"之"字形运动，不再冲刷隔墙，延长了隔墙的寿命，同时改善了气流分布。

（4）燃烧能力大，为进一步强化热风炉和热风炉大型化提供了条件。

G 热风炉管道与阀门

a 热风炉管道

高炉送风系统设有冷风总管和支管、热风总管和支管、热风围管、混风管、倒流休风管、净煤气主管和支管、助燃空气主管和支管。

（1）冷风管道。冷风管道通常用厚 4~12mm 钢板焊接而成。由于冷风温度在冬季和夏季差别较大，为了消除热应力，故在冷风管道上设置伸缩圈，以便冷风管能自由伸缩。

（2）热风管道。热风管道由约 10mm 厚的普通钢板焊成，要求密封性好且热损失小，故管内衬耐火砖，砖衬外砌绝热砖（轻质黏土砖或硅藻土砖）。最外层垫石棉板以加强绝热。近年，有些厂在热风管道内表面喷涂绝热层。

（3）混风管。混风管是为了稳定热风温度而设的，它根据热风炉的出口温度高低而掺入一定量的冷风。

（4）倒流休风管。倒流休风管实际上是安设在热风总管后端上的烟囱，用约 10mm 厚的钢板焊接而成，因为倒流时气体温度很高，所以下部要砌一段耐火砖，并安装有水冷阀门（与热风阀同），平时关闭，倒流时才打开。

b 热风炉阀门

热风炉是高温、高压的装置，其燃料易燃、易爆并且有毒，因此设备必须工作可靠，能够承受高温及高压的作用，所有阀门必须具有良好的密封性；设备结构应尽量简单，便于检修，方便操作；阀门的启闭传动装置均应设有手动操作机构，启闭速度应能满足工艺操作的要求。

根据热风炉周期性工作的特点，可将热风炉设备分为控制燃烧系统的阀门及其装置，以及控制鼓风系统的阀门两类。

控制燃烧系统的阀门及其装置的作用是把助燃空气及煤气送入热风炉燃烧，并把废气排出热风炉。它们还起着调节煤气和助燃空气的流量以及调节燃烧温度的作用。当热风炉送风时，燃烧系统的阀门又把煤气管道、助燃空气风机及烟道与热风炉隔开，以保证设备的安全。

鼓风系统的阀门将冷风送入热风炉，并把热风送到高炉。其中一些阀门还起着调节热风温度的作用。

热风炉燃烧系统的阀门有空气燃烧阀、高炉煤气燃烧阀、高炉煤气阀、高炉煤气放散阀、焦炉煤气燃烧阀、焦炉煤气阀、吹扫阀、焦炉煤气放散阀、助燃空气流量调节阀、高炉煤气流量调节阀、焦炉煤气流量调节阀及烟道阀等。除高炉煤气放散阀、焦炉煤气放散阀及吹扫阀以外，其余阀门在燃烧期均处于开启状态，在送风期又均处于关闭状态。

热风炉送风系统的阀门有热风阀、冷风阀、混风阀、混风流量调节阀、充风阀、废风阀及冷风流量调节阀等。除充风阀和废风阀外，其余阀门在送风期均处于开启状态，在燃烧期均处于关闭状态。

（1）热风阀。热风阀安装在热风出口和热风主管之间的热风短管上。在燃烧期关闭，隔断热风炉和热风管道之间的联系。

热风阀在 900～1300℃ 和 0.5MPa 左右压力的条件下工作，是阀门系统中工作条件最恶劣的设备。一般采用铸钢、锻钢和钢板焊接结构。热风阀的阀板、阀座和阀外壳都通水冷却，在连接法兰的根部设置有水冷圈。为了防止阀体与阀板的金属表面被侵蚀，在非工作表面喷涂不定形耐火材料，这样也降低热损失。

图 3-37 是用于 4000m³ 高炉的全焊接式热风阀，直径为 1800mm，最高风温 1300℃，最大压力 0.5MPa。它的特点是：

1）冷却强度大，冷却水流速 1.5～2.0m/s。

2）采用薄壁结构，导热性好，寿命长。

3）阀板、阀座非接触表面喷涂耐火材料。

4）采用纯水冷却，阀的通水管路内不会结垢。

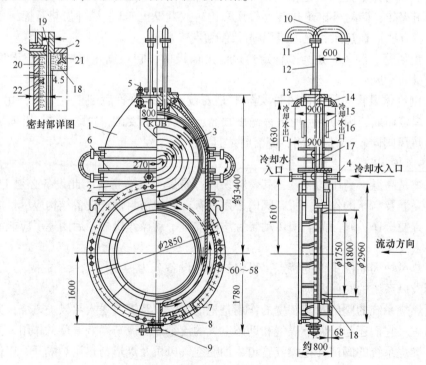

图 3-37　ϕ1800mm 热风阀

1—上盖；2—阀箱；3—阀板；4—短管；5—吊环螺钉；6—密封填片；7，16—防蚀镀锌片；8—排水阀；9—测水阀；10—弯管；11—连接管；12—阀杆；13—金属密封填料；14—弯头；15—标牌；17—连接软管；18—阀箱用不定形耐火材料；19—密封用堆焊合金；20—阀体用不定形耐火材料；21—阀箱用挂桩；22—阀体用挂桩

（2）切断阀。切断阀用来切断煤气、助燃空气、冷风及烟气。切断阀结构有多种，

如闸板阀、曲柄盘式阀、盘式烟道阀等，如图 3-38 所示。

1）闸板阀，如图 3-38（a）所示。闸板阀起快速切断管道的作用，要求闸板与阀座贴合严密，不泄漏气体，关闭时一侧接触受压，装置有方向性，可在不超过 250℃温度下工作。

2）曲柄盘式阀。曲柄盘式阀也称为大头阀，也起快速切断管路用，其结构如图 3-38（b）所示。该种阀门常作为冷风阀、混风阀、煤气切断阀和烟道阀等。它的特点是结构比较笨重，用做燃烧阀时因一侧受热，可能发生变形而降低密封性。

3）盘式烟道阀。盘式烟道阀装在热风炉与烟道之间，曾普遍用于内燃式热风炉。为了使格子砖内烟气分布均匀，每座热风炉装有两个烟道阀，其结构如图 3-38（c）所示。

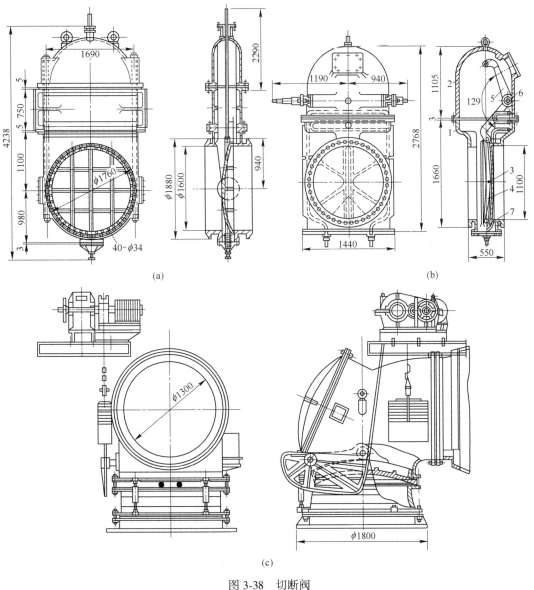

图 3-38 切断阀

（a）闸板阀；（b）曲柄盘式阀；（c）盘式烟道阀

1—阀体；2—阀盖；3—阀盘；4—杠杆；5—曲柄；6—轴；7—阀座

（3）调节阀。一般采用蝶形阀作为调节阀。它用来调节煤气流量、助燃空气流量、冷风流量以及混风的冷风流量等。

煤气流量调节阀用来调节进入燃烧器的煤气量。

热风炉采用集中供应助燃空气方式时，需要使用助燃空气流量调节阀调节并联热风炉的风量，以保持入炉热风温度稳定。

混风调节阀用来调节混风的冷风流量，使热风温度稳定。

调节阀只起流量调节作用，不起切断作用。蝶形阀结构如图 3-39 所示。

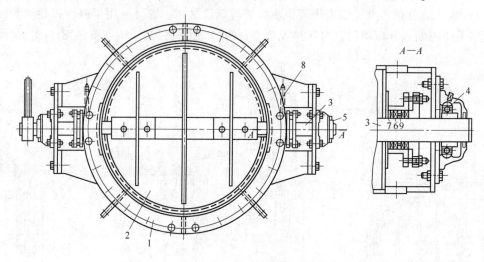

图 3-39　蝶形调节阀
1—阀体；2—阀板；3—转动轴；4—滚动轴承；5—轴承座及盖；
6—填料；7—集环；8—给油管；9—油环

（4）充风阀和废风阀。热风炉从燃烧期转换到送风期，当冷风阀上没有设置均压小阀时，在冷风阀打开之前必须使用充风阀提高热风炉内的压力。反之，热风炉从送风期转换到燃烧期时，在烟道阀打开之前需打开废风阀，将热风炉内相当于鼓风压力的压缩空气由废风阀排放掉，以降低炉内压力。

有的热风炉采用闸板阀作为充风阀及废风阀，有的采用角形盘式阀作为废风阀。

图 3-40 所示为国外采用具有调节功能的充风阀。鼓风由左端进入充风阀，当活塞向右移动时，鼓风由活塞缸上的开孔进入热风炉内。其作用犹如放风阀的活塞阀。

这种阀门两侧的压力是平衡的，只需要很小的动力就可以启闭。充风阀具有线性特征，所以很容易控制流量，能适应提高充风流量的要求。

（5）放风阀和消声器。放风阀安装在鼓风机与热风炉组之间的冷风管道上，在鼓风机不停止工作的情况下，用放风阀把一部分或全部鼓风排放到大气中的方法来调节入炉风量。

放风阀是由蝶形阀和活塞阀用机械连接形式组合的阀门，如图 3-41 所示。送入高炉的风量由蝶形阀调节，当通向高炉的通道被蝶形阀隔断时，连杆连接的活塞将阀壳上通往大气的放气孔打开，鼓风从放气孔中逸出。放气孔是倾斜的，活塞环受到均匀磨损。

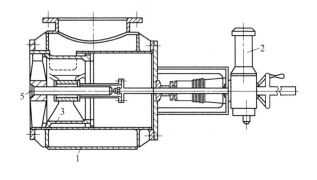

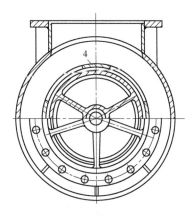

图 3-40 新型充风阀

1—阀体；2—电动传动机构；3—活塞；4—活塞缸；5—活塞定位轴

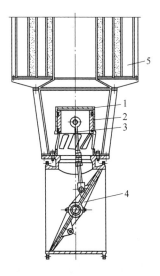

图 3-41 放风阀及消声器

1—阀壳；2—活塞；3—连杆；4—蝶形阀板；5—消声器

　　放风时高能量的鼓风激发强烈的噪声，影响劳动环境，危害甚大，放风阀上必须设置消声器。

　　（6）冷风阀。冷风阀是设在冷风支管上的切断阀。当热风炉送风时，打开冷风阀可把高炉鼓风机鼓出的冷风送入热风炉。当热风炉燃烧时，关闭冷风阀，切断了冷风管。因此，当冷风阀关闭时，在闸板一侧上会受到很高的风压，使闸板压紧阀座，闸板打开困难，故需设置有均压小门或旁通阀。在打开主闸板前，先打开均压小门或旁通阀来均衡主闸板两侧的压力。冷风阀结构如图 3-42 所示。

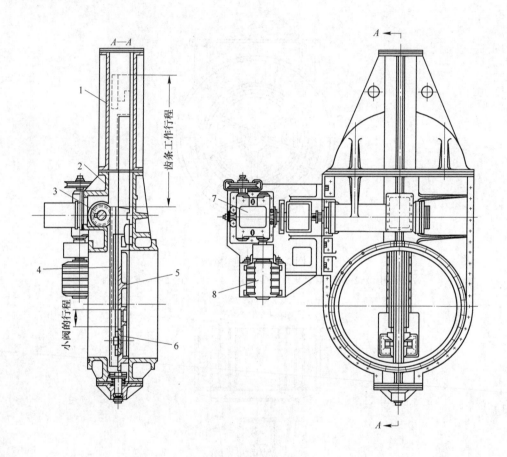

图 3-42　冷风阀
1—阀盖；2—阀壳；3—小齿轮；4—齿条；5—主闸板；
6—小通风闸板；7—差动减速器；8—电动机

3.4.2.2　改进型内燃式热风炉

　　20 世纪 60 年代以前各国高炉热风炉普遍采用传统型内燃式热风炉，采用金属套筒燃烧器，由于燃烧器中心线与燃烧室纵向轴线垂直，即与隔墙垂直，煤气在燃烧室的底部燃烧，高温烟气流对隔墙产生强烈冲击，使隔墙产生振动，引起隔墙机械破损。同时，隔墙下部的燃烧室侧为最高温度区，蓄热室侧为最低温度区，两侧温度差很大，产生很大的热应力，再加上荷重等多种因素的影响，隔墙下部很容易发生开裂，进而形成隔墙两侧短路，严重时甚至会发生隔墙倒塌等事故。这种热风炉风温较低，当风温达到1000℃以上时，会引起拱顶裂缝掉砖，寿命缩短。

　　为了提高风温，延长寿命，1972年荷兰霍戈文艾莫伊登厂在新建的7号高炉（3667m³）上对内燃式热风炉作了较彻底的改进，年平均风温达1245℃，热风炉寿命超过两代高炉炉龄，成为内燃式热风炉改造最成功的代表。改进后的内燃式热风炉，在国外称霍戈文内燃式热风炉，我国称改进型内燃式热风炉。其主要特征为：

　　（1）悬链线拱顶且拱顶与大墙脱开。

　　（2）自立式滑动隔墙。

　　（3）眼睛形火井和与之相配的矩形陶瓷燃烧器。

　　（4）燃烧室下部隔墙增设绝热砖和耐热不锈钢板。

　　由于霍戈文内燃式热风炉与同级外燃式热风炉相比，具有体积小占地面积少、材料用量少，投资省（30%～35%）等优点；更由于其卓越的生产效果，因此有些企业认为，经过全面改进的新型内燃式热风炉与其他形式的热风炉一样，可以满足高风温长寿的要求。改进型热风炉如图3-43所示。

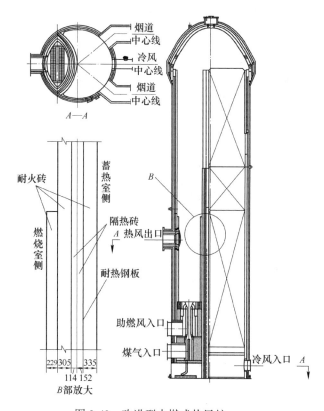

图3-43　改进型内燃式热风炉

　　A　悬链线拱顶

　　悬链线拱顶由于拱顶砌体受力合理，从理论上保证了拱顶结构的稳定，此外，悬链线拱顶内衬由钢结构支撑，拱顶与大墙分开，两者互不影响，消除了大墙膨胀对拱顶的影响。经实践证明，风量相同时，采用悬链线拱顶结构的热风炉，其蓄热室断面上气流分布最均匀。因此，悬链线型拱顶是目前普遍采用的热风炉拱顶形式，也是霍戈文热风炉的突出特点。

B　特殊的隔墙结构

内燃式热风炉燃烧室与蓄热室之间的隔墙是内燃式热风炉的薄弱环节，其高度方向和墙两侧的温度梯度都很大，容易造成隔墙破坏，甚至发生短路。为提高隔墙的寿命，霍戈文式热风炉在以下几方面做了改进：

（1）合理设置膨胀缝，吸收砌体膨胀。

（2）隔墙两层致密砖间加入隔热层，以降低隔墙两侧的温度梯度。

（3）隔墙各层砌体间、隔墙与热风炉大墙间设置滑动缝，以消除各部位膨胀不均造成的应力破坏。

（4）隔墙靠近蓄热室侧在一定高度上增加一层不锈钢板，加强燃烧室与蓄热室之间的密封，防止隔墙烧穿和短路。隔墙结构如图 3-43 B 部放大所示。

C　眼睛形燃烧室

眼睛形燃烧室的隔墙断面小，增加了蓄热室的有效蓄热面积。同时进入蓄热室的烟气流分布均匀。燃烧室隔墙与大墙不咬砌，从而避免了眼角部位开裂的发生。

D　矩形陶瓷燃烧器

这是一种与眼睛形燃烧室相配的燃烧器，它能充分利用眼睛形燃烧室断面的空间。矩形燃烧器气体混合效果好，燃烧稳定，燃烧空气过剩系数小，效率高，燃烧强度大，而且气流阻力损失小于 980Pa，在两炉操作的情况下仍能提供 1000℃ 以上的风温，如图 3-44 所示。

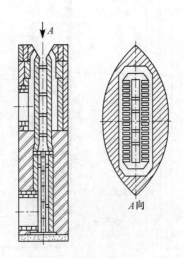

图 3-44　矩形陶瓷燃烧器示意图

内燃式热风炉主要特点是：结构较为简单，钢材及耐火材料消耗量较少，建设费用较低，占地面积较小。不足之处是蓄热室烟气分布不均匀，限制了热风炉直径进一步扩大，燃烧室隔墙结构复杂，易损坏，送风温度超过 1200℃ 有困难。

3.4.2.3 外燃式热风炉

外燃式热风炉由内燃式热风炉演变而来，其工作原理与内燃式热风炉完全相同，只是燃烧室和蓄热室分别在两个圆柱形壳体内，两个室的顶部以一定方式连接起来。不同形式外燃式热风炉的主要差别在于拱顶形式，就两个室的顶部联结方式的不同可以分为4种基本结构形式，如图3-45所示。

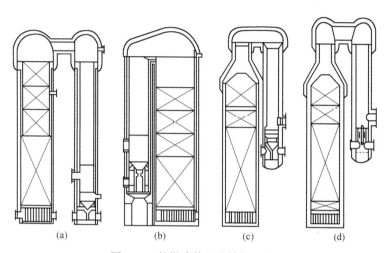

图 3-45　外燃式热风炉结构示意图
(a) 考贝式；(b) 地得式；(c) 马琴式；(d) 新日铁式

地得式外燃热风炉拱顶由两个直径不等的球形拱构成，并用锥形结构相互连通。考贝式外燃热风炉的拱顶由圆柱形通道连成一体。马琴式外燃热风炉蓄热室的上端有一段倒锥形，锥体上部接一段直筒部分，直径与燃烧室直径相同，两室用水平通道连接起来。

地得式外燃热风炉拱顶造价高，砌筑施工复杂，而且需用多种形式的耐火砖，所以新建的外燃式热风炉多采用考贝式和马琴式。

地得式、考贝式和马琴式这3种外燃式热风炉的比较情况如下：

(1) 从气流在蓄热室中均匀分布看，马琴式较好，地得式次之，考贝式稍差。

(2) 从结构看，考贝式炉顶结构不稳定，为克服不均匀膨胀，主要采用高架燃烧室，设有金属膨胀圈，吸收部分不均匀膨胀；马琴式基本消除了由于送风压力造成的炉顶不均匀膨胀。

新日铁式外燃式热风炉是在考贝式和马琴式外燃热风炉的基础上发展而成的，主要特点是：蓄热室上部有一个锥体段，使蓄热室拱顶直径缩小到和燃烧室直径相同，拱顶下部耐火砖承受的荷重减小，提高结构的稳定性；对称的拱顶结构有利于烟气在蓄热室中的均匀分布，提高传热效率。

外燃式热风炉的特点：

(1) 总的来说外燃式比内燃式结构合理，由于燃烧室单独存在于蓄热室之外，消除了隔墙，不存在隔墙受热不均而破坏的现象，有利于强化燃烧，提高热风温度。

(2) 燃烧室、蓄热室、拱顶等部位砖衬可以单独膨胀和收缩，结构稳定性较内燃式热风炉好，可以承受高温作用。

（3）燃烧室断面为圆形，当量直径大，有利于煤气燃烧。由于拱顶的特殊连接形式，有利于烟气在蓄热室内均匀分布，尤其是马琴式和新日铁式更为突出。

（4）送风温度较高，可长时间保持1300℃风温。

外燃式热风炉的缺点是结构复杂，占地面积大，钢材和耐火材料消耗多，基建投资比同等风温水平的内燃式热风炉高15%~35%，一般应用于新建的大型高炉。

3.4.2.4 顶燃式热风炉

顶燃式热风炉又称为无燃烧室热风炉，其结构如图3-46（a）所示。它是将煤气直接引入拱顶空间内燃烧。为了在短暂的时间和有限的空间内，保证煤气和空气很好地混合并完全燃烧，就必须使用能力很大的短焰烧嘴或无焰烧嘴，而且烧嘴的数量和分布形式应满足燃烧后的烟气在蓄热室内均匀分布的要求。

首钢顶燃式热风炉采用4个短焰燃烧器，装设在热风炉拱顶上，燃烧火焰成涡流状态，进入蓄热室。图3-46（b）为顶燃式热风炉平面布置图，4座热风炉呈方块形布置，布置紧凑，占地面积小；而且热风总管较短，可提高热风温度20~30℃。

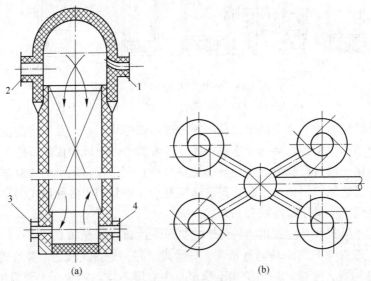

（a）　　　　　　　　　　　　（b）

图3-46　顶燃式热风炉

（a）结构示意图；（b）平面布置图

1—燃烧器；2—热风出口；3—烟气出口；4—冷风入口

大型顶燃式热风炉的使用，关键在于大功率高效短焰燃烧器的设计。由于燃烧器、热风出口等都设置在拱顶上，给操作和管道、阀门的布置带来一定困难，冷却水压也要高一些。其次，生产中烧嘴回火问题要特别注意，它不仅影响燃烧效果，还对燃烧器管壁有很大的破坏作用，为此一定要使煤气和空气的混合气体，从烧嘴喷出的速度大于火焰的传播速度。

顶燃式热风炉的耐火材料工作负荷均衡，上部温度高，重量载荷小；下部重量载荷大，温度较低。顶燃式热风炉结构对称，稳定性好。蓄热室内气流分布均匀，效率高，更加适应高炉大型化的要求。顶燃式热风炉还具有节省钢材和耐火材料、占地面积较小的优点。

顶燃式热风炉存在的问题是拱顶负荷较重,结构较为复杂,由于热风出口、煤气和助燃空气的入口、燃烧器集中于拱顶,给操作带来不便;并且高温区开孔多,也是薄弱环节。

3.4.2.5 球式热风炉

球式热风炉的结构与顶燃式热风炉相同,所不同的是蓄热室用自然堆积的耐火球代替格子砖。由于球式热风炉需要定期卸球,故目前仅用于小型高炉的热风炉。

由于每立方米球的加热面积高于每立方米格子砖的加热面积,并且耐火球重量大,因此蓄热量多。从传热角度分析,气流在球床中的通道不规则,多呈紊流状态,有较大的热交换能力,热效率较高,易于获得高风温。

球式热风炉要求耐火球质量好,煤气要干净,煤气压力要高,助燃风机的风压、风量要大,否则煤气含尘多时,会造成耐火球间隙堵塞,表面渣化黏结,甚至变形破损,大大增加了阻力损失,使热交换变差风温降低。煤气压力和助燃空气压力大,才能充分发挥石球热风炉的优越性。

3.4.2.6 热风炉用耐火材料及特性

热风炉耐火材料砌体在高温、高压下工作,而且温度和压力又在周期性变化,条件比较恶劣。因此,结合其工作条件,选择合理的耐火材料、正确设计其结构形式、保证砌筑质量等是达到高风温长寿命的关键所在。

A 热风炉砌体破损机理

热风炉内砌体破损最严重的地方,一般是温度最高的部位、温差较大的部位以及结构较复杂部位等。内燃式热风炉的拱顶和隔墙易破损,外燃式热风炉是燃烧室和蓄热室的拱顶以及连接通道容易破损。热风炉炉衬破损机理如下:

(1) 热震破损。热风炉是个换热器,不仅有高温作用,而且有周期性的升温和降温变化。燃烧期拱顶温度可达到 1300~1500℃,燃烧室温度也很高,烟道废气温度 300℃左右;送风期热风温度一般为 1200℃左右,冷风温度约 80℃;因此,热风炉炉衬和格子砖经常在加热和冷却之间变化,承受着热应力的作用,到一定时间砌体便产生裂纹或剥落,严重时砌体倒塌。

(2) 烟气粉尘的化学侵蚀。煤气中含有一定量的粉尘,其主要成分是铁的氧化物和碱性氧化物。煤气燃烧后,粉尘随烟气进入蓄热室,部分粉尘将黏附在砖衬和格子砖表面,并与砖中的矿物质起化学反应,形成低熔点化合物。使砖表面不断剥落,或熔化成液态不断向砖内渗透,改变了耐火材料的耐火性能,导致组织破坏,发生龟裂。蓄热室的上部化学侵蚀较为严重。

(3) 机械荷载作用。热风炉是一种较高的构筑物。蓄热室格子砖下部最大载荷可达到 $8 \times 10^5 Pa$,燃烧室下部砖衬静载荷可达到 $4 \times 10^5 Pa$,过去认为热风炉拱顶变形、格子砖下陷等故障是由于耐火材料的耐火度不够所造成。近年来随着高炉煤气精细除尘设备的发展,煤气质量日渐提高,热风炉燃烧操作实现自动控制,燃烧状态基本稳定,但仍出现拱顶下沉、格子砖下陷等破坏事故。经研究认为这是由于耐火材料在使用温度下,长期负载发生蠕变变形而损坏。

B 热风炉用耐火材料的主要特性

（1）耐火度。要求热风炉用耐火材料具有较高的耐火度和荷重软化温度，特别是高温载荷大的部位，耐火材料应具有高的耐火度和荷重软化温度。

（2）抗蠕变性。选择热风炉耐火材料时必须注意它的抗蠕变性指标，耐火材料的蠕变温度应比实际工作温度高100℃。硅砖抗蠕变性最好，适宜用在高温部位；黏土砖抗蠕变性最差，一般只用于中低温部位。

（3）体积稳定性。耐火材料的热膨胀特性，直接表现在砌体温度变化带来的体积变化，在工作温度变化幅度范围之内，耐火材料热膨胀系数应当小。

（4）导热性。导热性好热交换能力强，耐火材料抗热震性好，对于温度高并经常有较大变化的部位，应选用导热性好的材料；而绝热层用的耐火材料，要求其导热性能差。

（5）热容量。热容量大的耐火材料蓄热能力强，格子砖应该用热容量大的耐火材料。

（6）抗压强度。热风炉蓄热室下部承受很大压力，应选择抗压强度高的耐火材料，例如大高炉热风炉蓄热室最下部往往用几层高铝砖。

表3-3列出了热风炉常用耐火材料的基本性质和使用部位。

表3-3 热风炉常用耐火材料性能及使用部位

材质	使用部位	化学成分（质量分数）/%			耐火度 /℃	抗蠕变温度/℃ (1.96× 10^5 Pa, 50h)	显气孔率 /%	体积密度 /g·cm^{-3}	重烧线收缩率/%	抗压强度 /×10^5 Pa
		SiO$_2$	Al$_2$O$_3$	Fe$_2$O$_3$						
硅砖	拱顶、燃烧室、蓄热室上部	95~97	0.4~0.6	1~2.2	1710~1750	1550	16~18	1.8~1.9	—	392~490
高铝砖	拱顶、燃烧室、蓄热室上部及中部	20~24	72~77	0.3~0.7	1820~1850	1550	17~20	2.5~2.7	1350℃时 0~-0.3	588~981
		26~30	62~70	0.8~1.5	1810~1850	1350~1450	16~22	2.4~2.6	0~-0.5	539~981
		35~43	50~60	1.0~1.8	1780~1810	1270~1320	18~24	2.1~2.4	0~-0.5	392~883
黏土砖	蓄热室中部及下部	约52	约42	约1.8	1750~1800	1250	16~20	2.1~2.2	1400℃时 0~0.5	294~490
		约58	约37	约1.8	1700~1750	1150	18~24	2.0~2.1	1350℃时 0~0.5	245~441
半硅砖	蓄热室、燃烧室	约75	约22	约1.0	1650~1700	—	25~27	1.9~2.0	1450℃时 0~+1.0	196~392

C 热风炉常用耐火材料

（1）硅砖。硅砖主要成分是SiO$_2$，其质量分数在95%左右。由鳞石英、方石英和玻璃相组成。硅砖高温性能好，耐火度及荷重软化温度较高，蠕变温度高且蠕变率小，有利于热风炉稳定，不足的是它的体积密度小，蓄热能力差。硅砖在600℃以下发生相变，体积有较大的膨胀，容易破坏砌体的稳定性，因此，硅砖的使用温度应大于600℃。在热风炉内硅砖一般用于拱顶、燃烧室和蓄热室炉衬的上部以及上部格子砖。

（2）高铝砖。高铝砖质地坚硬、致密、密度大，抗压强度高，有很好的耐磨性和较好的导热性，在高温下体积稳定，蠕变性仅次于硅砖。普遍应用于高温区域，如拱顶、中上部格子砖、燃烧室隔墙等。

（3）黏土砖。黏土砖主要成分是 Al_2O_3 和 SiO_2。随着 Al_2O_3 和 SiO_2 含量的不同，性质也发生变化。黏土砖热稳定好，高温烧成的黏土砖残余收缩小。黏土砖耐火度和荷重软化温度低，蠕变温度低，蠕变率较大，但是黏土砖容易加工，价格低廉，广泛应用于热风炉中低温度域、中下层格子砖及砖衬。黏土砖用量约占热风炉用砖总量的 30%～50%。

（4）隔热砖。热风炉用隔热砖有硅藻土砖、轻质硅砖、轻质黏土砖、轻质高铝砖以及陶瓷纤维砖等。隔热砖气孔率大，密度小，导热性低，机械强度低，但在使用中应可以支撑自身质量。

（5）不定形材料。热风炉用不定形材料有耐火、隔热及耐酸三种喷涂料。耐火喷涂料主要用于高温部位炉壳及热风管道内，以防止串风烧坏钢壳。隔热喷涂料导热系数低，以减少热损失。耐酸喷涂料用于拱顶、燃烧室及蓄热室上部钢壳，其作用是防止高温生成物中 NO_x 等酸性氧化物对炉壳的腐蚀。当采用双层喷涂料时，隔热涂料靠钢壳喷涂，然后再喷涂耐酸或耐火涂料。

我国内燃式热风炉炉衬和格子砖普遍采用高铝砖和黏土砖砌筑；外燃式热风炉，高温部位一般用硅砖砌筑，中低温部位则依次用高铝砖和黏土砖砌筑。

美国热风炉高温部位一般采用硅砖砌筑，蓄热室上部温度高于 1420℃ 的部位采用抗碱性强、导热性好和蓄热量大的方镁石格子砖。日本热风炉用砖处理得比较细致，不同部位选用不同的耐火砖，同时还考虑到耐火材料的高温蠕变性能。热风炉寿命可达到 15～20 年。

热风炉选用耐火材料主要依据炉内温度分布，通常下部采用黏土砖，中部采用高铝砖，上部高温区为耐高温、抗蠕变的材质，如硅砖、低蠕变高铝砖等。我国几座典型热风炉选用的耐火材料见表 3-4。

表 3-4 我国几座典型热风炉选用的耐火材料

高　炉	宝钢 2 号	宝钢 3 号	重钢 5 号	攀钢 4 号	武钢新 3 号	首钢 2 号	首钢 4 号
拱　顶	蠕变率<0.8%硅砖	蠕变率<0.8%硅砖	高铝砖	蠕变率<0.5%高铝砖	高密度硅砖	低蠕变高铝砖（莫来石-硅线石砖）	莫来石-硅线石砖
蓄热室大墙上部	硅砖	硅砖	高铝砖	高铝砖	高密度硅砖	低蠕变高铝砖	莫来石-硅线石砖
蓄热室大墙中部	高铝砖	高铝砖	高铝砖	高铝砖	低蠕变硅线石砖	高铝砖	高铝砖
蓄热室大墙下部	黏土砖	黏土砖	黏土砖	黏土砖	黏土砖	黏土砖	黏土砖
格子砖上部	硅砖	硅砖	高铝砖	1550℃蠕变率<1.5%	高密度硅砖	低蠕变高铝砖	低蠕变高铝砖
格子砖中部	高铝砖	高铝砖	高铝砖	高铝砖	低蠕变硅线石砖	高铝砖	高铝砖
格子砖下部	黏土砖	黏土砖	黏土砖	黏土砖	黏土砖	黏土砖	黏土砖

高　炉	宝钢 2 号	宝钢 3 号	重钢 5 号	攀钢 4 号	武钢新 3 号	首钢 2 号	首钢 4 号
燃烧室大墙 中部、上部	硅砖	硅砖	高铝砖	高铝砖	莫来石砖		
燃烧室大墙下部	高铝砖	高铝砖	高铝砖	高铝砖	黏土砖		
陶瓷燃烧器材质	上堇青石砖、 下黏土砖	上堇青石砖、 下黏土砖	磷酸盐耐 热混凝土	磷酸盐 耐热混凝土		4 个 短 焰 燃 烧器	3 个短 焰燃烧器
设计风温/℃	1200~1250	1200~1250	1200	1200	1200	1100~1500	1050~1100

3.5　高炉喷煤系统

高炉经风口喷吹煤粉已成为节焦和改进冶炼工艺最有效的措施之一。它不仅可以代替日益紧缺的焦炭，而且有利于改进冶炼工艺：扩展风口前的回旋区，缩小呆滞区；降低风口前的理论燃烧温度，有利于提高风温和采用富氧鼓风，特别是喷吹煤粉和富氧鼓风相结合，在节焦和增产两方面都能取得非常好的效果；可以提高 CO 的利用率，提高炉内煤气含氢量，改善还原过程等。总之，高炉喷煤既有利于节焦增产，又有利于改进高炉冶炼工艺和促进高炉顺行，受到世界各国的普遍重视。

高炉喷煤系统主要由原煤贮运、煤粉制备、煤粉喷吹、热烟气和供气等几部分组成，其工艺流程如图 3-47 所示。

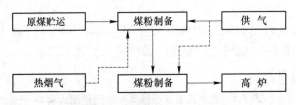

图 3-47　高炉喷煤系统工艺流程

（1）原煤贮运系统。原煤用汽车或火车运至原煤场进行堆放、贮存、破碎、筛分及去除其中金属杂物等，同时将过湿的原煤进行自然干燥。根据总图布置的远近，用皮带机将原煤送入煤粉制备系统的原煤仓内。

（2）煤粉制备系统。将原煤经过磨碎和干燥制成煤粉，再将煤粉从干燥气中分离出来存入煤粉仓内。

（3）煤粉喷吹系统。在喷吹罐组内充以氮气，再用压缩空气将煤粉经输送管道和喷枪喷入高炉风口。根据现场情况，喷吹罐组可布置在制粉系统的煤粉仓下面，直接将煤粉喷入高炉；也可布置在高炉附近，用设在制粉系统煤粉仓下面的仓式泵，将煤粉输送到高炉附近的喷吹罐组内。

（4）热烟气系统。将高炉煤气在燃烧炉内燃烧生成的热烟气送入制粉系统，用来干燥煤粉。为了降低干燥气中含氧量，现多采用热风炉烟道废气与燃烧炉热烟气的混合气体作为制粉系统的干燥气。

（5）供气系统。供给整个喷煤系统的压缩空气、氮气、氧气及少量的蒸汽。压缩空气用于输送煤粉，氮气用于烟煤制备和喷吹系统的气氛惰化，蒸汽用于设备保温。

3.5.1 煤粉制备系统

3.5.1.1 煤粉制备工艺

煤粉制备工艺是指通过磨煤机将原煤加工成粒度及水分含量均符合高炉喷煤要求的煤粉的工艺过程。高炉煤粉喷吹系统对煤粉的要求是：粒径小于 $74\mu m \geq 80\%$，水分 $\leq 1\%$。根据磨煤设备可分为球磨机制粉工艺和中速磨制粉工艺两种。

A 球磨机制粉工艺

图 3-48 为球磨机制粉工艺流程示意图。原煤仓 1 中的原煤由给煤机 2 送入球磨机 9 内进行研磨。干燥气经切断阀 14 和调节阀 15 送入球磨机，干燥气温度通过冷风调节阀 13 调节混入的冷风量来实现，干燥气的用量通过调节阀 15 进行调节。

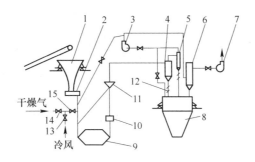

图 3-48 球磨机制粉工艺流程图

1—原煤仓；2—给煤机；3——次风机；4—一级旋风分离器；5—二级旋风分离器；6—布袋收粉器；
7—二次风机；8—煤粉仓；9—球磨机；10—木屑分离器；11—粗粉分离器；
12—锁气器；13—冷风调节阀；14—切断阀；15—调节阀

干燥气和煤粉混合物中的木屑及其他大块杂物被木屑分离器 10 捕捉后由人工清理。煤粉随干燥气垂直上升，经粗粉分离器 11 分离，分离后不合格的粗粉返回球磨机再次碾磨，合格的细粉再经一级旋风分离器 4 和二级旋风分离器 5 进行气粉分离，分离出来的煤粉经锁气器 12 落入煤粉仓 8 中，尾气经布袋收粉器 6 过滤后由二次风机排入大气。

一次风机出口至球磨机入口之间的连接管称为返风管。设置此管的目的是利用干燥气余热提高球磨机入口温度和在风速不变的情况下减轻布袋收尘器的负荷，但多数厂家的生产实践证明此目的并没有达到。

此流程为 20 世纪 80 年代广为采用的流程，要求一次风机前常压运行，一次风机后负压运行，在实际生产中很难控制，因此，很多厂家对上述工艺流程进行了改造。改造的主要内容有：

（1）取消一次风机，使整个系统负压运行。

（2）取消返风管，减少煤粉爆炸点。

（3）取消二级旋风分离器或完全取消旋风分离器。

改造后大大简化了工艺流程，减小了系统阻力损失，减少了设备故障点。

B　中速磨制粉工艺

中速磨制粉工艺如图 3-49 所示。原煤仓中的原煤经给料机送入中速磨中进行碾磨，干燥气用于干燥中速磨内的原煤，冷风用于调节干燥气的温度。中速磨煤机本身带有粗粉分离器，从中速磨出来的气粉混合物直接进入布袋收集器，被捕捉的煤粉落入煤粉仓，尾气经排风机排入大气。中速磨不能磨碎的粗硬煤粒从主机下部的清渣孔排出。

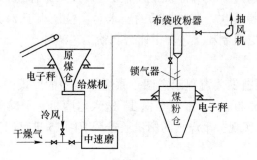

图 3-49　中速磨制粉工艺流程图

按磨制的煤种可分为烟煤制粉工艺、无烟煤制粉工艺和烟煤与无烟煤混合制粉工艺，3 种工艺流程基本相同。基于防爆要求，烟煤制粉工艺和烟煤与无烟煤混合制粉工艺增加以下几个系统：

（1）氮气系统：用于惰化系统气氛。

（2）热风炉烟道废气引入系统：将热风炉烟道废气作为干燥气，以降低气氛中含氧量。

（3）系统内 O_2、CO 含量的监测系统：当系统内 O_2 含量及 CO 含量超过某一范围时报警并采取相应措施。

烟煤和无烟煤混合制粉工艺增加配煤设施，以调节烟煤和无烟煤的混合比例。

3.5.1.2　主要设备

A　磨煤机

根据磨煤机的转速可以分为低速磨煤机和中速磨煤机。低速磨煤机又称钢球磨煤机或球磨机，筒体转速为 16~25r/min。中速磨煤机有平盘式、碗式、MPS 型三种，转速为 50~300r/min，中速磨优于钢球磨，在出粉均匀性等主要指标方面也优于高速磨，因此是目前新建制粉系统广泛采用的磨煤机。

a　球磨机

球磨机是 20 世纪 80 年代建设的制粉系统广泛采用的磨煤机，其结构如图 3-50 所示。

球磨机主体是一个大圆筒筒体，筒内镶有波纹形锰钢钢瓦，钢瓦与筒体间夹有隔热石棉板，筒外包有隔音毛毡，毛毡外面是用薄钢板制作的外壳。筒体两头的端盖上装有空心轴，它由大瓦支撑。空心轴与进口、出口短管相接，内壁有螺旋槽，螺旋槽能使空心轴内的钢球或煤块返回筒内。

圆筒的转速应适宜，如果转速过快，钢球在离心力作用下紧贴圆筒内壁而不能落下，致使原煤无法磨碎。相反，如果转速过慢，会因钢球提升高度不够而减弱磨煤作用，降低球磨机的效率。

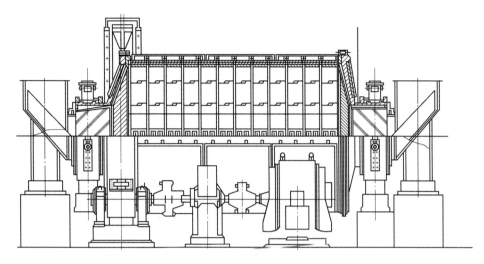

图 3-50 球磨机结构示意图

球磨机的优点是：对原煤品种的要求不高，它可以磨制各种不同硬度的煤种，并且能长时间连续运行，因此短期内不会被淘汰。其缺点是：设备笨重，系统复杂，建设投资高，金属消耗多，噪声大，电耗高，并且即使在断煤的情况下球磨机的电耗也不会明显下降。

b 中速磨煤机

中速磨煤机是目前新建制粉系统广泛采用的磨煤机，主要有 4 种结构形式：平盘磨——辊式和盘式结构；碗式磨——辊式和碗式结构；E 型磨又称钢球磨；MPS 磨——辊式和环式结构。

中速磨具有结构紧凑、占地小、基建投资低、噪声小、耗水少、金属消耗少和磨煤电耗低等优点。中速磨在低负荷运行时电耗明显下降，单位煤粉耗电量增加不多，当配用回转式粗粉分离器时，煤粉均匀性好，均匀指数高。E 型磨可以在正压下运行。中速磨的缺点是磨煤元件易磨损，尤其是平盘磨和碗式磨的磨煤能力随零件的磨损明显下降。由于磨煤机干燥气的温度不能太高，因此，磨制含水分高的原煤较为困难。此外，中速磨不能磨硬质煤，原煤中的铁件和其他杂物必须全部去除。

中速磨转速过低时磨煤能力低，转速过快时煤粉粒度过粗，因此转速要适宜，以获得最佳的效果。

（1）平盘磨煤机。图 3-51 为平盘磨煤机的结构示意图，转盘和辊子是平盘磨的主要部件。电动机通过减速器带动转盘旋转，转盘带动辊子转动，煤在转盘和辊子之间被研磨，它是依靠碾压作用进行磨煤的。碾压煤的压力包括辊子的自重和弹簧拉紧力。

原煤由落煤管送到转盘的中部，依靠转盘转动产生的离心力使煤连续不断地向转盘边缘移动，煤在通过辊子下面时被碾碎。转盘边缘上装有一圈挡环，可防止煤从转盘上直接滑落出去，挡环还能保持转盘上有一定厚度的煤层，提高磨煤效率。

干燥气从风道引入风室后，以大于 35m/s 的速度通过转盘周围的环形风道进入转盘上部。由于气流的卷吸作用，将煤粉带入磨煤机上部的粗粉分离器，过粗的煤粉被分离后又直接回到转盘上重新磨制。在转盘的周围还装有一圈随转盘一起转动的叶片，叶片的作

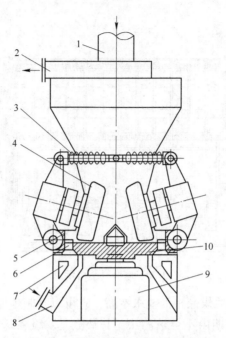

图 3-51　平盘磨煤机结构示意图

1—原煤入口；2—气粉出口；3—弹簧；4—辊子；5—挡环；6—干燥通道；
7—气室；8—干燥气入口；9—减速箱；10—转盘

用是扰动气流，使合格煤粉进入磨煤机上部的粗粉分离器。

此种磨煤机装有 2~3 个锥形辊子，辊子有效深度约为磨盘外径的 20%，辊子轴线与水平盘面的倾斜角一般为 15°，辊子上套有用耐磨钢制成的辊套，转盘上装有用耐磨钢制成的衬板。辊子和转盘磨损到一定程度时就应更换辊套和衬板，弹簧拉紧力要根据煤的软硬程度进行适当的调整。

为了保证转动部件的润滑，此种磨煤机的进风温度一般应小于 300~350℃。干燥气通过环形风道时应保持稍高的风速，以便托住从转盘边缘落下的煤粒。

（2）碗式磨煤机。此种磨煤机由辊子和碗形磨盘组成，故称碗式磨煤机，沿钢碗圆周布置 3 个辊子。钢碗由电机经蜗轮蜗杆减速装置驱动，做圆周运动。弹簧压力压在辊子上，原煤在辊子与钢碗壁之间被磨碎，煤粉从钢碗边溢出后即被干燥气带入上部的煤粉分离器，合格煤粉被带出磨煤机，粒度较粗的煤粉再次落入碾磨区进行碾磨，原煤在被碾磨的同时被干燥气干燥。难以磨碎的异物落入磨煤机底部，由随同钢碗一起旋转的刮板扫至杂物排放口，并定时排出磨煤机体外。碗式磨煤机结构如图 3-52 所示。

（3）MPS 型磨煤机。MPS 型辊式磨煤机结构如图 3-53 所示。该机属于辊与环结构，它与其他形式的中速磨煤机相比，具有出力大和碾磨件使用寿命长、磨煤电耗低、设备可靠以及运行平稳等特点。新建的中速磨制粉系统采用这种磨煤机的较多。它配置 3 个大磨辊，磨辊的位置固定，互成 120°角，与垂直线的倾角为 12°~15°，在主动旋转着的磨盘上随着转动，在转动时还有一定程度的摆动。磨碎煤粉的碾磨力可以通过液压弹簧系统调节。原煤的磨碎和干燥借助于干燥气的流动来完成的，干燥气通过喷嘴环以 70~90m/s 的速度进入磨盘周围，用于干燥原煤，并且提供将煤粉输送到粗粉分离器的能量。合格的细

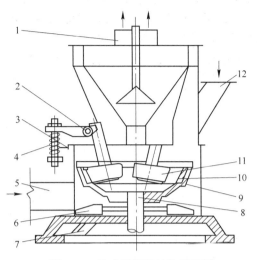

图 3-52　碗式磨煤机结构示意图

1—气粉出口；2—耳轴；3—调整螺丝；4—弹簧；5—干燥气入口；6—刮板；7—杂物排放口；
8—转动轴；9—钢碗；10—衬圈；11—辊子；12—原煤入口

颗粒煤粉经过粗粉分离器被送出磨煤机，粗颗粒煤粉则再次跌落到磨盘上重新碾磨。原煤中较大颗粒的杂质可通过喷嘴口落到机壳底座上经刮板机构刮落到排渣箱中。煤粉粒度可以通过粗粉分离器挡板的开度进行调节，煤粉越细，能耗越高。在低负荷运行时，同样的煤粉粒度，能耗会提高。

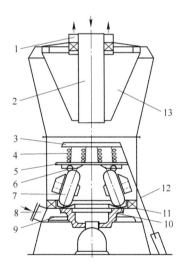

图 3-53　MPS 型辊式磨煤机结构示意图

1—煤粉出口；2—原煤入口；3—压紧环；4—弹簧；5—压环；6—滚子；7—磨辊；8—干燥气入口；
9—刮板；10—磨盘；11—磨环；12—拉紧钢丝绳；13—粗粉分离器

B　给煤机

给煤机位于原煤仓下面，用于向磨煤机提供原煤。目前新建的高炉制粉系统多采用埋刮板给煤机，图 3-54 为埋刮板给煤机结构示意图。此种给煤机便于密封，可多点受料和多点出料，并能调节刮板运行速度和输料厚度，能够发送断煤信号。

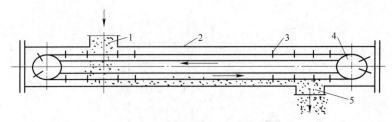

图 3-54　埋刮板给煤机结构示意图

1—进料口；2—壳体；3—刮板；4—星轮；5—出料口

埋刮板给煤机由链轮、链条和壳体组成。壳体内有上下两组支撑链条滑移的轨道和控制料层厚度的调节板，刮板装在链条上，壳体上下设有一个或数个进出料口和一台链条松紧器。链条由电动机通过减速器驱动。原煤经进料口穿过上刮板落入底部后由下部的刮板带走。埋刮板给煤机对原煤的要求较严，不允许有铁件和其他大块夹杂物，因此在原煤贮运过程中要增设除铁器，去除其中的金属器件。

C　粗粉分离器

由于干燥气和煤粉颗粒相互碰撞，使得从磨煤机中带出的煤粉粒度粗细混杂。为避免煤粉过粗，在低速磨煤机的后面通常设置粗粉分离器，其作用是把过粗的煤粉分离出来，再返回球磨机重新磨制。

目前采用的粗粉分离器形式很多，工作原理大致有以下 4 种：

（1）重力分离。其原理是气流在垂直上升的过程中，流入截面较大的空间，使气流速度降低，减小对煤粉的浮力，大颗粒的煤粉随即分离沉降。

（2）惯性分离。在气流拐弯时，利用煤粉的惯性力把粗粉分离出来，即惯性分离。惯性是物体保持原来运动速度和方向的特性；而惯性力的大小与物体运动的速度、质量有关，速度越快，质量越大，惯性力也就越大。在同样的流速下，大颗粒煤粉容易脱离气流而分离出来。

（3）离心分离。粗颗粒煤粉在旋转运动中依靠其离心力从气流中分离出来，称为离心分离。实际上这种方式仍属惯性分离，气流沿圆形容器的圆周运动时，由于大颗粒煤粉具有较大的离心力而首先被分离出来。

（4）撞击分离。利用撞击使粗颗粒煤粉从气流中分离出来，称为撞击分离。当气流中的煤粉颗粒受撞击时，由于粗颗粒煤粉首先失去继续前进的动能而被分离出来，细颗粒煤粉随气流方向继续前进。

D　布袋收粉器

新建煤粉制备系统一般采用 PPCS 气箱式脉冲布袋收粉器一次收粉，简化了制粉系统工艺流程。PPCS 气箱式脉冲布袋收粉器由灰斗、排灰装置、脉冲清灰系统等组成。箱体由多个室组成，每个室配有两个脉冲阀和一个带气缸的提升阀。进气口与灰斗相通，出风口通过提升阀与清洁气体室相通，脉冲阀通过管道与储气罐相连，外侧装有电加热器、温度计、料位控制器等，在箱体后面每个室都装有一个防爆门。

PPCS 气箱式脉冲布袋收粉器的工作原理如图 3-55 所示，当气体和煤粉的混合物由进风口进入灰斗后，一部分凝结的煤粉和较粗颗粒的煤粉由于惯性碰撞，自然沉积到灰斗上，细颗粒煤粉随气流上升进入袋室，经滤袋过滤后，煤粉被阻留在滤袋外侧，净化后的气体由滤袋内部进入箱体，再经阀板孔、出口排出，达到收集煤粉的作用。随着过滤的不断进行，滤袋外侧的煤粉逐渐增多，阻力逐渐提高，当达到设定阻力值或一定时间间隔时，清灰程序控制器发出清灰指令。首先关闭提升阀，切断气源，停止该室过滤，再打开电磁脉冲阀，向滤袋内喷入高压气体——氮气或压缩空气，以清除滤袋外表面捕集的煤粉。清灰完毕，再次打开提升阀，进入工作状态。上述清灰过程是逐室进行的，互不干扰，当一个室清灰时，其他室照常工作。

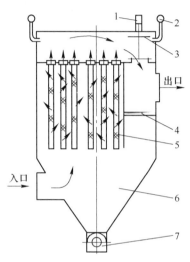

图 3-55　气箱式脉冲布袋收粉器结构示意图
1—提升阀；2—脉冲阀；3—阀板；4—隔板；5—滤袋及袋笼；
6—灰斗；7—叶轮给煤机或螺旋输送机

一个室从清灰开始到结束，称为一个清灰过程，一般为 3~10s。从一个室清灰开始到该室下一次清灰开始之间的时间间隔称为清灰周期，清灰周期的长短取决于煤粉浓度、过滤风速等条件，可以根据工作条件选择清灰周期。从一个室的清灰结束到另外一个室的清灰开始，称为室清灰间隔。

E　排粉风机

排粉风机是制粉系统的主要设备，它是整个制粉系统中气固两相流流动的动力来源，工作原理与普通离心通风机相同。排粉风机的风叶成弧形，若以弧形叶片来判断风机旋转方向是否正确，则排粉机的旋转方向应当与普通离心风机的旋转方向相反。

F　锁气器

锁气器是一种只能让煤粉通过而不允许气体通过的设备。常用的锁气器有锥式和斜板式两种，其结构如图 3-56 所示。

锁气器由杠杆、平衡锤、壳体和灰门组成。灰门呈平板状的称为斜板式锁气器，灰门呈圆锥状的称为锥式锁气器。斜板式锁气器可在垂直管道上使用，也可在垂直偏斜度小于20°的倾斜管道上使用。而锥式锁气器只能安装在垂直管道上。

当煤粉在锁气器内存到一定数量时，灰门自动开启卸灰，当煤粉减少到一定量后，由于平衡锤的作用使灰门复位。为保证锁气可靠，一般要安装两台锁气器，串联使用，并且锁气器上方煤粉管的长度不应小于 600mm。

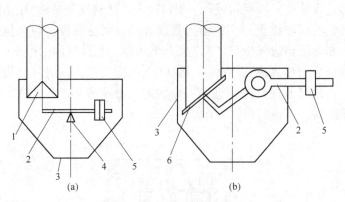

图 3-56　锁气器结构示意图

(a) 锥式；(b) 斜板式

1—圆锥状灰门；2—杠杆；3—壳体；4—刀架；5—平衡锤；6—平板状灰门

斜板式锁气器运行可靠，不易被杂物堵住，但密封性和灵活性比锥式锁气器差。锥式锁气器的平衡锤多设在壳体内，这样可减少壳体开孔，有利于密封，但不利于操作人员检查。

3.5.2　煤粉喷吹系统

3.5.2.1　喷吹工艺

从制粉系统的煤粉仓后面到高炉风口喷枪之间的设施属于喷吹系统，主要包括煤粉输送、煤粉收集、煤粉喷吹、煤粉的分配及风口喷吹等。在煤粉制备站与高炉之间距离小于 300m 的情况下，把喷吹设施布置在制粉站的煤粉仓下面，不设输粉设施，这种工艺称为直接喷吹工艺；在制粉站与高炉之间的距离较远时，增设输粉设施，将煤粉由制粉站的煤粉仓输送到喷吹站，这种工艺称为间接喷吹工艺。

根据煤粉容器受压情况将喷吹设施分为常压和高压两种，根据喷吹系统的布置可分为串罐喷吹和并罐喷吹两大类，根据喷吹管路的个数分为单管路喷吹和多管路喷吹。

A　串罐喷吹

串罐喷吹工艺如图 3-57 所示，它是将 3 个罐重叠布置的，从上到下 3 个罐依次为煤粉仓、中间罐和喷吹罐。打开上钟阀 6，煤粉由煤粉仓 3 落入中间罐 10 内，装满煤粉后关上钟阀。当喷吹罐 17 内煤粉下降到低料位时，中间罐开始充气，使压力与喷吹罐压力相等，依次打开均压阀 9、下钟阀 14 和中钟阀 12。待中间罐煤粉放空时，依次关闭中钟阀 12、下钟阀 14 和均压阀 9，开启放散阀 5 直到中间罐压力为零。

串罐喷吹系统的喷吹罐能连续运行，喷吹稳定，设备利用率高，厂房占地面积小。

B　并罐喷吹

并罐喷吹工艺如图 3-58 所示，两个或多个喷吹罐并列布置，一个喷吹罐喷煤时，另一个喷吹罐装煤和充压，喷吹罐轮流喷吹煤粉。并罐喷吹工艺简单，设备少，厂房低，建设投资少，计量方便，常用于单管路喷吹。

C　单管路喷吹

喷吹罐下只设一条喷吹管路的喷吹形式称为单管路喷吹。单管路喷吹必须与多头分配

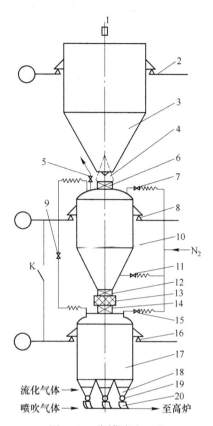

图 3-57　串罐喷吹工艺

1—塞头阀；2—煤粉仓电子秤；3—煤粉仓；4，13—软连接；5—放散阀；6—上钟阀；7—中间罐充压阀；
8—中间罐电子秤；9—均压阀；10—中间罐；11—中间罐流化阀；12—中钟阀；14—下钟阀；
15—喷吹罐充压阀；16—喷吹罐电子秤；17—喷吹罐；18—流化器；19—给煤球阀；20—混合器

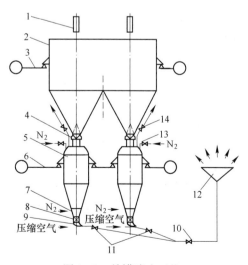

图 3-58　并罐喷吹工艺

1—塞头阀；2—粉仓；3—粉仓秤；4—软连接；5—喷吹罐；6—喷吹罐秤；7—流化器；8 下煤阀；
9—混合器；10—安全阀；11—切断阀；12—分配器；13—充压阀；14—放散阀

器配合使用。各风口喷煤量的均匀程度取决于多头分配器的结构形式和支管补气调节的可靠性。

单管路喷吹工艺具有如下优点：工艺简单、设备少、投资低、维修量小、操作方便以及容易实现自动计量；由于混合器较大，输粉管道粗，不易堵塞；在个别喷枪停用时，不会导致喷吹罐内产生死角，能保持下料顺畅，并且容易调节喷吹速率；在喷煤总管上安装自动切断阀，以确保喷煤系统安全。

在喷吹高挥发分的烟煤时，采用单管路喷吹，可以较好地解决由于死角处的煤粉自燃和因回火而引起爆炸的可能性。因此，目前有将多管路喷吹改为单管路喷吹的趋势。

D　多管路喷吹

从喷吹罐引出多条喷吹管，每条喷吹管连接一支喷枪的形式称为多管路喷吹。下出料喷吹罐的下部设有与喷吹管数目相同的混合器，采用可调式混合器可调节各喷吹支管的输煤量，以减少各风口间喷煤量的偏差。上出料式喷吹罐设有一个水平安装的环形沸腾板，即流态化板，其下面为气室，喷吹支管是沿罐体四周均匀分布的，喷吹支管的起始段与沸腾板面垂直，喷吹管管口与沸腾板板面的距离为 20~50mm，调节管口与板面的距离能改变各喷枪的喷煤量，但改变此距离的机构较复杂，因此，一般都采用改变支管补气量的方法来减少各风口间喷煤量的偏差。

多管路系统与单管路—分配器系统相比较，多管路系统存在许多明显的缺点：

首先是多管路系统设备多、投资高、维修量大。在多管路喷煤系统中，每根支管都要有相应的切断阀、给煤器、安全阀以及喷煤量调节装置等，高炉越大，风口越多，上述设备越多；而单管路系统一般只需一套上述设备，大于 2000m³ 的高炉有两套也足够了，因而设备数量比多管路系统少得多，节省投资。据统计，1000m³ 级高炉，多管路系统投资比单管路系统高 3~4 倍。设备多，故障率就高，维修量也相应增大。

其次是多管路系统喷煤阻损大，不适于远距离输送，也不能用于并罐喷吹系统。据测定，在相同的喷煤条件下，多管路系统因喷煤管道细，阻损比单管路系统（包括分配器的阻损）约高 10%~15%，即同样条件下要求更高的喷煤压力。多管路系统不适于远距离喷吹，一般输送距离不宜超过 150m，而单管路系统输煤距离可达 500~600m。多管路系统因管道细，容易堵塞，影响正常喷吹；而单管路系统几乎不存在管路堵塞问题。单管路系统对煤种变化的适应性也比多管路系统大得多。另外，多管路喷吹只能用于串罐喷吹系统；单管路系统既可用于串罐系统，又可用于并罐系统。

再次是关于调节喷煤量的问题。从理论上分析，多管路喷吹系统可以调节各风口的喷煤量。但是，要实现这一目的，其前提条件是必须在各支管安装设计量准确的单支管流量计。对于这种流量计，国内外虽然花费了很大精力去开发，但至今还很少有能够用于实际生产的产品，即使有个别产品，也因价格太高难以为用户接受。另外，还应装设风口风量流量计，这又是一种技术难度大、价格高、国外也很少采用的设备。即使花费巨大投资，装上单支管煤粉流量计和风口风量流量计来调节风口喷煤量，也不能准确控制各风口喷煤量。因为在实际生产中，只要调节一个风口的喷煤量，其余风口的喷煤量也会变化，因此要调节各风口喷煤量，在目前条件下还难以达到要求。

对于单管路喷煤系统，要调节总喷煤量，既方便，又简单。至于高炉各风口的喷煤量，从目前国内外高炉实际操作来看，由于高炉风口风量也不是均匀的，以目前煤粉分配器所达到的水平，各支管间分配误差小于±3%，完全可以满足高炉操作的需要。

由于多管路系统存在许多明显的缺点，鞍钢、首钢、武钢、唐钢等以前曾用多管路系统的企业，近几年来纷纷借高炉大修的机会改为单管路—分配器系统。实践证明，单管路—分配器系统比原有的多管路系统具有明显的优越性。

3.5.2.2 主要喷吹设备

A 混合器

混合器是将压缩空气与煤粉混合并使煤粉启动的设备，由壳体和喷嘴组成，如图3-59所示。混合器的工作原理是利用从喷嘴喷射出的高速气流所产生的相对负压将煤粉吸附、混匀和启动的。喷嘴周围产生负压的大小与喷嘴直径、气流速度以及喷嘴在壳体中的位置有关。

混合器的喷嘴位置可以前后调节，调节效果极为明显。喷嘴位置稍前或稍后都会引起相对负压不足而出现空喷——只喷空气不带煤粉。目前，使用较多的是沸腾式混合器，其结构如图3-59所示。其特点是壳体底部设有气室，气室上面为沸腾板，通过沸腾板的压缩空气能提高气、粉混合效果，增大煤粉的启动动能。

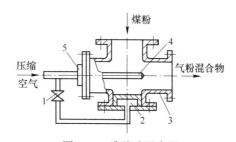

图 3-59 沸腾式混合器

1—压缩空气阀门；2—气室；3—壳体；4—喷嘴；5—调节帽

有的混合器上端设有可以控制煤粉量的调节器，调节器的开度可以通过气粉混合比的大小自动调节。

B 分配器

单管路喷吹必须设置分配器。煤粉由设在喷吹罐下部的混合器供给，经喷吹总管送入分配器，在分配器四周均匀布置了若干个喷吹支管，喷吹支管数目与高炉风口数相同，煤粉经喷吹支管和喷枪喷入高炉。目前使用效果较好的分配器有瓶式、盘式和锥形分配器等几种。图3-60所示为瓶式、盘式和锥形分配器的结构示意图。

我国从20世纪60年代中期曾对瓶式分配器进行了研究，但并没有真正用到高炉生产上。80年代中后期，对盘式分配器进行了研究，并于80年代后期用于实际高炉。生产实践证明盘式分配器具有较高的分配精度。

东欧国家一般采用的是前东德的锥形分配器，如图3-60（c）所示。该分配器呈倒锥形，中心有分配锥，煤粉由下部进入分配器，经分配锥把煤粉流切割成多个相等的扇形流股，经各支管分配到各风口。煤粉在该分配器前后速度变化不大，产生的压降小，分配器出口煤粉流量受喷煤支管长度的影响。

高炉操作要求煤粉分配器分配均匀，分配精度小于3%。在高炉生产实践中总结出使

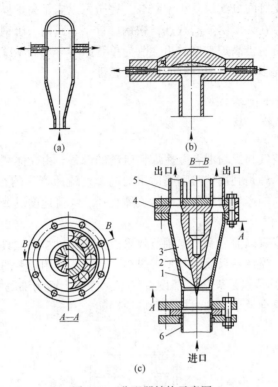

图 3-60　分配器结构示意图

（a）瓶式；（b）盘式；（c）锥形

1—分配器外壳；2—中央锥体；3—煤粉分配刀；4—中间法兰；5—喷煤支管；6—喷煤主管

用上述分配器应遵循的一些原则：

（1）一座高炉使用两个分配器比使用一个分配器好。使用两个分配器，除了工艺布置灵活外，分配精度也可以提高。

（2）两个分配器应对称布置在高炉两侧，这样可保证分配器后喷吹支管的长度大致相等，从而使喷吹支管的压力损失近似。

（3）喷吹主管在进入分配器前应有相当长的一段垂直段，一般要求大于 3.5m，以减少加速段不稳定流的影响，保证适当的气粉速度及在充分发展段煤粉沿径向均匀分布。

（4）评估分配器的性能，只从寿命及精度来评估是不全面的，还应从分配器对环境的适应性来考虑，如喷枪堵塞时的性能等。

由于瓶式、盘式和锥形分配器对喷煤主管进入分配器前的垂直段高度有一定要求，有时难以满足，特别是旧高炉改造时，并且难以满足浓相输送的要求。北京科技大学正在研究一种新型的球式分配器。

在分配器的研究中，寿命和精度是最重要的内容，而寿命取决于分配器的抗磨特性，精度取决于其结构，因此分配器的磨损及其结构一直是研究热点。

球式分配器的研究出发点是克服其他分配器要求垂直安装的高度问题及实现浓相输送的均匀分配，其结构如图 3-61 所示。它是由一个球形空腔及空腔中一个直立圆筒组成，圆筒下部与球体密封固定，煤粉流从侧面切向进入球内壁与圆筒外侧的空腔内，边旋转边上升，从上面旋转进入圆筒内部后，再螺旋下降，从下面等角布置的出口流出。

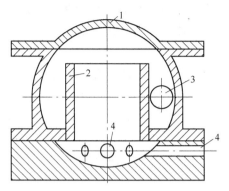

图 3-61　球式分配器结构示意图
1—球腔；2—圆筒；3—进口；4—出口

　　煤粉流束切向进入分配器后将沿球体内壁螺旋上升，到顶后转入圆筒内壁做螺旋运动。当螺距小于或等于煤粉流束的宽度时，相邻两圈流束将重合并相互掺混，由于煤粉的输送是连续稳定进行的，即单位长度流束上煤粉量相等，所以圆筒内壁将均匀覆盖一层煤粉流，也就是煤粉流呈轴对称分布，从而可从等角布置的直径相同的出口均匀流出。另外，在煤粉运动中，离心力占绝对优势，其他因素的扰动影响很小，因此此类分配器适应性更强，并且适合于浓相输送。

　　C　喷煤枪

　　喷煤枪是高炉喷煤系统的重要设备之一，由耐热无缝钢管制成，直径 15~25mm。根据喷枪插入方式可分为 3 种形式，如图 3-62 所示。

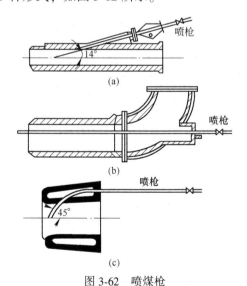

图 3-62　喷煤枪
（a）斜插式；（b）直插式；（c）风口固定式

　　斜插式从直吹管插入，喷枪中心与风口中心线有一夹角，一般为 12°~14°。斜插式喷枪的操作较为方便，直接受热段较短，不易变形，但是煤粉流冲刷直吹管壁。

　　直插式喷枪从窥视孔插入，喷枪中心与直吹管的中心线平行，喷吹的煤粉流不易冲刷风口，但是妨碍高炉操作者观察风口，并且喷枪受热段较长，喷枪容易变形。

　　风口固定式喷枪由风口小套水冷腔插入，无直接受热段，停喷时不需拔枪，操作方便，但是制造复杂，成品率低，并且不能调节喷枪伸入长度。

D　氧煤枪

　　由于喷煤量的增大，风口回旋区理论燃烧温度降低太多，不利于高炉冶炼，而补偿的方法主要有两种，一是通过提高风温实现，二是通过提高氧气浓度即采取富氧操作实现。但是欲将 1100~1250℃ 的热风温度进一步提高非常困难，因此提高氧气浓度即采用富氧操作成为首选的方法。

　　高炉富氧的方法有两种：一是在热风炉前将氧气混入冷风；二是将有限的氧气由风口及直吹管之间，用适当的方法加入。氧气对煤粉燃烧的影响主要是热解以后的多相反应阶段，并且在这一阶段氧气浓度越高，越有利于燃烧过程。因此，将氧气由风口及直吹管之间加入非常有利，它可以将有限的氧气用到最需要的地方，而实现这一方法的有效途径是采用氧煤枪。图 3-63 为氧煤枪的结构示意图。

　　氧煤枪枪身由两支耐热钢管相套而成，内管吹煤粉，内、外管之间的环形空间吹氧气。枪嘴的中心孔与内管相通，中心孔周围有数个小孔，氧气从小孔以接近声速的速度喷出。图 3-63 (a)、(b)、(c) 中 3 种结构不同，氧气喷出的形式也不一样。(a) 为螺旋形，它能迫使氧气在煤股四周做旋转运动，以达到氧煤迅速混合燃烧的目的；(b) 为向心形，它能将氧气喷向中心，氧煤股的交点可根据需要预先设定，其目的是控制煤粉开始燃烧的位置，以防止过早燃烧而损坏枪嘴或风口结渣现象的出现；(c) 为退后形，当枪头前端受阻时，该喷枪可防止氧气回灌到煤粉管内，以达到保护喷枪和安全喷吹的目的。

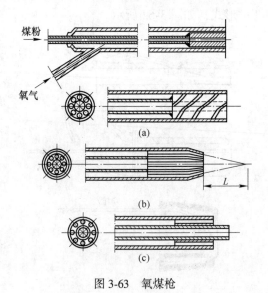

图 3-63　氧煤枪
(a) 螺旋形；(b) 向心形；(c) 退后形

E　仓式泵

　　仓式泵有下出料和上出料两种，下出料仓式泵与喷吹罐的结构相同，上出料仓式泵实际上是一台容积较大的沸腾式混合器，其结构如图 3-64 所示。

　　仓式泵仓体下部有一气室，气室上方设有沸腾板，在沸腾板上方出料口呈喇叭状，与沸腾板的距离可以在一定范围内调节。仓式泵内的煤粉沸腾后由出料口送入输粉管。输粉

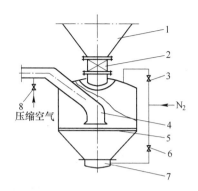

图 3-64 上出料仓式泵
1—煤粉仓；2—给煤阀；3—充压阀；4—喷出口；
5—沸腾板；6—沸腾阀；7—气室；8—补气阀

速度和粉气混合比可通过改变气源压力来实现。夹杂在煤粉中比重较大的粗颗粒物因不能送走而残留在沸腾板上。在泵体外的输煤管始端设有补气管，通过该管的压缩空气能提高煤粉的动能。

3.5.3 热烟气系统

3.5.3.1 热烟气系统工艺流程

热烟气系统由燃烧炉、风机和烟气管道组成，它给制粉系统提供热烟气，用于干燥煤粉，其工艺流程如图 3-65 所示。燃料一般用高炉煤气，高炉煤气通过烧嘴送入燃烧炉内，燃烧后产生的烟气从烟囱排出，当制粉系统生产时关闭烟囱阀，则燃烧炉内的热烟气被吸出，在烟气管道上兑入一定数量的冷风或热风炉烟道废气作为干燥气送入磨煤机。

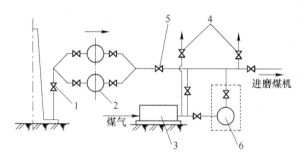

图 3-65 热烟气系统工艺流程
1—调节阀；2—引风机；3—燃烧炉；4—烟囱阀；5—切断阀；6—烟气引风机

当燃烧炉距制粉系统较远时，为解决磨煤机入口处吸力不足的问题，在燃烧炉出口处设一台烟气引风机（图 3-65 中虚线所示）。在磨制高挥发分烟煤时，为控制制粉系统内氧气含量，要减少冷风兑入量或不兑冷风，而使用热风炉烟道废气进行调温，热风炉烟道废气由引风机 2 抽出，通过切断阀 5 与燃烧炉产生的烟气混合。若热风炉的废气量充足，且其温度又能满足磨煤机的要求，也可取消燃烧炉，以简化工艺流程。但实际生产中由于热风炉废气温度波动较大，因此，一般都保留了燃烧炉。

3.5.3.2　主要设备

（1）燃烧炉。燃烧炉由炉体、烧嘴、进风门、送风阀、混风阀、烟囱及助燃风机组成。炉膛内不砌蓄热砖，只设花格挡火墙。

烧嘴分为有焰烧嘴和无焰烧嘴两种。有焰烧嘴又分扩散式、大气式和低压式；无焰烧嘴有高压喷射式，此种烧嘴不宜在煤气压力低和炉膛容积小的条件下使用。

烟囱设在炉子出口端，其顶端设有盖板阀。由于制粉系统的磨煤机启动频繁，并有突然切断热烟气的可能，因此，该阀是燃烧炉的主要设备。燃烧炉的烟囱应具有足够的排气能力和产生炉膛负压的能力。

宝钢 1 号高炉的燃烧炉是从德国 Loesche 公司引进的两台 LOMA 烟气升温炉。它由多喷头烧嘴、带衬砖的燃烧室和带多孔板内套的混合室组成。点火烧嘴燃料用焦炉煤气、主烧嘴燃料用高炉煤气。总热负荷可达 $14 \times 10^6 \mathrm{kJ/h}$。它具有结构紧凑、体积小、本体蓄热量小、可快速启动和停机、燃烧充分、热效率高等优点，与国产相同容量的炉子相比，价格相差不多。

（2）助燃风机。助燃风机为煤气燃烧提供助燃空气，一般选用离心风机，空气量的调节通过改变进风口插板开度或改变风机转速来实现。

（3）引风机。热风炉烟道引风机和燃烧炉烟气引风机均需采用耐热型的，但耐热能力有限，故引风机只能在烟气温度不高于 300℃ 的情况下工作。

3.6　渣铁处理系统

高炉冶炼过程中产生的液态渣铁需要定期放出。炉前操作的任务就是利用开口机、泥炮等专用设备和各种工具，按规定的时间分别打开铁口，放出渣铁，并经渣铁沟分别流入渣、铁罐内。渣铁出完后封堵渣铁口，以保证高炉生产的连续进行。炉前工还必须完成铁口和各种炉前专用设备的维护工作；制作和修补撇渣器、出铁主沟及渣铁沟；更换风口、渣口等冷却设备及清理渣铁运输线等一系列与出渣出铁相关的工作。

炉前工作的好坏，对高炉的稳定顺行和高炉寿命长短都有着直接的影响。因此，认真做好炉前工作、维护好渣铁口、做好出渣出铁工作、按时出净渣铁是高炉强化冶炼以及达到高产、稳产、优质、低耗、安全和长寿的可靠保证。

3.6.1　风口平台

风口工作平台与出铁场是紧密联系在一起的。在风口的下面，沿着高炉炉缸风口前设置的工作平台为风口平台，工作人员要通过风口观察炉况、更换风口、放渣、维护渣口和渣沟、检查冷却设备以及操作一些阀门等。为了操作方便，风口平台一般比风口中心线低 1150~1250mm，应该平坦并且还要留有排水坡度，其操作面积随炉容大小而异。

3.6.2　出铁场

出铁场是布置铁沟、安装炉前设备、进行出铁放渣操作的炉前工作平台。中小高炉一般只有 1 个出铁场，大型高炉铁口数目多时，可设 2~4 个出铁场。图 3-66 为某钢厂高炉出铁场的平面布置。

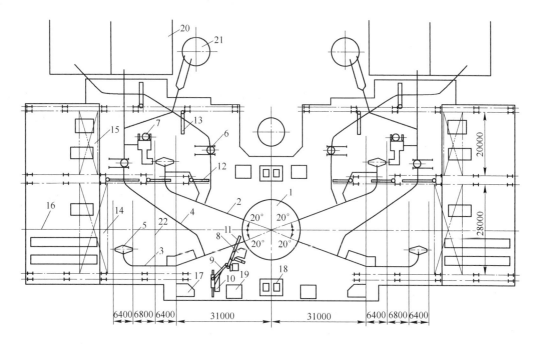

图 3-66 某钢厂高炉出铁场的平面布置

1—高炉；2—活动主铁沟；3—支铁沟；4—渣沟；5—摆动流嘴；6—残铁罐；7—残铁罐倾翻台；
8—泥炮；9—开铁口机；10—换钎机；11—铁口前悬臂吊；12—出铁场间悬臂吊；13—摆渡悬臂吊；
14—主跨吊车；15—副跨吊车；16—主沟、摆动流嘴修补场；17—泥炮操作室；18—泥炮液压站；
19—电磁流量计室；20—干渣坑；21—水渣粗粒分离槽；22—鱼雷罐车停放线

出铁场一般比风口平台低约 1.5m。出铁场面积的大小取决于渣铁沟的布置和炉前操作的需要。出铁场长度与铁沟流嘴数目及布置有关，而高度则要保证任何一个铁沟流嘴下沿不低于 4.8m，以便机车能够通过。根据炉前工作的特点，出铁场在主铁沟区域应保持平坦，其余部分可做成由中心向两侧和由铁口向端部随渣铁沟走向一致的坡度。

出铁场布置形式有以下几种：1 个出铁口 1 个矩形出铁场、双出铁口 1 个矩形出铁场、3 个或 4 个出铁口 2 个矩形出铁场和 4 个出铁口圆形出铁场。出铁场的布置随具体条件而异。目前 1000~2000m³ 高炉多数设 2 个出铁口，2000~3000m³ 高炉设 2~3 个出铁口，对于 4000m³ 以上的巨型高炉则设 4 个出铁口，轮流使用，基本上连续出铁。

3.6.2.1 主铁沟

从高炉出铁口到撇渣器之间的一段铁沟称为主铁沟，其构造是在 80mm 厚的铸铁槽内，砌一层 115mm 的黏土砖，上面捣以炭素耐火泥。容积大于 620m³ 的高炉主铁沟长度为 10~14m，小高炉为 8~11m，过短会使渣铁来不及分离。主铁沟的宽度是逐渐扩张的，这样可以减小渣铁流速，有利于渣铁分离，一般铁口附近宽度为 1m，撇渣器处宽度为 1.4m 左右。主铁沟的坡度大型高炉为 9%~12%，小型高炉为 8%~10%，坡度过小渣铁流速太慢，延长出铁时间；坡度过大流速太快，降低撇渣器的分离效果。为解决大型高压高炉在剧烈的喷射下渣铁难分离的问题，主铁沟加长到 15m，加宽到 1.2m，深度增大到

1.2m，坡度可以减小到 2%。

3.6.2.2　撇渣器

撇渣器又称渣铁分离器、砂口或小坑，其结构如图 3-67 所示。它是利用渣铁的相对密度不同，用挡渣板把下渣挡住，只让铁水从下面穿过，达到渣铁分离的目的。近年来对撇渣器进行了不断改进，如用炭捣或炭砖砌筑的撇渣器，寿命可达一周至数月。通过适当增大撇渣器内贮存的铁水量，一般在 1t 以上，上面盖以焦末保温，可以一周至数周放一次残铁。

由于主铁沟和撇渣器的清理与修补工作是在高温下进行的，劳动条件十分恶劣，工作非常艰巨，往往由于修理时间长而影响正点出铁。因此，目前大中型高炉多做成活动主铁沟和活动撇渣器，它可以在炉前平台上冷态下修好，定期更换。更换时分别将它们整体吊走，换以新做好的主铁沟和撇渣器。

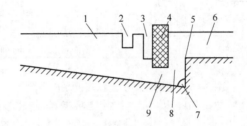

图 3-67　撇渣器示意图

1—主铁沟；2—下渣沟砂坝；3—残渣沟砂坝；4—挡渣板；5—沟头；
6—支铁沟；7—残铁孔；8—小井；9—砂口眼

3.6.2.3　支铁钩和渣沟

支铁沟的结构与主铁沟相同，坡度一般为 5%~6%，在流嘴处可达 10%。

渣沟的结构是在 80mm 厚的铸铁槽内捣一层垫沟料，铺上河沙即可，不必砌砖衬，这是因为渣液遇冷会自动结壳。渣沟的坡度在渣口附近较大，约为 20%~30%，流嘴处为 10%，其他地方为 6%。下渣沟的结构与渣沟结构相同。为了控制渣铁流入指定流嘴，有渣铁闸门控制。

3.6.2.4　摆动流嘴

摆动流嘴安装在出铁场下面，其作用是把经铁水沟流来的铁水注入出铁场平台下的任意一个铁水罐中。设置摆动流嘴的优点是：缩短了铁水沟长度，简化了出铁场布置；减轻了修补铁沟的作业。

摆动流嘴由驱动装置、摆动流嘴本体及支座组成，如图 3-68 所示。电动机通过减速机、曲柄带动连杆，使摆动流嘴本体摆动。在支架和摇台上设有限止块，为减轻工作中出现的冲击，在连杆中部设有缓冲弹簧。一般摆动角度为 30°，摆动时间 12s。在采用摆动流嘴时，需要有两个铁水罐。

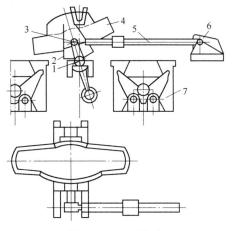

图 3-68 摆动流嘴

1—支架；2—摇台；3—摇臂；4—摆动流嘴；
5—曲柄-连杆传动装置；6—驱动装置；7—铁水罐车

3.6.3 炉前主要设备

炉前设备主要有开铁口机、堵铁口泥炮、换风口机、炉前吊车等。

3.6.3.1 开铁口机

开铁口机就是高炉出铁时打开出铁口的设备。为了保证炉前操作人员的安全，现代高炉打开铁口的操作都是机械化、远距离进行的。

开铁口机必须满足以下要求：开铁口时不得破坏泥套和覆盖在铁口区域炉缸内壁上的泥包；能远距离操作，工作安全可靠；外形尺寸应尽可能小，并当打开出铁口后能很快撤离出铁口；开出的出铁口孔道应为具有一定倾斜角度、满足出铁要求的直线孔道。

开铁口机按其动作原理分为钻孔式和冲钻式两种。目前高炉普遍采用气动冲钻式开铁口机。

A 钻孔式开铁口机

钻孔式开铁口机结构比较简单，它吊挂在可做回转运动的横梁上，送进和退出由人力或卷扬机来完成。钻孔式开铁口机旋转机构如图 3-69 所示。

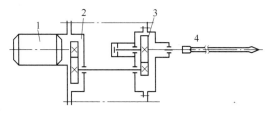

图 3-69 钻孔式开铁口机旋转机构示意图

1—电动机；2，3—齿轮减速器；4—钻杆

钻孔式开铁口机的特点是结构简单，制造安装方便，因而被中小型高炉广泛采用。其主要缺点是钻杆在电动机驱动下只做旋转运动，而不能做冲击运动，当钻头快要钻到终点

时，需要退出钻杆，用人工捅开铁口，这样不安全并且也容易烧坏钻头。这种开铁口机在钻开铁口过程中，由于是无吹风钻孔，钻屑不能自动排除，需要退出钻杆后再用压缩空气吹出，降低了工作效率。

为了克服上述缺点，目前已将这种开铁口机改为带吹风结构的钻孔式开铁口机。带吹风结构的钻孔式开铁口机，钻杆、钻头是空心的，从空心部分鼓入压缩空气，这样能及时吹出钻屑，使钻孔作业顺利进行，并且钻头在钻进过程中得以冷却，还可根据吹出的钻屑颜色来判断钻进深度，防止钻透铁口。带吹风结构的钻孔式开铁口机工作效率高，安全可靠，结构紧凑，因此得到广泛应用。

　　B　冲钻式开铁口机

冲钻式开铁口机由起吊机构、转臂机构和开口机构组成。开口机构中钻头以冲击运动为主，同时通过旋转机构使钻头产生旋转运动，即钻头既可以进行冲击运动又可以进行旋转运动。

开铁口时，通过转臂机构和起吊机构，使开口机构处于工作位置，先在开口机构上安装好带钻头的钻杆。开铁口过程中，钻杆先只做旋转运动，当钻杆以旋转方式钻到一定深度时，开动正打击机，钻头旋转、正打击前进，直到钻头钻到规定深度时才退出钻杆，并利用开口机上的换钎装置卸下钻杆，再装上钎杆，将钎杆送进铁口通道内，开动打击机，进行正打击，钎杆被打入到铁口前端的堵泥中，直到钎杆的插入深度达到规定深度时停止打击，并松开钎杆连接机构，开口机便退回到原位，钎杆留在铁口内。到放铁时，开口机开到工作位置，钳住插在铁口中的钎杆，进行逆打击，将钎杆拔出，铁水便立即流出。

冲钻式开口机的特点是：钻出的铁口通道接近于直线，可减少泥炮的推泥阻力；开铁口速度快，时间短；自动化程度高，大型高炉多采用这种开铁口机。

3.6.3.2　堵铁口泥炮

堵铁口泥炮是用来堵铁口的设备。对泥炮的要求是：泥炮工作缸应具有足够的容量，能供给需要的堵铁口泥量，有效地堵塞出铁口通道和修补炉缸前墙，使前墙厚度达到所要求的出铁口深度；活塞应有足够的推力，以克服较密实的堵铁口泥的最大运动阻力，并将堵铁口泥分布在炉缸内壁上；工作可靠，能适应高炉炉前高温、多粉尘、多烟气的恶劣环境；结构紧凑，高度矮小；维修方便。

按驱动方式可将泥炮分为汽动泥炮、电动泥炮和液压泥炮三种。汽动泥炮采用蒸汽驱动，由于泥缸容积小，活塞推力不足，已被淘汰。随着高炉容积的大型化和无水炮泥的使用，要求泥炮的推力越来越大，电动泥炮已难以满足现代大型高炉的要求，只能用于中小型常压高炉。现代大型高炉多采用液压矮泥炮。

　　A　电动泥炮

电动泥炮主要由打泥机构、压紧机构、锁炮机构和转炮机构组成。

电动泥炮打泥机构的主要作用是将炮筒中的炮泥按适宜的吐泥速度打入铁口，其结构如图 3-70 所示。当电动机旋转时，通过齿轮减速器带动螺杆回转，螺杆推动螺母和固定在螺母上的活塞前进，将炮筒中的炮泥通过炮嘴打入铁口。

压紧机构的作用是将炮嘴按一定角度插入铁口，并在堵铁口时把泥炮压紧在工作位置上。

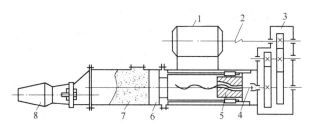

图 3-70 电动泥炮打泥机构

1—电动机；2—联轴器；3—齿轮减速器；4—螺杆；5—螺母；6—活塞；7—炮泥；8—炮嘴

转炮机构要保证在堵铁口时能够回转到对准铁口的位置，并且在堵完铁口后退回原处，一般可以回转180°。

电动泥炮虽然基本上能满足生产要求，但也存在着不少问题，主要是：活塞推力不足，受到传动机构的限制，如果再提高打泥压力，会使炮身装置过于庞大；螺杆与螺母磨损快，维修工作量大；调速不方便，容易出现炮嘴冲击铁口泥套的现象，不利于泥套的维护。液压泥炮克服了上述电动泥炮的缺点。

B 液压泥炮

液压泥炮由液压驱动。转炮用液压马达，压炮和打泥用液压缸，它的特点是体积小，结构紧凑，传动平稳，工作稳定，活塞推力大，能适应现代高炉高压操作的要求。但是，液压泥炮的液压元件要求精度高，必须精心操作和维护，以避免液压油泄漏。

现代大型高炉多采用液压矮泥炮。所谓矮泥炮是指泥炮在非堵铁口和堵铁口位置时，均处于风口平台以下，不影响风口平台的完整性。

宝钢1号高炉采用的是MHG60型液压矮泥炮，如图3-71所示。打泥能力为6000kN，工作油压为35MPa，自动化程度——可手动、自动、无线电遥控的液压泥炮。生产实践证明，这种泥炮工作可靠，故障很少，适合于大型高炉。

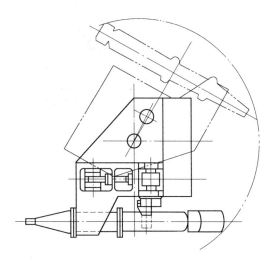

图 3-71 MHG60 型液压矮泥炮

堵铁口泥炮的泥缸容积和打泥压力，随高炉容积和炉缸压力大小的不同而不同，其主要参数见表3-5。

表 3-5　泥炮主要参数

高炉容积/m³	250	620	1000~1500	2000~2500	4000
高炉风机风压/MPa	0.17	0.25	0.35	0.40	0.45
泥缸有效容积/m³	0.1	0.15	0.2	0.25	0.25
泥缸活塞压力/MPa	5.0	7.5	10.0	12.0	16.7
吐泥速度/m·s⁻¹	0.2	0.32	0.35	0.2	0.27

3.6.4　铁水处理设备

高炉生产的铁水主要是供给炼钢,同时还要考虑炼钢设备检修等暂时性生产能力配合不上时,将部分铁水铸成铁块;生产的铸造生铁一般要铸成铁块,因此铁水处理设备包括运送铁水的铁水罐车和铸铁机两种。

3.6.4.1　铁水罐车

铁水罐车是用普通机车牵引的特殊的铁路车辆,由车架和铁水罐组成,铁水罐通过本身的两对枢轴支撑在车架上。另外还设有被吊车吊起的枢轴,供铸铁时翻罐用的双耳和小轴。铁水罐由钢板焊成,罐内砌有耐火砖衬,并在砖衬与罐壳之间填以石棉绝热板。

铁水罐车可以分为两种类型:上部敞开式和混铁炉式,如图 3-72 所示。图 3-72(a)为上部敞开式铁水罐车,这种铁水罐散热量大,但修理铁水罐比较容易。图 3-72(b)为混铁炉式铁水罐车,又称鱼雷罐车,它的上部开口小散热量也小,有的上部可以加盖,但修理罐较困难。由于混铁炉式铁水罐车容量较大,可达到 200~600t,大型高炉上多使用混铁炉式铁水罐车。

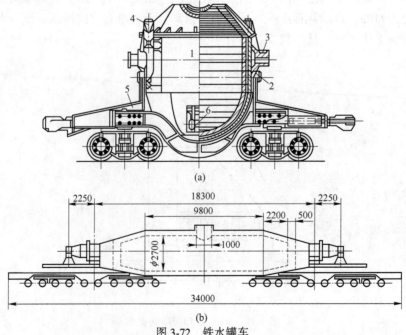

图 3-72　铁水罐车

(a) 上部敞开式铁水罐车;(b) 420t 混铁炉式铁水罐车

1—锥形铁水罐;2—枢轴;3—耳轴;4—支撑凸爪;5—底盘;6—小轴

3.6.4.2 铸铁机

铸铁机是把铁水连续铸成铁块的机械化设备。

铸铁机是一台倾斜向上的装有许多铁模和链板的循环链带，如图 3-73 所示。它环绕着上下两端的星形大齿轮运转，上端的星形大齿轮为传动轮，由电动机带动，下端的星形大齿轮为导向轮，其轴承位置可以移动，以便调节链带的松紧度。按辊轮固定的形式，铸铁机可分为两类：一类是辊轮安装在链带两侧，链带运行时，辊轮沿着固定轨道前进，称为辊轮移动式铸铁机；另一类是把辊轮安装在链带下面的固定支座上，支撑链带，称为固定辊轮式铸铁机。

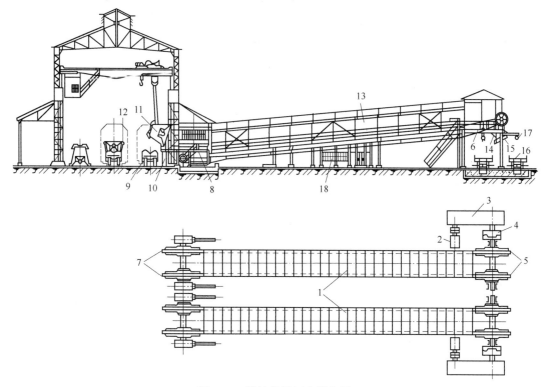

图 3-73　铸铁机及厂房设备图

1—链带；2—电动机；3—减速器；4—联轴器；5—传动轮；6—机架；7—导向轮；8—铸台；
9—铁水罐车；10—倾倒铁水罐用的支架；11—铁水罐；12—倾倒耳；13—长廊；14—铸铁槽；
15—将铸铁块装入车皮用的槽；16—车皮；17—喷水用的喷嘴；18—喷石灰浆的小室

3.6.5　炉渣处理设备

高炉炉渣可以作为水泥原料、隔热材料以及其他建筑材料等。高炉渣处理方法有炉渣水淬、放干渣及冲渣棉。目前，国内高炉普遍采用水冲渣处理方法，特殊情况时采用干渣生产，在炉前直接进行冲渣棉的高炉很少。

3.6.5.1　水淬渣生产

水淬渣按过滤方式的不同可分为底滤法、拉萨法和图拉法水淬渣等。

A　底滤法水淬渣（OCP）

底滤法水淬渣是在高炉熔渣沟端部的冲渣点处，用具有一定压力和流量的水将熔渣冲击而水淬。水淬后的炉渣通过冲渣沟随水流入过滤池，沉淀、过滤后的水淬渣，用电动抓斗机从过滤池中取出，作为成品水渣外运。

冲渣点处喷水嘴的安装位置应与熔渣沟和冲渣沟位置相适应，要求熔渣沟、喷水嘴和冲渣沟三者的中心线在一条垂直线上，喷水嘴的倾斜角度应与冲渣沟坡度一致，补充水的喷嘴设置在主喷水嘴的上方，主喷水嘴喷出的水流呈带状，水带宽度大于熔渣流股的宽度。喷水嘴一般用钢管制成，出水口为扁状或锥状，以增加喷出水的速度。

冲渣沟一般采用 U 形断面，在靠近喷嘴 10~15m 段最好采用钢结构或铸铁结构槽，其余部分可以采用钢筋混凝土结构或砖石结构。冲渣沟的坡度一般不小于 3.5%，进入渣池前 5~10m 段，坡度应减小到 1%~2%，以降低水渣流速，有利于水渣沉淀。

冲渣点处的水量和水压必须满足熔渣粒化和运输的要求。水压过低，水量过小，熔渣无法粒化而形成大块，冲不动，堆积起来难以排除。更为严重的是熔渣不能迅速冷却，内部产生蒸汽，容易造成"打炮"事故。冲渣水压一般应大于 0.2~0.4MPa，渣、水质量比为 1∶8~1∶10，冲渣沟的渣水充满度为 30% 左右。

高炉车间有两座以上的高炉时，一般采取两座高炉共用一个冲渣系统。冲渣沟布置于高炉的一侧，并尽可能缩短渣沟，增大坡度，减少拐弯。

B　拉萨法水淬渣（RASA）

拉萨法水淬渣的特点是水淬后的渣浆通过管道输送到高炉较远的地方，再进行脱水等处理。该法的优点是：工艺布置灵活，炉渣粒化充分，成品渣含水量低，质量高，冲渣时产生的大量有害气体经过处理后排空，避免了有害气体污染车间环境。其缺点是设备复杂，耗电量大，渣泵及运输管道容易磨损等。

某钢厂高炉采用拉萨法水冲渣工艺流程，如图 3-74 所示。主要设备包括吹制箱、粗粒分离槽、中继槽、脱水槽、沉淀池、冷却塔、水池及输送泵等。高炉的两个出铁场各设一套水淬渣装置及粗粒分离系统，通过渣泵和中继泵将渣浆输送到共用的水处理设施进行脱水、沉淀和冷却。

C　图拉法水淬渣

图拉法水淬渣工艺的原理是用高速旋转的机械粒化轮配合低转速脱水转鼓处理熔渣，工艺设备简单，耗水量小，渣水比为 1∶1，运行费用低，可以处理含铁量（质量分数）小于 40% 的熔渣，不需要设干渣坑，占地面积小。唐钢 2560m³ 高炉炉渣处理系统采用了该工艺。

图拉法水淬渣的工艺流程如图 3-75 所示。高炉出铁时，熔渣经渣沟流到粒化器中，被高速旋转的水冷粒化轮击碎，同时，从四周向碎渣喷水，经急冷后渣粒和水沿护罩流入脱水器中，被装有筛板的脱水转筒过滤并提升，转到最高点落入漏斗，滑入皮带机上被运走。滤出的水在脱水器外壳下部，经溢流装置流入循环水罐中，补充新水后，由粒化泵（主循环泵）抽出进入下次循环。循环水罐中的沉渣由气力提升机提升至脱水器再次过滤，渣粒化过程中产生的大量蒸汽经烟囱排入大气。在生产中，可随时自动或手动调整粒化轮、脱水转筒和溢流装置的工作状态来控制成品渣的质量和温度。成品渣的温度为

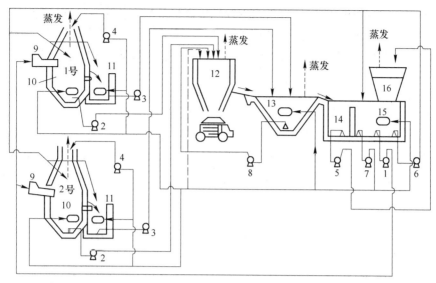

图 3-74 某钢厂高炉拉萨法水冲渣流程示意图

1—给水泵；2—水渣泵；3—中继泵；4—冲洗泵；5—冷却泵；6—液面调整泵；
7—搅拌泵；8—排泥泵；9—水渣沟；10—粗粒分离槽；11—中继槽；
12—脱水槽；13—沉淀池；14—温水槽；15—给水槽；16—冷却塔

95℃左右，利用此余热可以蒸发成品渣中的水分，生产实践证明可以将水分降到10%以下。

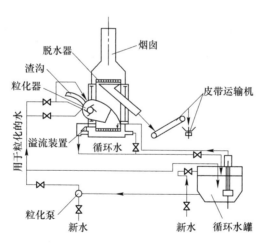

图 3-75 图拉法水淬渣工艺流程图

3.6.5.2 干渣生产

干渣坑作为炉渣处理的备用手段，用于处理开炉初期炉渣、炉况失常时渣中带铁的炉渣以及在水冲渣系统事故检修时的炉渣。

干渣坑的三面均设有钢筋混凝土挡墙，另一面为清理用挖掘机的进出端，为防止喷水冷却时坑内的水蒸气进入出铁场厂房内，靠出铁场的挡墙应尽可能高些。为使冷却水易于渗透，坑底为120mm厚的钢筋混凝土板，板上铺1200~1500mm厚的卵石层。考虑到冷却水的排集，干渣坑的坑底纵向做成 1：50 的坡度，横向从中间向两侧为 1：30 的坡度。底板上横向铺设三排 ϕ300mm 的钢筋混凝土排水管，排水管朝上的 240° 范围内设有冷却水渗入孔，冷却水经排水管及坑底两侧的集水井和排水沟流入循环水系统的回水池。

干渣采用喷水冷却，由设在干渣坑两侧挡墙上的喷水头向干渣坑内喷水。宝钢 1 号高炉的干渣坑在近出铁场的头部采用 ϕ32mm 的喷嘴，中间部分采用 ϕ25mm 喷嘴，尾部采用双层 ϕ25mm 喷嘴，喷嘴间距为 2m，耗水量为 3m^3/t。

干渣生产时将高炉熔渣直接排入干渣坑，在渣面上喷水，使炉渣充分粒化，然后用挖掘机将干渣挖掘运走。为使渣能迅速粒化和渣中的气体顺利排出。一般采取薄层放渣和多层放渣，一次放出的熔渣层厚度以 10mm 左右为宜。干渣坑的容量取决于高炉容积大小和采掘机械设备的形式。

3.7　煤气处理系统

高炉冶炼过程中，从炉顶排出大量煤气，其中含有 CO、H$_2$、CH$_4$ 等可燃气体，可以作为热风炉、焦炉、加热炉等的燃料。但是由高炉炉顶排出的煤气温度为 150~300℃，标准状态含有粉尘约 40~100g/m^3。如果直接使用，会堵塞管道，并且会引起热风炉和燃烧器等耐火砖衬的侵蚀破坏。因此，高炉煤气必须除尘后才能作为燃料使用。

煤气除尘设备分为湿法除尘和干法除尘两种。

湿法除尘常采用洗涤塔—文氏管—脱水器系统，或一级文氏管—脱水器—二级文氏管—脱水器系统。高压高炉还必须经过调压阀组—消声器—快速水封阀或插板阀。常压高炉当炉顶压力过低时，需增设电除尘器，经过湿法净化系统后，煤气含尘量可降到小于 10mg/m^3，温度从 150~300℃ 降到 35~55℃，含水量可达 7~20s/m^3，湿法净化系统流程如图 3-76 所示。

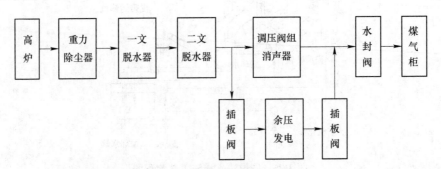

图 3-76　湿法净化系统流程图

干法除尘有两种：一种是用耐热尼龙布袋除尘器（BDC），另一种是用干式电除尘器（EP）。为确保 BDC 入口最高温度小于 240℃，EP 入口最高温度小于 350℃，在重力除尘器加温控装置或在重力除尘器后设蓄热缓冲器。当高炉开炉、高炉休风、复风前后以及干式净化设备出现故障时，需要用并联的湿法系统净化，此时由图 3-77 中两蝶阀切换系统完成。经过干法净化系统煤气含尘量可降到小于 5mg/m^3，在干式除尘器后采用水喷雾冷却装置使煤气温度降到余压发电机组（TRT）入口的允许温度 125~175℃，TRT 出口煤气需要经洗净塔脱除煤气中的氯离子，以免对管道腐蚀，同时温度降至 40℃ 饱和温度。

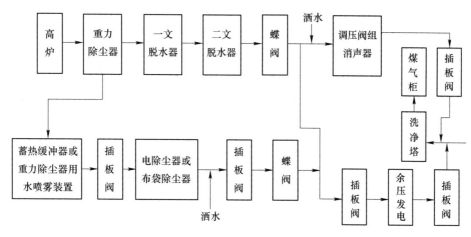

图 3-77 干法净化系统流程图

评价煤气除尘设备的主要指标：

（1）生产能力。生产能力是指单位时间处理的煤气量，一般用每小时所通过的标准状态的煤气体积流量来表示。

（2）除尘效率。除尘效率是指标准状态下单位体积的煤气通过除尘设备后所捕集下来的灰尘质量占除尘前所含灰尘质量的百分数。各种除尘设备对不同粒径灰尘的除尘效率见表3-6。

表 3-6 部分除尘设备的除尘效率

除尘器名称	除尘效率/%		
	灰尘粒度≥50μm	灰尘粒度 5~50μm	灰尘粒度 1~5μm
重力除尘器	95	26	3
旋风除尘器	96	73	27
洗涤塔	99	94	55
湿式电除尘器	>99	98	92
文氏管	100	99	97
布袋除尘器	100	99	99

（3）压力降。压力降是指煤气压力能在除尘设备内的损失，以入口和出口的压力差表示。

（4）水的消耗和电能消耗。水、电消耗一般以每处理1000m³ 标准状态煤气所消耗的水量和电量表示。

评价除尘设备性能的优劣，应综合考虑以上指标。对高炉煤气除尘的要求是生产能力大、除尘效率高、压力损失小、耗水量和耗电量低、密封性好等。

3.7.1 煤气除尘设备及原理

3.7.1.1 粗除尘设备

粗除尘设备包括重力除尘器和旋风除尘器。

A　重力除尘器

重力除尘器是高炉煤气除尘系统中应用最广泛的一种除尘设备,其基本结构如图 3-78 所示,其除尘原理是煤气经中心导入管后,由于气流突然转向,流速突然降低,煤气中的灰尘颗粒在惯性力和重力作用下沉降到除尘器底部。欲达到除尘的目的,煤气在除尘器内的流速必须小于灰尘的沉降速度,而灰尘的沉降速度与灰尘的粒度有关。荒煤气中灰尘的粒度与原料状况及炉顶压力有关。

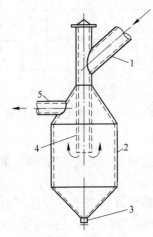

图 3-78　重力除尘器
1—煤气下降管;2—除尘器;3—清灰口;4—中心导入管;5—塔前管

通常,重力除尘器可以除去粒度大于 $30\mu m$ 的灰尘颗粒,除尘效率可达到 80%,出口煤气含尘可降到 $2 \sim 10 g/m^3$,阻力损失较小,一般为 $50 \sim 200 Pa$。

B　旋风除尘器

旋风除尘器的工作原理如图 3-79 所示。含尘煤气以 $10 \sim 20 m/s$ 的标准状态流速从切线方向进入后,在煤气压力能的作用下产生回旋运动,灰尘颗粒在离心力作用下,被抛向器壁积聚,并向下运动进入积灰器。

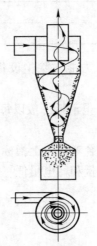

图 3-79　旋风除尘器

旋风除尘器一般采用 10mm 左右的普通钢板焊制而成，上部为圆筒形，下部为圆锥形，其顶部的中央为圆形出口。煤气由顶部一侧的矩形断面进气管引入。顶部排气管通常插入到除尘器的圆筒内，与圆筒壁构成气流的环形通道。环形通道越小，气流速度越大，除尘效率越高，但气流阻损增加。出口管插入除尘器的深度越小，气流阻损越小，但最低也要低于进气口的下沿，以避免气流短路，降低除尘效率；最大插入深度不能与圆锥部分的上沿在同一平面，以免影响气流运动。

旋风除尘器可以除去大于 $20\mu m$ 的粉尘颗粒，压力损失较大，为 $500 \sim 1500Pa$，因此，高压操作的高炉一般不用旋风除尘器，只是在常压高炉和冶炼铁合金的高炉还有使用旋风除尘器的。

3.7.1.2 半精细除尘设备

半精细除尘设备设在粗除尘设备之后，用来除去粗除尘设备不能沉降的细颗粒粉尘。主要有洗涤塔和溢流文氏管，一般可将煤气标准状态含尘量降至 $800mg/m^3$ 以下。

A 洗涤塔

洗涤塔属于湿法除尘，结构原理如图 3-80 (a) 所示，外壳由 $8 \sim 16mm$ 钢板焊成，内设 3 层喷水管，每层都设有均布的喷头，最上层逆气流方向喷水，喷水量占总水量的 50%，下面两层则顺气流方向喷水，喷水量各占 25%，这样不至造成过大的煤气阻力且除尘效率较高。喷头呈渐开线形，喷出的水呈伞状细小雾滴并与灰尘相碰，灰尘被浸润后沉降塔底，再经水封排出。当含尘煤气穿过水雾层时，煤气与水还进行热交换，使煤气温度降至 40℃ 以下，从而降低煤气中的饱和水含量。

为使煤气流在塔内分布均匀，在洗涤塔的下部设有 $2 \sim 3$ 层相互错开一定角度的煤气分配板，煤气分配板由弧形钢板构成。

洗涤塔的排水机构，常压高炉可采用水封排水，水封高度应与煤气压力相适应，不小于 3000mm 水柱，如图 3-80 (b) 所示。当塔内煤气压力加上洗涤水的静压力超过 3000mm 水柱时，就会有水不断从排水管排出；当小于 3000mm 水柱时则停止，既保证了塔内煤气不会经水封逸出，又使塔内的水不会把荒煤气入口封住。在塔底设有排放淤泥的放灰阀。

高压操作的高炉洗涤塔上设有自动控制的排水设备，如图 3-80 (c) 所示。一般设两套，每套都能排除正常生产时的用水量，蝶式调节阀由水位调节器中的浮标牵动。

影响洗涤塔除尘效率的主要因素是水的消耗量、水的雾化程度和煤气流速。一般是耗水量越大，除尘效率越高。水的雾化程度应与煤气流速相适应，水滴过小，会影响除尘效率，甚至由于过高的煤气流速和过小的雾化水滴会使已捕集到灰尘的水滴被吹出塔外，除尘效率下降。为防止载尘水滴被煤气流带出塔外，可以在洗涤塔上部设置挡水板，将载尘水滴捕集下来。根据试验，洗涤塔的水滴直径为 $500 \sim 1000\mu m$ 时，它与不同粒径的灰尘碰撞效率最高，除尘效率也最高，可见，在洗涤塔中不需要非常细的雾滴。

洗涤塔的除尘效率可达 $80\% \sim 85\%$，压力损失 $80 \sim 200Pa$，标准状态煤气耗水量 $4.0 \sim 4.5t/1000m^3$，喷水压力为 $0.1 \sim 0.15MPa$。

B 溢流文氏管

溢流文氏管结构如图 3-81 所示，它由煤气入口管、溢流水箱、收缩管、喉口和扩张管等组成。工作时溢流水箱的水不断沿溢流口流入收缩段，保持收缩段至喉口连续地存在

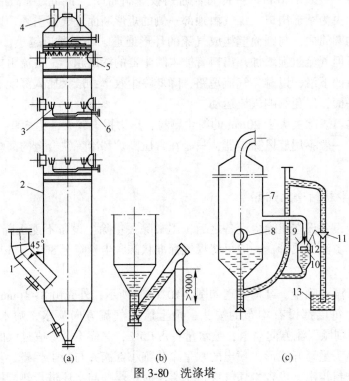

图 3-80　洗涤塔

（a）空心洗涤塔；（b）常压洗涤塔水封装置；（c）高压煤气洗涤塔的水封装置

1—煤气导入管；2—洗涤塔外壳；3—喷嘴；4—煤气导出管；5—人孔；6—给水管；7—洗涤塔；

8—煤气入口；9—水位调节器；10—浮标；11—蝶式调节阀；12—连杆；13—排水沟

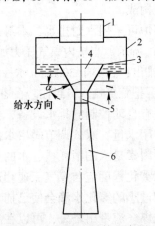

图 3-81　溢流文氏管示意图

1—煤气入口；2—溢流水箱；3—溢流口；4—收缩管；5—喉口；6—扩张管

一层水膜，当高速煤气流通过喉口时与水激烈冲击，使水雾化，雾化水与煤气充分接触，使粉尘颗粒湿润聚合并随水排出，并起到降低煤气温度的作用。其排水机构与洗涤塔相同。

溢流文氏管与洗涤塔比较，具有结构简单、体积小的优点，可节省钢材 50%~60%，但阻力损失大，约 1500~3000Pa。为了提高溢流文氏管除尘效率，也可采用调径文氏管。

3.7.1.3 精细除尘设备

高炉煤气经粗除尘和半精细除尘之后，还含有少量粒度更细的粉尘，需要进一步精细除尘之后才可以使用。精细除尘的主要设备有文氏管、电除尘器和布袋除尘器等。精细除尘后标准状态煤气含尘量小于 $10mg/m^3$。

A 文氏管

文氏管由收缩管、喉口、扩张管三部分组成，一般在收缩管前设两层喷水管，在收缩管中心设一个喷嘴。

文氏管除尘原理与溢流文氏管相同，只是通过喉口部位的煤气流速更大，气体对水的冲击更加激烈，水的雾化更加充分，可以使更细的粉尘颗粒得以湿润凝聚并与煤气分离。

文氏管的除尘效率与喉口处煤气流速和耗水量有关，当耗水量一定时，喉口流速越高则除尘效率越高；当喉口流速一定时，耗水量多，除尘效率也相应提高。但喉口流速不能过分提高，因为喉口流速提高会带来阻力损失的增加。由于文氏管压力损失较大，适用于高压高炉，文氏管串联使用可以使标准状态煤气含尘量降至 $5mg/m^3$ 以下。

由于高炉冶炼条件时有变化，从而使煤气量发生波动，这将影响到文氏管正常工作。为了保证文氏管工作稳定和较高的除尘效率，可采用多根异径文氏管并联使用，也可采用调径文氏管。调径文氏管在喉口部位设置调节机构，可以改变喉口断面积，以适应煤气流量的改变，保证喉口流速恒定和较高的除尘效率。

B 静电除尘器

静电除尘器的工作原理是当气体通过两极间的高压电场时，由于产生电晕现象而发生电离，带阴离子的气体聚集在粉尘上，在电场力作用下向阳极运动，在阳极上气体失去电荷向上运动并排出，灰尘沉积在阳极上，用振动或水冲的办法使其脱离阳极。

静电除尘器电极形式有平板式和管式两种，通常称负极为电晕极，正极为沉淀极。其结构形式有管式、套筒式和平板式三种类型，如图3-82所示。

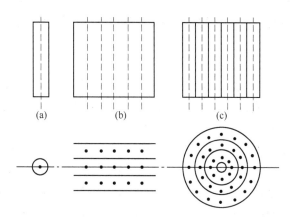

图 3-82 静电除尘器结构形式图
(a) 单管式；(b) 板式；(c) 套筒式

静电除尘器由煤气入口、煤气分配设备、电晕极与沉淀极、冲洗设备、高压瓷瓶绝缘箱等构成，图3-83为5.5m²套筒式电除尘器结构示意图。

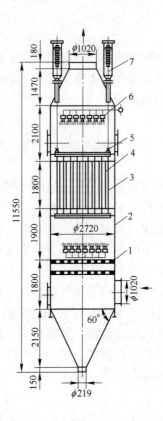

图 3-83　5.5m² 套筒式电除尘器
1—分配板；2—外壳；3—电晕极；4—沉淀极；5—框架；6—连续冲洗喷嘴；7—绝缘箱

定期冲洗的设备是用 6 个半球形喷水嘴，均布在沉淀极上方。而连续冲洗设备则用溢流水槽，在沉淀极表面形成水膜。对板式、套管式沉淀极则用水管向沉淀极表面连续喷水，在板面上形成水膜。

煤气分配设备是为煤气能均匀地分配到沉淀极之间而设置的。用导向叶片和配气格栅装在煤气入口处。

影响静电除尘器效率的因素有：

（1）荷电尘粒的运动速度。即尘粒横穿气流移向沉淀极的平均速度，速度越大除尘效率就越高。增大电晕电流，增大了电场与荷电尘粒的相互作用力，加速了荷电尘粒向沉淀极的运动速度，可以使吸附于尘粒上的荷电量相应地增多。可以采用提高工作电压或降低临界电压的方法，增大电晕电流。通过改变电晕极的形状，可实现降低临界电压，如管式静电除尘器的电晕极，由圆导线改为星片后，临界电压由 39kV 左右降到 29kV；减小电晕线的直径也可以降低临界电压，但受到材料强度的限制。采用利于尖端放电的电晕极可发挥电风效应，电风可直接加速荷电尘粒向沉淀极的运动速度，电风又可使离子和尘粒的浓度趋于均匀，加速离子沉积于尘粒上的过程。

（2）沉淀极比表面积越大除尘效率越高。沉淀极比表面积是指在 1s 内净化 1m³ 煤气所具有的沉淀极面积。

（3）煤气流速与入口煤气含尘量。煤气流速要适当，过大会影响荷电尘粒向沉淀极运动的速度，或把已沉积在沉淀极上的尘粒带走；过小则降低了生产效率，一般为 1~1.2m/s，如果煤气先经过文氏管处理，含尘量较低时流速可以提高到 1.5~2.0m/s。煤气含尘量不宜过多，否则会产生电晕闭塞现象，引起除尘效率下降。

（4）喷水冲洗沉淀极上的尘粒，可防止"反电晕"现象产生，以提高除尘效率。一般入口煤气含尘量少时，可定期冲洗，含尘量多时应连续冲洗。

（5）灰尘本身的性质和数量也影响着除尘效率。灰尘本身的导电性，影响它在沉淀极上失去电子的难易程度。导电性过高，易重新被煤气流带走，过低则会造成沉淀极堆积。煤气的湿度和温度直接影响灰尘的导电性。

电除尘器是一种高效率除尘设备，可将煤气含尘量降至 $5mg/m^3$ 以下，除尘效果不受高炉操作条件的影响，压力损失小，但是一次投资高。

C 布袋除尘器

布袋除尘器是过滤除尘，含尘煤气流通过布袋时，灰尘被截留在纤维体上，而气体通过布袋继续运动，属于干法除尘，可以省去脱水设备，投资较低，特别是对采用余压透平发电系统的高炉，干法布袋除尘的优点就更为突出，可以提高余压透平发电系统入口煤气温度和压力，提高能源回收效率。

布袋除尘器主要由箱体、布袋、清灰设备及反吹设备等构成，如图 3-84 所示。

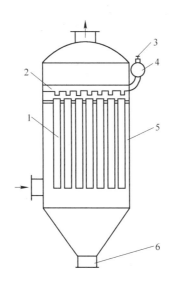

图 3-84 布袋除尘器示意图

1—布袋；2—反吹管；3—脉冲阀；4—脉冲气包；5—箱体；6—排灰口

布袋除尘器在工作过程中，当布袋清洁时，起截留作用的主要是纤维体。随着纤维体上灰尘的不断增加，部分灰尘嵌入到布袋纤维体内，部分灰尘在布袋表面上形成一层灰尘，这时煤气流中的灰尘被截留主要是靠灰尘层来完成的。所以，当布袋清洁时，除尘效率低，阻损小；当布袋脏时，除尘效率高，但阻损也高。因此，当煤气流通过布袋除尘器的压力降达到规定值时需要进行反吹清灰，以降低煤气流的压力降。

布袋除尘器箱体由钢板焊制而成，箱体截面为圆筒形或矩形，箱体下部为锥形集灰斗，水平倾斜角为 60°，以便于清灰时灰尘下滑排出。集灰斗下部设置螺旋清灰器，定期将集灰排出。

采用布袋除尘器，需要解决的主要问题是进一步改进布袋材质、延长布袋使用寿命、准确监测布袋破损以及控制进入布袋除尘器的煤气温度及湿度等。

3.7.2　脱水器

清洗除尘后的煤气含有大量细颗粒水滴，而且水滴吸附有尘泥，这些水滴必须除去，否则会降低净煤气的发热值，腐蚀和堵塞煤气管道，降低除尘效果。因此，在煤气除尘系统精细除尘设备之后设有脱水器，又称灰泥捕集器，使净煤气中吸附有粉尘的水滴从煤气中分离出来。

高炉煤气除尘系统常用的脱水器有重力式脱水器、挡板式脱水器和填料式脱水器等。

3.7.2.1　重力式脱水器

重力式脱水器如图 3-85 所示。其工作原理是气流进入脱水器后，由于气流流速和方向的突然改变，气流中吸附有尘泥的水滴在重力和惯性力作用下沉降，与气流分离。煤气在重力脱水器内标准状态流速为 4~6m/s，进口煤气流速 15~20m/s。其特点是结构简单，不易堵塞，但脱泥、脱水的效率不高。它通常安装在文氏管后。

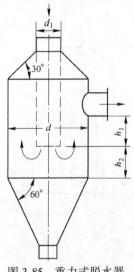

图 3-85　重力式脱水器

3.7.2.2　挡板式脱水器

挡板式脱水器结构如图 3-86 所示。挡板式脱水器一般设在调压阀组之后，煤气从切线方向进入后，经曲折挡板回路，尘泥在离心力和重力作用下与挡板、器壁接触被吸附在挡板和器壁上、积聚并向下流动而被除去。煤气入口标准状态速度为 12m/s，筒内速度为 4m/s。

3.7.2.3　填料式脱水器

填料式脱水器结构如图 3-87 所示。其脱水原理是靠煤气流中的水滴与填料相撞失去

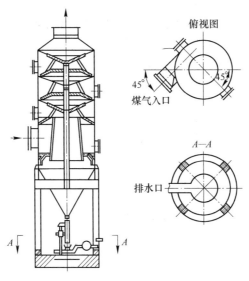

图 3-86 挡板式脱水器

动能，从而使水滴与气流分离。一般设两层填料，每层厚 0.5m，填料层内填充塑料环，每个塑料环的表面积为 0.0261m^2，填充密度为 3600 个/m^3，每层塑料环层压力损失为 0.5kPa。填料式脱水器作为最后一级脱水设备，其脱水效率为 85%。

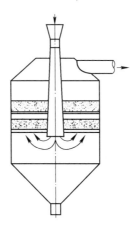

图 3-87 填料式脱水器

 学习目标检测

（1）高炉炉衬的作用是什么？

（2）高炉常用的耐火材料有哪几种类型？

（3）高炉冷却的意义是什么？

（4）高炉冶炼对上料系统有何要求？

（5）向高炉炉顶上料有哪几种方式，其特点是什么？

（6）无钟炉顶布料的特点有哪些？

（7）内燃式热风炉主体由哪几部分构成，其工作原理是什么？

（8）为什么大型高炉主要采用外燃式或顶燃式热风炉？

（9）陶瓷式燃烧器主要有哪些特点，常用的陶瓷燃烧器主要有哪几种？

（10）高炉中速磨煤机喷吹系统的主要工艺流程是什么？

（11）国内高炉磨煤机主要采用哪种形式，其特点有哪些？

（12）为保证正常打开铁口，开铁口机应满足哪些要求？

（13）国内外常用的开铁口机有哪几种？

（14）为保证正常堵住铁口，泥炮应满足哪些要求？

（15）泥炮按驱动方式可以分为哪几种，液压泥炮有何优点？

（16）撇渣器渣铁分离的原理是什么？

（17）目前高炉煤气湿法除尘有哪几种工艺，其特点是什么？

（18）文氏管的除尘原理是什么，影响其除尘效率的因素有哪些？

（19）布袋除尘器有哪几部分构成，其除尘原理是什么？

模块 4 炼 铁 操 作

学习目标:

（1）了解高炉基本操作制度的内容，能够对操作制度进行分析，并根据具体条件进行上部、下部调剂。

（2）掌握高炉炉况的判断方法。

（3）掌握高炉正常炉况的特征和失常炉况的征兆。

（4）能够正常判断高炉失常炉况并进行处理。

（5）熟悉高炉炉前操作指标。

（6）能够正确进行出铁操作和撇渣器操作。

（7）能够处理炉前出铁事故。

（8）能够正确进行热风炉的烧炉、换炉、休风与复风操作。

（9）熟悉喷煤操作的注意事项和安全措施。

（10）能够正确进行喷煤操作和处理喷煤过程中的常见故障。

4.1 高炉炉内操作

4.1.1 高炉基本操作制度

高炉冶炼是一个连续而复杂的物理、化学过程，它不但包含有炉料的下降与煤气流的上升之间产生的热量和动量的传递，还包括煤气流与矿石之间的传质现象。只有动量、热量和质量的传递稳定进行，高炉炉况才能稳定顺行。高炉要取得较好的生产技术经济指标，必须实现高炉炉况的稳定顺行。高炉炉况稳定顺行一般是指炉内的炉料下降与煤气流上升均匀，炉温稳定充沛，生铁合格，高产低耗。要使炉况稳定顺行，高炉操作必须稳定，这主要包括风量、风压、料批稳定、炉温稳定和炉渣碱度稳定以及调节手段稳定，而其主要标志是炉内煤气流分布合理和炉温正常。

高炉冶炼的影响因素十分复杂，主要包括原燃料物理性能和化学成分的变化、气候条件的波动、高炉设备状况的影响、操作者的水平差异以及各班操作的统一程度等。这些都将给炉况带来经常性的波动。高炉操作者的任务就是随时掌握影响炉况波动的因素，准确地把握外界条件的变动，对炉况做出及时、正确的判断，及早采取恰当的调剂措施，保证高炉生产稳定顺行，取得较好的技术经济指标。

选择合理的操作制度是高炉操作的基本任务。操作制度是根据高炉具体条件（如高炉炉型、设备水平、原料条件、生产计划及品种指标要求）制定的高炉操作准则。合理的操作制度能保证煤气流的合理分布和良好的炉缸工作状态，促使高炉稳定顺行，从而获得优质、高产、低耗和长寿的冶炼效果。

高炉基本操作制度包括：装料制度、送风制度、炉缸热制度和造渣制度。高炉操作应根据高炉强化程度、冶炼的生铁品种、原燃料质量、高炉炉型及设备状况来选择合理的操作制度，并灵活运用上下部调节与负荷调节手段，促使高炉稳定顺行。

4.1.1.1　炉缸热制度

炉缸热制度是指高炉炉缸所应具有的温度和热量水平。炉缸热制度直接反映炉缸的工作状态，稳定均匀而充沛的热制度是高炉稳定顺行的基础。炉温一般指高炉炉渣和铁水的温度，炉渣和铁水的温度随冶炼品种、炉渣碱度、高炉容积大小的不同而不同，铁水温度一般为 1450~1550℃，炉渣温度一般比铁水温度高 50~100℃。炉温是否正常不但要看渣铁温度的高低，还要看出铁过程中铁水、炉渣化学成分的变化情况，即观察出铁过程中渣铁温度的稳定情况。生产中常用生铁含硅量的高低来表示高炉炉温水平。铁水中含硅量越高，铁水温度越高，反之则铁水温度越低。依据铁水温度控制高炉操作参数，可以准确地掌握高炉热态走势，保持高炉长期稳定顺行。

一般而言，用渣铁温度代表炉温的，称为物理热；用生铁含硅量代表炉温的，称为化学热。

A　热制度的选择

热制度的选择主要根据高炉的具体特点、冶炼品种和高炉使用原燃料条件来决定。选择合理的热制度应结合以下几方面来考虑：

（1）根据生产铁种的需要，选择生铁含硅量在经济合理的水平。冶炼炼钢生铁时，[Si] 质量分数一般控制在 0.3%~0.6% 之间。冶炼铸造生铁时，按用户要求选择 [Si] 质量分数。为稳定炉温，上、下两炉 [Si] 质量分数波动应小于 0.1%，并努力降低 [Si] 质量分数的标准偏差。

（2）根据原料条件选择生铁含硅量。冶炼含钒钛铁矿石时，允许较低的生铁含硅量。对高炉炉温的要求不但要选择铁水中的 [Si]，还应与铁水中的 [Ti] 综合考虑，可以用铁水的 [Si] + [Ti] 来表示炉温。

（3）结合高炉设备情况选择热制度，如炉缸严重侵蚀时，以冶炼铸造铁为好，因为提高生铁含硅量，可促进石墨碳的析出，对炉缸有一定的维护作用。

（4）结合技术操作水平与管理水平选择热制度，原燃料强度差、粉末多、含硫高、稳定性较差时，应维持较高的炉温；反之在原燃料管理稳定、强度好、粉末少、含硫低的条件下，可维持较低的生铁含硅量。

B　影响热制度的主要因素

高炉生产中影响热制度波动的因素很多。任何影响炉内热量收支平衡的因素都会引起热制度波动，影响因素主要有以下几个方面：

（1）原燃料性质变化。主要包括焦炭灰分、含硫量、焦炭强度、矿石品位、还原性、粒度、含粉率、熟料率、熔剂量等的变化。

矿石品位、粒度、还原性等的波动对炉况影响较大，一般矿石品位提高 1%，焦比约降低 2%，产量提高 3%。烧结矿中 FeO 质量分数增加 1%，焦比升高 1.5%。矿石粒度均匀有利于透气性改善和煤气利用率提高。上述因素都会带来热制度的变化。

一般情况下，焦炭带入炉内的硫量约为硫负荷的70%~80%。生产统计表明，焦炭含硫质量分数增加0.1%，焦比升高1.2%~2.0%；灰分增加1%，焦比上升2%左右。因此，焦炭含硫量及灰分的波动，对高炉热制度都有很大的影响。随着高炉煤比的提高，在考虑焦炭含硫量和灰分对热制度影响的同时，还应充分考虑煤粉发热量、含硫量和灰分含量的波动对热制度的影响。

（2）冶炼参数的变动。主要包括冶炼强度、风温、湿度、富氧量、炉顶压力、炉顶煤气CO_2含量等的变化。

鼓风带入的物理热是高炉生产主要热量来源之一，调节风温可以很快改变炉缸热制度。喷吹燃料也是高炉热量和还原剂的来源，喷吹燃料会改变炉缸煤气流分布。风量的增减使料速发生变化，风量增加，煤气停留时间缩短，直接还原增加，会造成炉温向凉；装料制度，如批重和料线等对煤气分布、热交换和还原反应产生直接影响。

（3）设备故障及其他方面的变化。下雨等天气变化导致入炉原燃料含水量增加、入炉料称量误差等都能使炉缸热制度发生变化。高炉炉顶设备故障，悬料、崩料和低料线时，炉料与煤气流分布受到破坏，大量未经预热的炉料直接进入炉缸，炉缸热量消耗的增加使炉缸温度降低，炉温向凉甚至大凉。同样冷却设备漏水，导致炉缸热量消耗的增加使炉缸温度降低，造成炉冷直至炉缸冻结。因此，为了保证炉缸温度充足，当遇到异常炉况时，必须及时而准确地调节焦炭负荷。

4.1.1.2 送风制度

送风制度是指在一定的冶炼条件下，确定合适的鼓风参数和风口进风状态，达到初始煤气流的合理分布，使炉缸工作均匀活跃，炉况稳定顺行。通过选择合适的风口面积、风量、风温、湿分、喷吹量、富氧量等参数，并根据炉况变化对这些参数进行调节，达到炉况稳定顺行和改善煤气利用的目的。

A 选择适宜的鼓风动能

高炉鼓风通过风口时所具有的速度称为风速，它有标准风速和实际风速两种表示方法；而高炉鼓风所具有的机械能称为鼓风动能。鼓风动能与冶炼条件相关，它决定初始气流的分布。因此，根据冶炼条件变化，选择适宜鼓风动能，是维持气流合理分布的关键。

（1）鼓风动能与原料条件的关系。原燃料条件好，能改善炉料透气性，利于高炉强化冶炼，允许使用较高的鼓风动能。原燃料条件差，透气性不好，不利于高炉强化冶炼，只能维持较低的鼓风动能。

（2）鼓风动能与燃料喷吹量的关系。高炉喷吹煤粉，炉缸煤气体积增加，中心气流趋于发展，需适当扩大风口面积，降低鼓风动能，以维持合理的煤气分布。

但随着冶炼条件的变化，喷吹煤粉量增加，边缘气流增加。这时不但不能扩大风口面积，反而应缩小风口面积。因此，煤比变动量大时，鼓风动能的变化方向应根据具体实际情况而定。

（3）选择适宜的风口面积和长度。在一定风量条件下，风口面积和长度对风口的进风状态起决定性作用。冶炼强度必须与合适的鼓风动能相配合。风口面积一定，增加风量，冶炼强度提高，鼓风动能加大，促使中心气流发展。为保持合理的气流分布，维持适宜的回旋区长度，必须相应扩大风口面积，降低鼓风动能。

在一定冶炼强度下，高炉有效容积与鼓风动能的关系见表 4-1。高炉适宜的鼓风动能随炉容的扩大而增加。大型高炉炉缸直径较大，要使煤气分布合理，应提高鼓风动能，适当增加回旋区长度。炉容相近，矮胖多风口高炉鼓风动能相应增加。

表 4-1　高炉有效容积与鼓风动能的关系

有效容积/m³	300	600	1000	1500	2000	2500	3000	4000
鼓风动能/kW	25~40	35~50	40~60	50~70	60~80	70~100	90~110	110~140

鼓风动能是否合适的直观表象见表 4-2。在高强度冶炼时，由于风量、风温保持最高水平，通常根据合适的鼓风动能来选择风口进风面积，有时也用改变风口长度的办法调节边缘与中心气流，调节风口直径和长度便成为下部调节的重要手段。

表 4-2　鼓风动能变化对有关参数的影响

因素	鼓风动能合适	鼓风动能过大	鼓风动能过小
风压	稳压，有正常波动	波动较大而有规律	曲线死板，风压升高时容易悬料、崩料
探尺	下料均匀，整齐	不均匀，出铁前料慢，出铁后料快	不均匀，容易出现滑料现象
炉顶温度	区间正常，波动小	区间窄，波动大	区间较宽，4 个方向有交叉
风口工作	各风口均匀、活跃，破损少	风口活跃但向凉，严重时破损较多，发生于内侧下沿	风口明亮但不均匀，有升降，破损多
炉渣	渣温充足，流动性好，上渣带铁少，渣口破损少	渣温不均匀，上渣带铁多、难放，渣口破损多	渣温不均匀，上渣热、带铁多，渣口破损多
生铁	炉温充足，炼钢生铁冷态是灰口，有石墨碳析出	炉温常不足，炼钢生铁冷态白口多，石墨碳析出少，硫低	炉温不足，炼钢生铁冷态是白口，石墨碳析少，硫高

高炉失常时，由于长期减风操作而造成炉缸中心堆积，炉缸工作状态出现异常。为尽快消除炉况失常，可以采取发展中心气流，活跃炉缸工作的措施，即缩小风口面积或堵死部分风口。但堵风口时间不宜过长，以免产生炉缸局部堆积和炉墙局部积厚。

为保持合理的初始煤气分布，应尽量采用等径的风口，大小风口混用时，力求均匀分布。但为了纠正炉型或煤气流分布失常除外。

使用长风口送风易使循环区向炉缸中心移动，有利于吹透中心和保护炉墙。如高炉炉墙侵蚀严重或长期低冶炼强度生产时，可采用长风口操作。为提高炉缸温度，风口角度可控制在 3°~5°。

B　选择合理的理论燃烧温度

高炉的热量几乎全部来自风口前燃料燃烧和鼓风带入的物理热。风口前焦炭和喷吹燃料燃烧所能达到的最高绝热温度，即假定风口前燃料燃烧放出的热量全部用来加热燃烧产物时所能达到的最高温度，称为风口前理论燃烧温度。

理论燃烧温度的高低不仅决定了炉缸的热状态，而且决定炉缸煤气温度，对炉料加热和还原以及渣铁温度和成分、脱硫等产生重大影响。

适宜的理论燃烧温度，应能满足高炉正常冶炼所需的炉缸温度和热量，保证渣铁的充分加热和还原反应的顺利进行。理论燃烧温度提高，渣铁温度相应提高，如图4-1所示。大高炉炉缸直径大，炉缸中心温度低，为维持其透气性和透液性，应采用较高的理论燃烧温度，如图4-2所示。理论燃烧温度过高，高炉压差升高，炉况不顺。理论燃烧温度过低，渣铁温度不足，炉况不顺，严重时会导致风口灌渣，甚至炉冷事故。

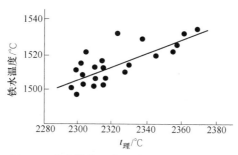

图4-1 理论燃烧温度 $t_{理}$ 与铁水温度的关系

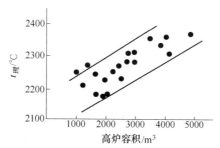

图4-2 炉容与理论燃烧温度 $t_{理}$ 的关系

影响理论燃烧温度的因素有：

（1）鼓风温度。鼓风温度升高，则带入炉缸的物理热增加，从而使 $t_{理}$ 升高。一般每±100℃风温可影响理论燃烧温度±80℃。

（2）鼓风湿分。由于水分分解吸热，鼓风湿分增加，$t_{理}$ 降低。鼓风中±$1g/m^3$ 湿分，风温干9℃。

（3）鼓风富氧率。鼓风富氧率提高，N_2 含量降低，从而使 $t_{理}$ 升高。鼓风含氧量±1%，风温±（35~45）℃。

（4）喷吹燃料。高炉喷吹燃料后，喷吹物的加热、分解和裂化使 $t_{理}$ 降低。各种燃料的分解热不同，对 $t_{理}$ 的影响也不同。对 $t_{理}$ 影响的顺序为天然气、重油、烟煤、无烟煤，喷吹天然气时 $t_{理}$ 降低幅度最大。每喷吹10kg煤粉 $t_{理}$ 降低20~30℃，无烟煤为下限，烟煤为上限。

C　送风制度的调节

（1）风量。风量对炉料下降、煤气流分布和热制度都将产生影响。一般情况下，增加风量，综合冶炼强度提高。在燃料比降低或燃料比维持不变的情况下，风量增加，下料速度加快，生铁产量增加。

在炉况稳定的条件下，风量波动不宜太大，并保持料批稳定，料速超过正常规定应及时减少风量。当高炉出现悬料、崩料或低料线时，要及时减风，并一次减到所需水平。渣铁未出净时，减风应密切注意风口状况，防止风口灌渣。

当炉况转顺、需要加风时，不能一次到位，防止高炉顺行破坏。两次加风应有一定的时间间隔。

（2）风温。提高风温可大幅度地降低焦比，是强化高炉冶炼的主要措施。提高风温能增加鼓风动能，提高炉缸温度活跃炉缸工作，促进煤气流初始分布合理，改善喷吹燃料的效果。因此，高炉生产应采用高风温操作，充分发挥热风炉的能力。

在喷吹燃料情况下，一般不使用风温调节炉况，而是将风温固定在较高水平上，通过喷吹量的增减来调节炉温。这样可最大限度发挥高风温的作用，维持合理的风口前理论燃烧温度。

当炉热难行需要撤风温时，幅度要大些，一次撤到高炉需要的水平；炉况恢复时提高风温幅度要小，可根据炉温和炉况接受程度，逐渐将风温提高到需要的水平，防止煤气体积迅速膨胀而破坏顺行。提高风温速度不超过 50℃/h。

在操作过程中，应保持风温稳定，换炉前后风温波动应小于 30℃。目前热风炉采用交叉并联送风制度风温波动降低。

（3）风压。风压直接反映炉内煤气与料柱透气性的适应情况，它的波动是冶炼过程的综合反映。目前高炉普遍装备有透气性指数仪表，对炉况变化反应灵敏，有利于操作者判断炉况。

（4）鼓风湿分。鼓风中湿分增加 $1g/m^3$，相当于风温降低 9℃，但水分分解出的氢在炉内参加还原反应，又放出相当于 3℃ 风温的热量。加湿鼓风需要热补偿，对降低焦比不利。因此，喷吹燃料的高炉，基本上不采用加湿鼓风。有些大气温度变化较大地区的高炉，采用脱湿鼓风技术，取得炉况稳定、焦比降低的良好效果。

（5）喷吹燃料。喷吹燃料在热能和化学能方面可以取代焦炭的作用。但是，不同燃料在不同情况下，代替焦炭的数量是不一样的。通常把单位燃料能替换焦炭的数量称为置换比。

随着喷吹量的增加，置换比逐渐降低。这是由于喷吹的燃料在风口回旋区加热、分解和气化时要消耗一定的热量，导致炉缸温度降低。喷吹燃料越多，炉缸温度降低也越多。而炉缸温度的降低，燃料的燃烧率也降低。因此，在喷吹量不断增加的同时，应充分考虑由于置换比降低对高炉冶炼带来的不利影响，并采取措施提高置换比。这些措施包括提高风温给予热补偿、提高燃烧率、改善原料条件以及选用合适的操作制度。

喷吹燃料进入风口后，其组分分解需要吸收热量，其燃烧反应、分解反应的产物参加对矿石的加热和还原后才放出热量，因此炉温的变化要经过一段时间才能反映出来，这种炉温变化滞后于喷吹量变化的特性称为热滞后性。热滞后时间大约为冶炼周期的 70%，热滞后性随炉容、冶炼强度、喷吹量等的不同而不同。

用喷吹量调节炉温时，要注意炉温的趋势，根据热滞后时间，做到早调，调剂量准确。喷吹设备临时发生故障时，必须根据热滞后时间，准确地进行变料，以防炉温波动。

（6）富氧鼓风。富氧后能够提高冶炼强度，增加产量。由于煤气含氮量减少，单位生铁煤气生成量减少，可以提高风口前理论燃烧温度，有利于提高炉缸温度，补偿喷煤引起的理论燃烧温度的下降；增加鼓风含氧量，有利于改善喷吹燃料的燃烧；煤气中 N_2 含量减少，炉腹 CO 浓度相对增加，有利于间接反应进行；同时炉顶煤气热值提高，有利于热风炉的燃烧，为提高风温创造条件。

富氧鼓风只有在炉况顺行的情况下才能进行，在炉况顺行不好（如发生悬料、塌料等情况及炉内压差高，不接受风量时）不宜使用富氧。在大喷吹情况下，高炉停止喷煤或大幅度减少煤量时，应及时减氧或停氧。

4.1.1.3　装料制度

装料制度指炉料装入炉内的方式方法的有关规定，包括装入顺序、装入方法、旋转溜槽倾角、料线和批重等。高炉上部气流分布调节是通过变更装料制度，调节炉料在炉喉的分布状态，从而使气流分布更合理，充分利用煤气的热能和化学能，以达到高炉稳定顺行的目的。炉料装入炉内的设备有钟式炉顶装料设备和无钟炉顶装料设备。

A　影响炉料分布的因素

影响炉料分布的因素包括固定条件和可变条件两个方面。

（1）固定条件有：

1）装料设备类型（主要分钟式炉顶和布料器、无钟炉顶）和结构尺寸（如大钟倾角、下降速度、边缘伸出料斗外长度，旋转溜槽长度等）。

2）炉喉间隙。

3）炉料自身特性（粒度、堆角、堆密度、形状等）。

（2）可变条件有：

1）旋转溜槽倾角、转速、旋转角。

2）活动炉喉位置。

3）料线高度。

4）炉料装入顺序。

5）批重。

6）煤气流速等。

B　固定因素对布料的影响

（1）炉喉间隙。在高炉正常料线范围内，料流中心离炉墙很近。炉喉间隙越大，炉料堆尖距炉墙越远；反之则越近。批重较大，炉喉间隙小的高炉，总是形成"V"形料面。只有炉喉间隙较大，或采用可调炉喉板，方能形成"倒W"形料面。

（2）大钟倾角。现在高炉大钟倾角多为50°~53°。大钟倾角越大，炉料越布向中心。小高炉炉喉直径小，边缘和中心的料面高度差不大，故大钟倾角可小些，以便于向边缘布料。

（3）大钟下降速度及行程。大钟下降速度和炉料滑落速度相等时，大钟行程大，布料有疏松边缘的趋势。大钟下降进度大于炉料滑落速度时，大钟行程的大小对布料无明显影响。大钟下降速度小于炉料滑落速度时，大钟行程大有加重边缘的趋势。

（4）大钟边缘伸出料斗外的长度。大钟边缘伸出料斗外的长度越大，炉料越易布向炉墙。

C　钟式炉顶布料

改变装入顺序可使炉喉径向料层的矿焦比发生改变，从而影响煤气流的分布。

（1）矿石对焦炭的推挤作用。矿石落入炉内时，对其下的焦炭层产生推挤作用，使焦炭产生径向迁移；于是矿石落点附近的焦炭层厚度减薄，矿石层自身厚度则增厚；但炉喉中心区焦炭层却增厚，矿石层厚度随之减薄。大型高炉炉喉直径大，推向中心的焦炭阻挡矿石布向中心的现象更为严重，以致中心出现无矿区。

（2）不同装入顺序对气流分布的影响。炉料落入炉内，从堆尖两侧按一定角度形成斜面。堆尖位置与料线、批重、炉料粒度、密度和堆角以及煤气速度有关；当这些因素一定时，不同装入顺序对煤气流的分布有不同影响。由于炉内焦炭的堆角大于矿石的堆角，所以先装入矿石加重边缘，先加入焦炭则发展边缘。

D　无料钟布料

a　无料钟布料特征

（1）焦炭平台。钟式高炉大钟布料堆尖靠近炉墙，不易形成一个布料平台，漏斗很深，料面不稳定。无料钟高炉通过旋转溜槽进行多环布料，易形成一个焦炭平台，即料面由平台和漏斗组成，通过平台形式调整中心焦炭和矿石量。平台小，漏斗深，料面不稳定。平台大，漏斗浅，中心气流受抑制。适宜的平台宽度由实践决定。一旦形成，就保持相对稳定，不作为调整对象。

（2）钟式布料小粒度随落点变化，由于堆尖靠近炉墙，故小粒度炉料多集中在边缘，大粒度炉料滚向中心。无料钟采用多环布料，形成数个堆尖，故小粒度炉料有较宽的范围，主要集中在堆尖附近。在中心方向，由于滚动作用，还是大粒度居多。

（3）钟式高炉大钟布料时，矿石把焦炭推向中心，使边缘和中间部位 O/C 比增加，中心部位焦炭增多。无料钟高炉旋转滑槽布料时，料流小而面宽，布料时间长，因而矿石对焦炭的推移作用小，焦炭料面被改动的程度轻，平台范围内的 O/C 比稳定，层状比较清晰，有利于稳定边缘气流。

b　布料方式

无料钟旋转溜槽一般设置 11 个环位，每个环位对应 1 个倾角，由里向外，倾角逐渐加大。不同炉喉直径的高炉，环位对应的倾角不同。布料时由外环开始，逐渐向里环进行，可实现多种布料方式。

（1）单环布料。单环布料的控制较为简单，溜槽只在一个预定角度做旋转运动。其作用与钟式布料无大的区别。但调节手段相当灵活，大钟布料是固定的角度，旋转溜槽倾角可任意选定，溜槽倾角 α 越大炉料越布向边缘。当 $\alpha_C > \alpha_O$ 时边缘焦炭增多，发展边缘。当 $\alpha_O > \alpha_C$ 时边缘矿石增多，加重边缘。

（2）螺旋布料。螺旋布料自动进行，它是无料钟最基本的布料方式。螺旋布料从一个固定角位出发，炉料以定中形式进行螺旋式的旋转布料。每批料分成一定份数，每个倾角上份数根据气流分布情况决定。如发展边缘气流，可增加高倾角位置焦炭份数，或减少高倾角位置矿石份数，否则相反。每环布料份数可任意调整，使煤气流合理分布。

（3）扇形布料。这种布料方式为手动操作。扇形布料时，可在 6 个预选水平旋转角度中选择任意两个角度，重复进行布料。可预选的角度有 0°、60°、120°、180°、240°、300°。这种布料方式只适用于处理煤气流分布失常，且时间不宜太长。

（4）定点布料。这种布料方式手动进行。定点布料可在 11 个倾角位置中任意角度进行布料，其作用是堵塞煤气管道行程。

根据无钟布料方式和特点，炉喉料面应由一个适当的平台和由滚动为主的漏斗组成。为此，应考虑以下问题：

（1）焦炭平台是根本性的，一般情况下不作调节对象。

（2）高炉中间和中心的矿石在焦炭平台边缘附近落下为好。

（3）漏斗内用少量的焦炭来稳定中心气流。

为满足上述要求必须正确地选择布料的环位和每个环位上的布料份数。环位和份数变更对气流的影响见表4-3，从1~6号对布料的影响程度逐渐减小，1号、2号变动幅度太大，一般不宜采用。3号、4号、5号、6号变动幅度较小，可作为日常调节使用。

表 4-3 环位和份数对气流分布影响

序号	变动类型	影响	备 注
1	矿焦环位同时向相反方向变动	最大	不轻易采用，处理炉况失常选用
2	矿或焦环位单独变动	大	用于原燃料或炉况有较大波动
3	矿焦环位同时向同一方向变动	较大	用于日常调节炉况
4	矿焦环位不动时，同时反向变动份数	小	用于日常调节炉况
5	矿焦环位不动，单独变动矿或焦份数	较小	用于日常调节炉况
6	矿焦环位不动，向同方向变动矿焦份数	最小	用于日常调节炉况

E 批重

a 批重对炉喉炉料分布的影响

批重变化时，炉料在炉喉的分布变化如图4-3所示。

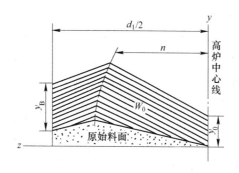

图 4-3 批重对炉喉分布的影响

（1）当 $y_0 = 0$，即批重刚好使中心无矿区的半径为0，令此时的批重 $W = W_0$，称为临界批重。

（2）如批重 $W > W_0$，随着批重增加，中心 y_0 增厚，边缘 y_B 也增厚，炉料分布趋向均匀，边缘和中心都加重。

（3）如批重 $W < W_0$，随着批重减小，不仅中心无矿区半径增大，边缘 y_B 也减薄，甚至出现边缘和中心两空的局面。

（4）当 $n = d/2$ 时，即堆尖移至炉墙，W 减小则中心减轻；若 $W < W_0$ 后继续减小，炉料仍将落至边缘。

批重决定炉内料层的厚度。批重越大，料层越厚，软熔带焦层厚度越大；此外料柱的层数减少，界面效应减小，利于改善透气性。但批重扩大不仅增大中心气流阻力，也增大边缘气流的阻力，所以一般随批重扩大，压差有所升高。

b　批重的选择

批重对高炉操作和上料设备设计都有重要意义：确定微变区批重值应注意炉料含粉末（<5mm）量，粉末含量越少批重可以越大。粉末含量多时，可在缓变区靠近微变区侧选择操作批重。通过实践摸索，大中型高炉适宜焦批厚度 0.45～0.50m，矿批厚度 0.4～0.45m，随着喷吹物的增加，焦批与矿批已互相接近。

c　影响批重的因素

（1）批重与炉容的关系。炉容越大，炉喉直径也越大，批重应相应增加。

（2）批重与原燃料的关系。批重与原燃料性能有关，品位越高，粉末越少，则炉料透气性越好，批重可适当扩大。

（3）批重与冶炼强度的关系。随冶炼强度提高，风量增加，中心气流加大，需适当扩大批重，以抑制中心气流。

（4）批重与喷吹量的关系。当冶炼强度不变、高炉喷吹燃料时，由于喷吹物在风口内燃烧，炉缸煤气体积和炉腹煤气速度增加，促使中心气流发展，需适当扩大批重，抑制中心气流。但是随着冶炼条件的变化，近几年来在大喷煤量的高炉上出现了相反的情况。随着喷吹量增加，中心气流不易发展，边缘气流反而发展。这时则不能加大批重。

F　炉喉煤气速度的影响

煤气对炉料的阻力在空区是向上的，可称作浮力，这个力的增长与煤气速度的平方成正比。

煤气浮力对不同粒度炉料的影响不同，在一般冶炼条件下，煤气浮力只相当于直径 19mm 粒度矿石质量的 5%～8%，相当于 10mm 焦炭质量的 1%～2%，但煤气浮力 P 与炉料质量 Q 的比值（P/Q）因粒度缩小而迅速升高，对于小于 5mm 炉料的影响不容忽视。

如果块状带中炉料的孔隙度在 0.3～0.4mm，一般冶炼强度的煤气速度很容易达到 4～8m/s，可把 0.3～2mm 的矿粉和 1～3mm 的焦粉吹出料层。煤气离开料层进入空区后速度骤降，携带的粉料又落至料面，如果边缘气流较强，则粉末落向中心，若中心气流较强则落向边缘。

由于气流浮力将产生炉料在炉喉落下时出现分级的现象；冶炼强度较大时，小于 5mm 炉料的落点较大于 5mm 炉料的落点向边缘外移。

使用含粉较多的炉料，以较高冶炼强度操作时，必须保持使粉末集中于既不靠近炉墙，也不靠近中心的中间环形带内，以保持两条煤气通路和高炉顺行；否则无论是只发展中心或只发展边缘，都避免不了粉末形成局部堵塞现象，导致炉况失常。

由于煤气速度对布料的影响，日常操作中使炉喉煤气体积发生变化的原因（如改变冶炼强度、富氧鼓风、改变炉顶压力等），都会影响炉料分布，应予注意。

G　料线

在碰撞点之上，提高料线将使堆尖与炉墙的距离增大，同时炉料堆角也有所增大，降低料线则作用相反。随着料线深度增加，矿石对焦炭的冲击、推挤作用也增强。要求边缘气流发展时，可适当提高料线；反之则适当降低料线。

料线在碰撞点之下时，炉料先撞击炉墙，然后反弹落下，矿石对焦炭的冲击推挤作用更大，强度较差的炉料被撞碎，使布料层次紊乱，气流分布失去控制。

碰撞点的位置与炉料性质、炉喉间隙、大钟边缘伸出料斗外的长度及大钟倾角等因素有关。生产中因炉料粒度不同，单块质量不一，与炉墙碰撞处有一定宽度范围的碰撞带。开炉装料时应测定碰撞带的位置，以确定正常生产的料线位置。确定后保持稳定，只在改变装入顺序尚不能满足冶炼要求时，才改变料线位置。

a 料线深度

钟式高炉大钟全开时，大钟下沿为料线的零位。无料钟高炉料线零位在炉喉钢砖上沿。零位到料面间距离为料线深度。一般高炉正常料线深度为 1.5~2.0m，特殊情况需要临时开大钟或转动旋转溜槽时，应根据批重核对料层厚度及料线高度，严禁装料过满而损坏大钟拉杆和旋转溜槽。正常生产时两个探尺深度相差小于 0.5m，个别情况单探尺上料应以浅尺为准，不许长期使用单探尺上料。

b 料线对气流分布的影响

大钟开启时炉料堆尖靠近炉墙的位置，称为碰点，此处边缘最重。在碰点之上，提高料线，布料堆尖远离炉墙，则发展边缘；降低料线，堆尖接近边缘，则加重边缘。

料线在碰点以下时，炉料先撞击炉墙。然后反弹落下，矿石对焦炭的冲击作用增大，强度差的炉料撞碎，使布料层紊乱，气流分布失去控制。

碰点的位置与炉料性质、炉喉间隙及大钟边缘伸出漏斗的长度有关。开炉装料时应进行测定，计算方法比较复杂，可根据料流轨迹进行计算。

c 料面堆角

炉内实测的堆角变化，因设备和炉料条件不同，差别很大，但其变化有以下规律：

（1）炉容越大，炉料的堆角越大，但都小于其自然堆角。

（2）在碰点以上，料线越深，堆角越小。

（3）焦炭堆角大于矿石堆角。原因是近年来矿石平均粒度范围缩小，再加上矿石对焦炭的推移作用所致，特别是钟式高炉推移作用更大。

（4）生产中的炉料堆角远小于送风前的堆角。

为减少低料线对布料的影响，无料钟按料线小于 2m、2~4m、4~6m 3 个区间，以料流轨迹落点相同，求出对应的溜槽角。输入上料微机，在低料线时控制落点不变，以避免炉料分布变坏。溜槽倾角见表 4-4。

表 4-4 溜槽倾角与位置

位 置	11	10	9	8	7	6	5	4	3	2	1
0 料线倾角/(°)	50.5	48.5	46.5	44.5	42.0	39.0	35.5	32.0	28.0	23.0	16.0
1m 料线倾角/(°)	46.5	44.0	42.0	40.0	37.5	35.0	32.5	29.5	25.0	21.0	15.0
2m 料线倾角/(°)	42.5	40.5	38.5	36.5	34.0	31.5	28.5	25.5	22.0	18.0	14.0
4m 料线倾角/(°)	37.0	35.5	33.5	31.5	29.5	27.5	25.0	22.5	19.5	16.0	13.0
落点/mm	4004	3808	3602	3383	3149	2896	2618	2307	1945	1492	618

注：落点指距中心距离。

H　控制合理的气流分布和装料制度的调节

高炉合理气流分布规律，首先要保持炉况稳定顺行，控制边缘与中心两股气流；其次是最大限度地改善煤气利用，降低焦炭消耗。它没有一个固定模式，随着原燃料条件改善和冶炼技术的发展而发生变化。原料粉末多，无筛分整粒设备，为保持顺行必须控制边缘与中心 CO_2 相近的"双峰"式煤气分布。当原燃料改善，高压、高风温和喷吹技术的应用，煤气利用改善，炉喉煤气曲线上移，形成了边缘 CO_2 略高于中心的"平峰"式曲线，综合煤气 CO_2 质量分数达到 16%~18%。随着烧结矿整粒技术和炉料品位的提高及炉料结构的改善，出现了边缘煤气 CO_2 高于中心，而且差距较大的"展翅"形煤气曲线，综合 CO_2 质量分数达到 19%~20%，最高达 21%~22%。但不管怎样变化，都必须保持边缘与中心两股气流，过分地加重边缘会导致炉况失常。

炉子中心温度值（CCT）约为 500~600℃，边缘温度值大于 100℃，宝钢 1 号高炉为钟式炉顶，临近边缘的温度点比其他要低一点，一般边缘至中间的温度呈平缓的状态。超过 200℃ 的范围较窄，相邻中心点的温度在 200~300℃。高炉开炉初期中心温度可达 800℃，随着产量提高逐步下降。炉容小 CCT 值偏低。原燃料质量好，为了提高煤气利用率，CCT 值可适当降低。

CCT 值的波动反映了中心气流的稳定程度，高炉进入良好状态时，波动值小于 ±50℃。

控制边缘气流稳定非常必要，在达到 200℃ 时，将呈现不稳定现象。

高炉日常生产中，生产条件总是有波动的，有时甚至变化很大，从而影响炉况波动和气流分布失常。要及时调整装料制度，改善炉料和软熔带透气性。保持边缘与中心两股气流，以减少炉况波动和失常。

（1）原燃料条件变化。原燃料条件变差，特别是粉末增多，出现气流分布和温度失常时，应及早改用边缘与中心均较发展的装料制度。但要避免过分的发展边缘，也不要不顾条件片面追求发展中心气流。原料条件改善、顺行状况好时，为提高煤气利用，可适当扩大批重和加重边缘。

（2）冶炼强度变化。由于某种原因被迫降低冶炼强度时，除适当地缩小风口面积外，上部要采取较为发展边缘的装料制度，同时要相应缩小批重。

（3）装料制度与送风制度相适宜。装料制度与送风制度应保持适宜。当风速低、回旋区较小、炉缸初始气流分布边缘较多时，不宜采用过分加重边缘的装料制度，应在适当加重边缘的同时强调疏导中心气流，防止边缘突然加重而破坏顺行。可缩小批重，维持两股气流分布。若下部风速高回旋区大，炉缸初始气流边缘较少时，也不宜采用过分加重中心的装料制度，应先适当疏导边缘，然后再扩大批重相应增加负荷。

（4）临时改变装料制度调节炉况。炉子难行、休风后送风、低料线下达时，可临时改若干批强烈发展边缘的装料制度，以防崩料和悬料。

改若干批双装、扇形布料和定点布料时，可消除煤气管道行程。

连续崩料或大凉时，可集中加若干批净焦，可提高炉温，改善透气性，减少事故，加速恢复。

炉墙结厚时，可采取强烈发展边缘的装料制度，提高边缘气流温度，消除结厚。

为保持炉温稳定，改倒装或强烈发展边缘装料制度时，要相应减轻焦炭负荷。全倒装时应减轻负荷 20%~25%。

4.1.1.4 造渣制度

造渣制度应适合于高炉冶炼要求，有利于稳定顺行，有利于冶炼优质生铁。根据原燃料条件，选择最佳的炉渣成分和碱度。

A 造渣制度的要求

造渣有如下要求：

（1）要求炉渣有良好的流动性和稳定性，熔化温度在 1300~1400℃，在 1400℃左右黏度小于 1Pa·s，可操作的温度范围大于 150℃。

（2）有足够的脱硫能力，在炉温和碱度适宜的条件下，当硫负荷小于 5kg/t 时，硫分配系数 L_S 为 25~30，当硫负荷大于 5kg/t 时，L_S 为 30~50。

（3）对高炉砖衬侵蚀能力铰弱。

（4）在炉温和炉渣碱度正常条件下，应能炼出优质生铁。

B 对原燃料的基本要求

为满足造渣制度要求，对原燃料必须有如下基本要求：

（1）原燃料含硫低，硫负荷不大于 5.0kg/t。

（2）原燃料难熔和易熔组分低，如氟化钙含量越低越好。

（3）易挥发的钾、钠成分越低越好。

（4）原燃料中含有少量的氧化锰、氧化镁对造渣有利。

C 炉渣的基本特点

高炉根据不同的原燃料条件及生铁品种规格，选择不同的造渣制度。生铁品种与炉渣碱度的关系见表 4-5。

表 4-5 生铁品种与炉渣碱度的关系

品 种	硅铁	铸造生铁	炼钢生铁	低硅铁	锰铁
CaO/SiO_2	0.6~0.9	0.9~1.10	1.05~1.20	1.10~1.25	1.20~1.50

在炉渣成分中，主要是碱性氧化物和酸性氧化物，因此，碱度最能反映炉渣成分的变化和炉渣性质的差异，对高炉冶炼效果有直接影响。

碱度高的炉渣熔点高而且流动性差，稳定性不好，不利于顺行。但为了获得低硅生铁，在原燃料粉末少、波动小、料柱透气性好的条件下，可以适当提高碱度。但需要有充足的物理热作保证，如宝钢生产低硅铁时，铁水温度要在 1500℃以上。

不同原燃料条件，应选择不同的造渣制度。渣中适宜 MgO 含量与碱度有关，CaO/SiO_2 越高，适宜的 MgO 应越低。若 Al_2O_3 质量分数在 17% 以上，CaO/SiO_2 质量分数过高时，将使炉渣的黏度增加，导致炉况顺行被破坏。因此，适当增加 MgO 质量分数，降低 CaO/SiO_2，便可获得稳定性好的炉渣。

由于原燃料成分的波动，必然涉及炉渣碱度的变化。因此，应经常检查炉渣碱度，进行及时调整。

通常利用改变炉渣的成分来满足生产中的需要。

（1）因炉渣碱度过高而产生炉缸堆积时，可用比正常碱度低的酸性渣去清洗。若高炉下部有黏结物或炉缸堆积严重时，可以加入萤石（CaF_2），以降低炉渣黏度和熔化温度，清洗下部黏结物，加入量应严格控制，防止造成炉缸烧穿事故。

（2）根据不同铁种的需要利用炉渣成分促进或抑制硅、锰还原。当冶炼硅铁、铸造铁时，需要促进硅的还原，应选择较低的炉渣碱度。冶炼炼钢生铁时，既要控制硅的还原，又要保持较高的铁水温度，应选择较高的炉渣碱度。对锰的还原，由于从 MnO 的还原是直接还原，而 MnO 多以 $MnO \cdot SiO_2$ 存在，因而［Mn］是从炉渣中还原出来的，当有 CaO 存在时，还原反应式为：

$$(MnO \cdot SiO_2) + C + (CaO) \Longrightarrow [Mn] + (CaO \cdot SiO_2) + CO$$

如提高炉渣碱度，CaO 质量分数增加，有利于反应的进行，对锰的还原有利，还可降低热量消耗。因此，冶炼锰铁时需要较高的碱度。

（3）利用炉渣成分脱除有害杂质。当矿石含碱金属（钾、钠）较高时，为了减少碱金属在炉内循环富集的危害，需要选用熔化温度较低的酸性炉渣。

若炉料含硫较高时，需提高炉渣碱度，以利脱硫。如果单纯提高炉渣二元碱度，虽然 CaO 与硫的结合力提高，但是炉渣黏度增加、铁中硫的扩散速度降低，不仅不能很好地脱硫，还会影响高炉顺行。特别是当渣中 MgO 质量分数低时，增加 CaO 质量分数对黏度等炉渣性能影响更大。因此，应适当增加渣中 MgO 质量分数，提高三元碱度，以增加脱硫能力。虽然从热力学的观点看，MgO 的脱硫能力比 CaO 弱，但在一定范围内 MgO 能改善脱硫的动力学条件，脱硫效果很好。MgO 质量分数以 7%~12% 为好。

D　炉渣中的氧化物对炉渣的影响

炉渣除了 CaO、SiO_2 两种主要成分含量对炉渣性能有影响之外，MgO、Al_2O_3、CaF_2、TiO_2、K_2O、Na_2O 等对炉渣也有很大影响。

（1）碱金属。高炉原料中所含碱金属主要以硅铝酸盐或硅酸盐形式存在。当它们落至下部高温区时，一部分进入渣中，一部分还原成 K、Na 或生成 KCN、NaCN 气体，随煤气上升至 CO_2 浓度较高而温度较低的区域，除被炉料吸收及随煤气逸出者外，其余则被 CO_2 重新氧化为氧化物或碳酸盐，当有 SiO_2 存在时可生成硅酸盐。反应生成的 K_2CO_3、Na_2CO_3、Na_2SiO_3、KCN、NaCN 等都为液体或固体粉末，黏在炉料上或被煤气带走。被炉料黏附和吸收的碱金属化合物又随炉料下降，再次被还原和气化，如此循环而积累。如果炉渣排碱能力不足，高炉中上部的碱金属含量将远超过入炉前的水平。碱金属对高炉冶炼有如下危害：

1）铁矿石含有较多碱金属时，炉料透气性恶化，易形成低熔点化合物而降低软化温度，使软熔带上移。

2）碱金属会引起球团矿异常膨胀而严重粉化。

3）碱金属对焦炭的危害也很严重。主要对焦炭气化反应起催化作用，使焦炭粉化增加，强度和粒度减小。

4）高炉中上部生成的液态或固态粉末状碱金属化合物能黏附在炉衬上，促使炉墙结厚或结瘤，或破坏炉衬。

防止碱金属危害除了减少入炉料的碱金属含量和降低碱负荷以外，提高炉渣排碱能力是主要措施。高炉排碱的主要措施有：

1) 降低炉渣碱度。在一定的炉温下，随炉渣碱度降低，排碱率相应提高。自由碱度 ±0.1，影响渣中碱金属氧化物∓0.30%（质量分数）。

2) 降低炉渣碱度或炉渣碱度不变，生铁含硅量降低，排碱能力提高。［Si］±0.1%（质量分数），影响渣中碱金属氧化物∓0.045%（质量分数）。

3) 提高渣中 MgO 质量分数，可以降低 K_2O、Na_2O 活度，渣中 MgO 质量分数提高，排碱率提高。渣中 MgO±1%（质量分数），影响渣中碱金属氧化物∓0.21%（质量分数）。

4) 渣中含氟±1%（质量分数），影响渣中碱金属氧化物±0.16%（质量分数）。

5) 提高（MnO/Mn）比，可提高渣中碱金属氧化物。

（2）MgO。

1) MgO 可改善原料的高温特性。MgO 主要改善烧结矿的还原粉化性和软熔特性。高炉内煤气通过软熔带时所受的阻力最大，所以软熔带的形状和位置对高炉操作的影响较大，软熔带位置的下移和减薄，将改善透气性，促进炉况顺行，MgO 为高熔点化合物，增加 MgO 使矿石熔点升高，促使软熔带的下移。

2) MgO 渣的脱硫。从热力学观点出发，MgO 的脱硫能力低于 CaO。但从动力学观点和实验结果来看，渣中含适量 MgO 时，炉渣流动性改善，有利于脱硫。但当 MgO 质量分数超过 15%~20%，炉渣黏度激增，这种渣不但脱硫能力极低，甚至不能正常冶炼。

3) MgO 对炉内［Si］还原的抑制。提高渣中 MgO，生铁含 Si 质量分数降低。其主要原因是：MgO 提高初渣熔点，使软熔带下移，滴落带高度降低；MgO 增加，三元碱度提高，抑制了［Si］的还原。

4.1.1.5 基本制度间的关系

高炉冶炼过程是在上升煤气流和下降炉料的相向运动中进行的。在这个过程中，下降炉料被加热、还原、熔化、造渣、脱硫和渗碳，从而得到合格的生铁产品。要使这一冶炼过程顺利进行，只有选择合理的操作制度，来充分发挥各种基本制度的调节手段，促进生产发展。四大基本制度相互依存，相互影响。如热制度和造渣制度是否合理，对炉缸工作和煤气流的分布，尤其是对产品质量有一定的影响，但热制度和造渣制度两者是比较固定的，其不合理程度易于发现和调节。而送风制度和装料制度则不同，它们对煤气与炉料相对运动影响最大，直接影响炉缸工作和顺行状况，同时也影响热制度和造渣制度的稳定。因此，合理的送风制度和装料制度是正常冶炼的前提。下部调节的送风制度，对炉缸工作起决定性的作用，是保证高炉内整个煤气流合理分布的基础。上部调节的装料制度，是利用炉料的物理性质、装料顺序、批重、料线及布料器工作制度等来改变炉料在炉喉的分布状态与上升煤气流达到有机的配合，是维持高炉顺行的重要手段。为此，选择合理的操作制度，应以下部调节为基础，上下部调节相结合。下部调节是选择合适的风口面积和长度，保持适当的鼓风动能，使初始煤气流分布合理，使炉缸工作均匀活跃；上部调节，炉料在炉喉处达到合理分布，使整个高炉煤气流分布合理，高炉冶炼才能稳定顺利进行。

在正常冶炼情况下，提高冶炼强度，下部调节一般用扩大风口面积，上部调节一般用扩大批重及调整装料顺序或角度。在上下部的调节过程中，还要考虑炉容、炉型、冶炼条件及炉料等因素，各基本操作制度只有做到有机配合，高炉冶炼才能顺利进行。

4.1.1.6　冶炼制度的调整

各种冶炼制度彼此影响。合理的送风制度和装料制度，可使煤气流分布合理，炉缸工作良好，炉况稳定顺行。若造渣制度和热制度不合适，会影响煤气分布，引起炉况波动。生产过程常因送风制度和装料制度不当，而引起热制度波动。所以，必须保持各冶炼操作制度互相适应，出现异常及时准确调整。

(1) 正常操作时冶炼制度各参数应在灵敏可调的范围内选择，不得处于极限状态。

(2) 在调节方法上，一般先进行下部调节，其后为上部调节。特殊情况可同时采用上下部调节手段。

(3) 恢复炉况，首先恢复风量，控制风量与风压对应关系，相应恢复风温和喷吹燃料，最后再调整装料制度。

(4) 长期不顺的高炉，风量与风压不对应，采用上部调节无效时，应果断采取缩小风口面积，或临时堵部分风口。

(5) 炉墙侵蚀严重、冷却设备大量破损的高炉，不宜采取任何强化措施，应适当降低炉顶压力和冶炼强度。

(6) 炉缸周边温度或水温差高的高炉，应及早采用含 TiO_2 炉料护炉，并适当缩小风口面积，或临时堵部分风口，必要时可改炼铸造生铁。

(7) 矮胖多风口的高炉，适于提高冶炼强度，维持较高的风速或鼓风动能和加重边缘的装料制度。

(8) 原燃料条件好的高炉，适宜强化冶炼，可维持较高的冶炼强度。反之则相反。

4.1.2　高炉炉况的判断与处理

要保持高炉优质、高产、低耗、长寿、环保，首先就是维持高炉炉况的稳定顺行。从操作方面来看，维持高炉炉况的稳定顺行主要是协调好各种操作制度的关系，做好日常调剂。正确判断各种操作制度是否合理，并准确地进行调剂，掌握综合判断高炉行程的方法与调剂规律，显得尤为重要。观察炉况的内容主要就是判断高炉炉况变化的方向与变化的幅度。这两者相比，首先要掌握变化的方向，使调剂不发生方向性的差错。其次，要掌握各种参数波动的幅度。只有正确掌握高炉炉况变化的方向和各种资料，调剂才能恰如其分。

4.1.2.1　高炉炉况的判断方法

常见的炉况判断方法有直接判断法和间接判断法。

A　直接判断法

高炉炉况的直接判断包括看出铁、看渣、看风口、看料速和探尺运动状态等，这是判断炉况的主要手段之一，尤其是对监测仪表不足的小型高炉更为重要。虽然直接判断法缺乏全面性，并且在时间上有一定的滞后性，但由于其具有直观和可靠的特点，因此是一项十分重要的观察方法，也是高炉工长必须掌握的技能。

a　看出铁

主要看铁中含硅与含硫情况，它的变化能反映炉缸热制度、造渣制度、送风制度、装料制度的变化情况。判断生铁含硅高低，主要以铁水流动过程中火花大小、多少，以及试样冷却后的断口颜色为依据。

铁水含硅低时，在出铁过程中，火花矮而多；铁水流动性好，不粘铁沟，铁样断口为白色。随着铁水含硅量的提高，火花逐渐变大、变少，当含硅质量分数超过3.0%时就没有火花了，同时铁水流动性也越来越差，粘铁沟现象越来越严重，铁样断口逐渐由白变灰，结晶颗粒加粗。

看火花估计含硅量要综合看出铁的全过程，既要看主沟火花的多少，又要看小坑出口及其他地方的火花情况，同时还要注意铁水的流速对火花的影响，一般流速快时火花多，这要与硅过低的情况区分开来。目前大型高炉铁沟都加沟盖，很难通过看火花来判断含硅量，这时可以通过看铁样断口来判断炉温。看生铁含硫情况是以铁水表面"油皮"多少和凝固过程中表面裂纹的变化及铁样断口来观察。铁水表面"油皮"多，凝固时表面颤动，裂纹大，形成凸起状，并有一层黑皮，铁样断口为白色，呈放射状针形结晶，铁样质脆易断时，生铁含硫高。随着生铁"油皮"减少，凝固时裂纹变小，形状下凹，铁质坚硬，断口白色减少，则生铁含硫降低。高硅高硫时铁样断口虽然是灰色的，但布满白色星点。生铁含硅量和含硫量直接反映了炉缸热制度与造渣制度是否合理。

高炉炉温充足时，生铁中［Si］升高而［S］降低。炉凉时，生铁中［Si］降低而［S］升高；当炉缸温度发生变化时，生铁中［S］的波动幅度比［Si］大。在炉渣成分基本不变的条件下，生铁含［Si］量增加，炉缸温度也相应增加。因此，在其他条件相同时可以用生铁含［Si］量来判断炉缸温度，生铁中含［S］量的变动成为判断炉缸温度变化趋势的标志。

(1) 看火花判断含硅量。

1) 冶炼铸造生铁。当［Si］质量分数大于2.5%时，铁水流动时没有火花飞溅；当［Si］质量分数为2.5%～1.5%时，铁水流动时出现火花，但数量少，火花呈球状；当［Si］质量分数小于1.5%时，铁水流动时出现的火花较多，跳跃高度降低，呈绒球状火花。

2) 冶炼炼钢生铁。当［Si］质量分数为1.0%～0.7%时，铁水流动时火花急剧增多，跳跃高度较低；当［Si］质量分数小于0.7%时，铁水表面分布着密集的针状火花束，非常多而跳得很低，可从铁口一直延伸到铁水罐。

目前，高炉主要以冶炼低硅生铁为主，硅质量分数一般在0.3%～0.6%之间，应掌握这个区间内火花的变化情况。

(2) 看试样断口及凝固状态判断含硅量。

1) 看断口：

①冶炼铸造铁：当［Si］质量分数为1.5%～2.5%时，模样断口为灰色，晶粒较细；当［Si］质量分数大于2.5%时，断口表面晶粒变粗，呈黑灰色；当［Si］质量分数大于3.5%时，断口逐渐变为灰色，晶粒又开始变细。

②冶炼炼钢生铁：当［Si］质量分数小于1.0%时，断口边沿有白边；当［Si］质量分数小于0.5%时，断口呈全白色；当［Si］质量分数为0.5%～1.0%时，为过渡状态，中心灰白，［Si］质量分数越低，白边越宽。

2) 看凝固状态。铁水注入模内，待冷凝后，可以根据铁模样的表面情况来判断。

当［Si］质量分数小于 1.0% 时，冷却后中心下凹，生铁含［Si］质量分数越低，下凹程度越大；当［Si］质量分数为 1.0%～1.5% 时，中心略有凹陷；当［Si］质量分数为 1.5%～2.0% 时，表面较平；当［Si］质量分数大于 2.0% 以后，随着［Si］质量分数的升高，模样表面鼓起程度越大。

（3）用铁水流动性判断含硅量。在生铁含［S］合格的情况下，可以根据铁水的流动性来判断炉温。

1）冶炼铸造生铁。当［Si］质量分数为 1.5%～2.0% 时，铁水流动性良好，但比炼钢铁黏些；当［Si］质量分数大于 2.5% 时，铁水变黏，流动性变差，随着［Si］质量分数的升高黏度增大。

2）冶炼炼钢生铁。铁水流动性良好，不粘沟。

（4）生铁含［S］的判断。

1）看铁水凝固速度及状态。当［S］质量分数小于 0.04% 时，铁水很快凝固；当［S］质量分数在 0.04%～0.06% 时，稍过一会儿铁水即凝固，生铁含［S］越高，凝固越慢，含［S］越低，凝固越快；当［S］质量分数在 0.03% 以下时，铁水凝固后表面很光滑，当［S］质量分数在 0.05%～0.07% 时，铁水凝固后表面出现斑痕，但不多；［S］质量分数大于 0.1% 时，表面斑痕增多，［S］越高，表面斑痕越多。

2）看铁水表面油皮及铁模样断口。当［S］质量分数小于 0.03% 时，铁水流动时表面没有油皮；当［S］质量分数大于 0.05% 时，表面出油皮；当［S］质量分数大于 0.1% 时，铁水表面完全被油皮覆盖。

3）将铁水注入铁模，并急剧冷却，打开断口观察：当［S］质量分数大于 0.08% 时，断口呈灰色，边沿呈白色；当［S］质量分数大于 0.1% 时，断口为白口，冷却后表面粗糙，如铁水注入铁模，缓慢冷却，则边沿呈黑色。

出铁过程中前后期铁水成分变化不大，一般说明炉缸工作均匀，炉况正常。若相差较大，说明炉温向某个方向发展，据此可掌握炉况发展的趋势。

b　看炉渣

炉渣是高炉冶炼的副产品，它反映高炉冶炼的结果，可以用炉渣外观和温度来判断炉渣成分及炉缸温度。

"炼好铁必须先炼好渣"，只有炉渣温度和成分适当，高炉生产才会正常。渣是直接判断炉况的重要手段。一看渣碱度，二看渣温，三看渣的流动性及出渣过程中的变化。

（1）用炉渣判断炉缸温度。炉缸温度通常是指炉渣与铁水的温度水平。炉热时，渣温充足，光亮夺目。在正常碱度时，炉渣流动性良好，不易粘沟。上下渣温基本一致。渣中不带铁，上渣口出渣时有大量煤气喷出，渣流动时，表面有小火焰。冲水渣时，呈大的白色泡沫浮在水面。

炉凉时，渣温逐渐下降，渣的颜色变为暗红，流动性差，易粘沟，渣口易被凝渣堵塞，打不开；上渣带铁多，渣口易烧坏，喷出的煤气量少，渣面起泡，渣流动时，表面有铁花飞溅。冲水渣时，冲不开，大量黑色硬块沉于渣池。

（2）用上下渣判断炉缸工作状态。炉缸工作均匀时，上下渣温基本一致。当炉缸中心堆积时，上渣热而下渣凉。放上渣时，开始炉渣温度高而后温度低；边沿堆积时，上渣凉而下渣热，有时渣口打不开，放上渣时，炉渣开始温度低而后温度升高。当炉缸圆周工作不均匀时，各渣口渣温和上下渣温相差较大。高炉偏料或产生管道时，低料面一侧或接近管道处的渣口比另一侧渣口温度低。

（3）用渣样判断炉缸温度及碱度。用样勺取样，待冷凝后，观察断口状况，可用来判断炉缸温度及炉渣碱度。

1）当炉温和碱度高时，渣样断口呈蓝白色，这时炉渣二元碱度为 1.2~1.3 左右。

2）若断口呈褐色玻璃状并夹有石头斑点，表明炉温较高，其二元碱度为 1.10~1.20 左右。

3）如果断口边沿呈褐色玻璃状，中心呈石头状，一般称之为灰心玻璃渣，表明炉温中等，碱度为 1.0~1.1 左右。

4）如果二元碱度为 1.3 以上时，冷却后，表面出现灰色粉状风化物。

5）当碱度小于 1.0 时，将逐渐失去光泽，变成不透明的暗褐色玻璃状渣，易脆。

6）低温炉渣，其断面为黑色，并随着渣中 FeO 增加而加深，一般渣中 FeO 质量分数大于 2%渣就变黑了。

7）严重炉凉时，渣会变得像沥青一样。

8）渣中含 MnO 多时，渣呈豆绿色。

9）渣含 MgO 较多时，渣呈浅蓝色；MgO 再增加时，渣逐渐变成淡黄色石状渣，如 MgO 质量分数大于 10%，炉渣断面为淡黄色石状渣。

10）在酸性渣范围内，渣表面由粗糙变为光滑而有光泽时，说明碱度由高到低，渣易拉丝，渣呈酸性；在碱性渣范围内的炉渣断口呈石头状，表面粗糙。此外，在看渣时，还应注意比较上渣与下渣的渣温和碱度是否均匀。出渣时前后渣温变化预示着炉况凉热的趋势，这对全面掌握炉缸工作状态和炉缸温度水平都有很大益处。

    c 看风口

高炉风口，不仅能反映炉缸热制度，也能反映送风与炉料下降的情况。炉热时，风口明亮，焦炭活跃，无大块升降；炉凉时风口发暗，升降多，甚至某些风口出现涌渣、挂渣。在观察风口时，应注意煤气流分布情况，边缘发展时风口明亮但炉温不高。在喷煤高炉看风口时，还应注意风口前煤粉的燃烧情况，防止煤粉喷吹在圆周方向上不均匀。

风口区是高炉内温度最高的区域。通过观看焦炭在风口区的运动状态和明亮程度，可以判断炉缸圆周各点的工作情况、温度和顺行情况。经常观察风口可以为操作者提供较早的炉况变化情况，能够做出及时的调节，确保高炉稳定顺行，如图 4-4~图 4-6 所示。

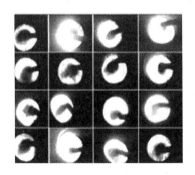

图 4-4　多风口图像显示

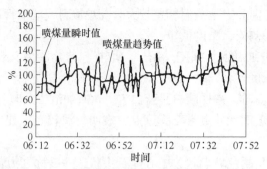

图 4-5　风口喷煤分析

图 4-6　风口温度分析

（1）用风口判断炉缸工作状态。炉缸状态均匀、活跃是高炉顺行的一个重要标志。

1）各风口明亮均匀，说明炉缸圆周各点温度均匀。

2）各风口焦炭运动活跃均匀，则炉缸圆周各点鼓风动能适当。风口明亮均匀、焦炭运动活跃均匀说明炉缸圆周各点工作正常。

（2）用风口判断炉缸温度。高炉炉况正常、炉温充足时，风口明亮，无升降，不挂渣。在生产中可以通过风口的变化来判断炉况的变化。

1）炉温下降时，风口亮度也随之变暗，有升降出现，风口同时挂渣。

2）在炉缸大凉时，风口挂渣、涌渣，甚至灌渣。

3）炉缸冻结时，大部分风口会灌渣。

4）如果炉温充足时风口挂渣，说明炉渣碱度可能过高。

5）炉温不足时，风口周围挂渣。

6）风口破损时，局部挂渣。

在观察风口时，以上几种情况应进行区别，防止调剂手段失当。

（3）用风口判断顺行情况。高炉顺行时各风口明亮但不耀眼，而且均匀活跃。每小时料批数均匀稳定，风口前无升降，不挂渣，风口破损少。

高炉难行时，风口前焦炭运动呆滞。悬料时，风口焦炭运动微弱，严重时停滞。

当高炉崩料时，如果属于上部崩料，风口没有什么反应。若是下部成渣区崩料很深时，在崩料前，风口表现非常活跃，而崩料后，焦炭运动呆滞。高炉发生管道行程时，正对管道方向。在管道形成初期风口很活跃，循环区也很深，但风口不明亮；当管道崩溃后，焦炭运动呆滞，有生料在风口前堆积。炉凉若发生管道崩溃，则风口灌渣。冶炼铸造生铁时这种现象较少，而冶炼炼钢生铁时较多。当高炉热行时，风口光亮夺目，焦炭循环区较浅，运动缓慢。如果发生偏料时，低料面一侧风口发暗，有生料和挂渣。炉凉时则涌渣、灌渣。

（4）用风口判断大小套漏水情况。当风口小套烧坏漏水时，风口将挂渣、发暗，并且水管出水不均匀，夹有气泡，出水温度差升高。

由于各风口对炉况的反应不可能同样灵敏，要着重看反应灵敏的风口，并与其他风口的情况相结合。

d　看料速和探尺运动状态

高炉下料速度受风量大小、批重及其他因素的影响。看料速主要是比较下料快慢及均匀性，看每小时下料批数和两批料的间隔时间。探尺运动状态直接表示炉料的运动状态，真实反映下料情况。

炉况正常时，探尺均匀下降，没有停滞和陷落现象；炉温向凉时，每小时料批数增加；而向热时，料批数减少；难行时，探尺呆滞。

探尺突然下降 300mm 以上时，称崩料；如果探尺不动时间较长称为悬料；如探尺间经常性地相差大于 300mm 时，称为偏料（可结合炉缸炉温来判断），偏料属于不正常炉况。如两探尺距离相差很大，若装完一批料后，距离缩小很多时，一般由管道引起。

在送风量及矿石批重不变的情况下，探尺下降速度间接地表示炉缸温度变化的动向及炉况的顺行情况。

通过炉顶摄像装置观看炉顶料流轨迹和料面形状，中心气流和边沿气流的分布情况，还能看到管道、塌料、坐料和料面偏斜等炉内现象。观察时要注意安装位置的对应关系，保证采取合适的布料措施。

直接观测法的经验需要在长期生产中实践，不断总结，通过可靠的观察，判断炉况波动。

B　间接判断法

随着科学技术的发展，高炉监测范围越来越广，精度越来越高，已成为判断炉况的主要手段。监测高炉生产的主要仪器仪表，按测量对象可分为以下几类：

（1）压力计类有热风压力计、炉顶煤气压力计、炉身静压力计和压差计等。

（2）温度计类有热风温度计、炉顶温度计、炉喉十字温度计、炉墙温度计、炉基温度计、冷却水温度计和风口内温度计和炉喉热成像仪等。

（3）流量计类有风量计、氧量计和冷却水流量计等。

此外还有炉喉煤气分析、荒煤气分析等。

在这些仪表中反映炉况变化最灵敏的是炉体各部静压力计、压差计。高炉可视为上升煤气与下降炉料的逆流容器。搞好顺行的重要环节，就是减少料柱对上升煤气的阻力或上升煤气对料柱的浮力。反映这一相对运动情况的重要指标是上升煤气在各部位的压头损失。不论是原燃料质量变化、送风制度、装料制度的变化，还是热制度与造渣制度变化，所产生的煤气体积变化或通道透气性变化，都先反映到这些仪表上。实践中体会到，它比风压、顶压等仪表反映早，并且它安装的层次多，各方向都有，能确切地指示出妨碍顺行的部位与方向。目前使用的各种仪表中，能反映炉内透气性比较灵敏的仪表是透气性指数，它不仅反映整个高炉的压差变化，还反映压差与风量之间的关系；它不仅是良好的判断炉况的仪表，还能很好地指导高炉操作，每座高炉都有自己不同条件的顺行、难行、管道、悬料等透气性指数范围。

　　a　利用 CO_2 曲线判断高炉炉况

　　（1）炉剖面变化与炉缸工作状态与 CO_2 曲线的关系。炉况正常时，在焦炭、矿石粒度不均匀的条件下，有较发展的两道煤气流，即高炉边沿与中心的气流都比中间环圈内的气流相对发展，这有利于顺行，同时也有利于煤气能量的利用（如果高炉原燃料质量好，粒度均匀，可以使这两道煤气流弱一些）。这种情况下形成边沿与中心两点 CO_2 质量分数低，而最高点在第三点的双峰式曲线。如果边沿与中心两点 CO_2 质量分数差值不大于 2%，这时炉况顺行，整个炉缸工作均匀、活跃，其曲线呈平峰式。

　　如果高炉煤气流分布失常，炉况难行，可以从煤气曲线中显示出来，如图 4-7 所示，其曲线的特征是：

　　1）炉缸中心堆积时，中心气流微弱，边沿气流发展，如图 4-7（a）所示，这时边沿第一点与中心点 CO_2 质量分数差值大于 2%（针对某些工厂的高炉而言，下同），有时边沿很低，最高点移向第四点，严重时移向中心，其 CO_2 曲线呈馒头状。

　　2）炉缸边沿气流不足，而中心气流过分发展时，如图 4-7（b）所示，由于中心气流过多，而使中心气流的 CO_2 质量分数值为曲线的最低点，而最高点移向第二点，严重时移向第一点，边沿与中心 CO_2 质量分数差值大于 2%，其曲线呈"V"形。

　　3）高炉结瘤时，使第一点的 CO_2 质量分数升高，炉瘤越大，CO_2 质量分数越高，甚至第二点、第三点也升高，而炉瘤表面上方的那一点 CO_2 质量分数最低。如果一侧结瘤时，则一侧煤气曲线失常；圆周结瘤时，CO_2 曲线全部失常。

　　4）高炉产生管道行程时，管道方向第一点、第二点 CO_2 质量分数下降，其他点则正常，管道方向最高点移向第四点，如图 4-7（d）所示。

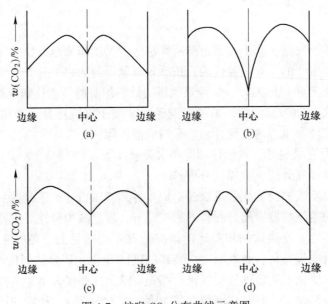

图 4-7　炉喉 CO_2 分布曲线示意图

（a）边缘气流；（b）中心气流；（c）两道气流；（d）管道行程

高炉崩料、悬料时，曲线紊乱，无一定规则形式，曲线多数表示平坦，边沿与中心气流都不发展。

(2) 炉温与 CO_2 曲线的关系。CO_2 曲线也可用来预测炉温发展趋势。

当 CO_2 曲线各点 CO_2 质量分数普遍下降时，或边沿一、二、三点显著下降，表明炉内直接还原度增加，或边沿气流发展，预示炉温向凉。同时，混合煤气中 CO_2 质量分数也下降。煤气曲线由正常变为边沿气流发展，预示在负荷不变的条件下炉温趋势向凉，煤气利用程度降低。

当边沿一、二、三点普遍上升、中心也上升时，则表示在负荷不变的条件下，煤气利用程度改善，间接还原增加，预示炉温向热。同时，混合煤气中 CO_2 质量分数也将升高，把两者结合起来判断，可以为操作者指出调节的方向。

(3) 炉况与混合煤气成分的关系。利用 CO 和 CO_2 含量的比例能反映高炉冶炼过程中的还原度和煤气能量利用状况。

一般在焦炭负荷不变的情况下 CO/CO_2 值升高，说明煤气能量利用变差，预示高炉向凉；CO/CO_2 值降低，则说明煤气能量利用改善，预示炉子热行。

b 利用热风压力、煤气压力、压差判断炉况

煤气产生于炉缸，煤气压力接近于热风压力。热风压力计安装在热风总管上。热风压力可反映出炉内煤气压力与炉料相适应的情况，并能准确及时地说明炉况的稳定程度，是判断炉况最重要的仪表之一。因为热风压力与炉料粉末的多少、焦炭强度、风量、炉温、喷吹燃料量以及炉缸渣铁量等因素有关。可以说高炉各基本制度的变化均能从热风压力表上看出征兆。在一定的冶炼条件下，风量与风压成一定的比例关系，每座高炉适宜的风压水平可通过生产实践去摸索。炉顶煤气压力计安装在炉顶煤气上升管上，它代表煤气在上升过程中克服料柱阻力而到达炉顶时的煤气压力，简称炉顶煤气压力。常压高炉的炉顶煤气压力对判断炉况有一定的作用，常压高炉炉况正常时，煤气压力稳定（大钟打开向炉喉布料时炉顶煤气压力出现周期性瞬时下降，属正常情况）。若炉顶压力经常出现向上或向下的波动，表示煤气流分布不稳或发生管道和崩料。悬料时，由于炉内不易接受风量，产生的煤气量少，炉顶煤气压力明显降低。在看炉顶煤气压力表数值时，应防止假象（如测量组件堵塞时，则读数很小或为零；当煤气清洗系统积灰时，则压力较高），应与风量、热风压力表结合起来观察与判断（因为它还与风量、炉顶煤气放散阀开度以及炉况波动等因素有关）。

热风压力与炉顶压力的差值近似于煤气在料柱中的压头损失，称为压差。热风压力计更多地反映出高炉下部料柱透气性的变化，在炉顶煤气压力变化不大时，也表示整个料柱透气性的变化；而炉顶煤气压力计能更多地反映高炉上部料柱透气性的变化。

当炉温向热时，由于炉内煤气体积膨胀，风压缓慢上升，压差也随之升高，炉顶煤气压力则很少变化，高压炉顶操作时更是如此。

当炉温向凉时，由于煤气体积缩小而风压下降，压差也降低，炉顶压力变化不大或稍有升高（常压炉顶操作）。

煤气流失常时，下料不顺，热风压力剧烈波动。

高炉顺行时，热风压力相对稳定，炉顶压力也相应稳定，因此，压差只在一个小范围内波动。

高炉难行时，由于料柱透气性相对变差，使热风压力升高，而炉顶压力降低，因此压

差升高；高压炉顶操作时虽然炉顶煤气压力不变，因热风压力的升高，压差也是增加的。

高炉崩料前热风压力下降，崩料后转为上升，这是由于崩料前高炉料柱产生明显的管道，而崩料后料柱压缩，透气性变坏。

高炉悬料时，料柱透气性恶化，热风压力升高，压差也随之升高。

c 利用冷风流量计判断炉况

冷风流量计安装在放风阀与热风炉之间的冷风管道上，是判断炉况的重要仪表之一。它与风压变化相对应。在正常操作中，增加风量，热风压力随之上升。在判断炉况时，必须把风量与风压结合起来考虑。当料柱透气性恶化时，风压升高，风量相应自动减少；当料柱透气性改善时，风压降低，而风量自动增加。炉热时，风压升高而风量降低；炉温向凉时，则相反。

d 利用炉顶、炉喉、炉身温度判断炉况

(1) 利用炉顶温度判断炉况。炉顶温度系指煤气离开炉喉料面时的温度，它可以用来判断煤气热能利用程度，也用来判断炉内煤气的分布。测定炉顶煤气温度的热电偶一般装在煤气上升管根部或煤气封盖上，其曲线呈波浪形。正常炉况时，煤气利用好，各点温差不大于 50℃（对某些高炉而言），而且相互交叉。

炉缸中心堆积时，各点温差大于 50℃（对某些高炉而言，下同），甚至有时达 100℃左右，曲线分散，而且各点温度水平普遍升高。

(2) 利用炉顶红外成像判断炉况。中心气流发展时，炉顶红外成像显示中心处亮度大、亮度范围广。边缘气流发展时，边缘处亮度大，中心处亮度偏弱。两道气流同时发展时，边缘和中心处亮度相差较小，如图 4-8 所示。

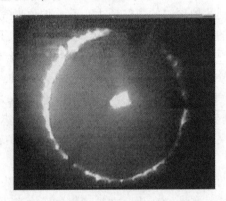

图 4-8 炉顶煤气流分布红外成像

(3) 利用十字测温判断炉况。利用十字测温曲线（见图 4-9）判断煤气流分布时，边缘温度高，意味着边缘气流比较发展；中心温度高，表明中心煤气流分布比较多。

(4) 利用炉身温度判断炉况。炉身温度可反映边缘煤气流的强弱、炉温的变化及炉墙的侵蚀程度。炉况正常时，炉身各温度相近且稳定。当边缘气流发展以及炉温上行时，4 个方向的温度都较高；当中心气流发展以及炉温下行时，则相反；当炉料偏行或结瘤时，各点温度偏差较大。

e 利用透气性指数指导高炉操作

(1) 指导选择变动风压风量的时机，掌握变动效果。透气性指数在炉况正常时稳定，

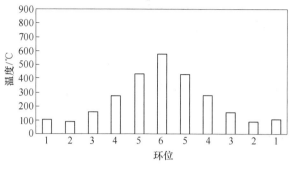

图 4-9 十字测温曲线

增加风量后，风压相应增加，透气性指数仍稳定在炉况正常区。其值变化很小或稍有增加，则表示选择的加风时机好，炉况接受所增加的风量。若增加风量后，风压上升过多，透气性指数下降，则表示选择的加风时机不太好。当透气性指数下降到正常炉况的边缘时，应立即减风。否则，强行加风，势必破坏炉况顺行。

（2）可观察变动风温、喷煤量的时机与幅度是否合适。当调剂的时机与幅度恰当时，表现调剂后透气性指数变化不大。若调剂不当，在不需要提炉温时，增加风温、喷煤量或者提风温加煤量过多时，必然逐渐影响炉内煤气体积增加，透气性指数下降。反之，需要提高炉温而调剂措施不够时，炉温继续向凉，透气性指数增加。若不注意这些变化并作相应调整，都会破坏炉况顺行。

（3）指导高炉的高压与常压的转换操作。高压改常压，煤气体积大量增加，应先减少风量，为了不破坏高炉顺行，减少风量的标准是保持在常压下的透气性指数仍在正常炉况区间。常压改高压，煤气体积缩小，可以增加风量，其增加量也是要使透气性指数稳定在正常炉况区。

（4）指导悬料处理与休风后的复风。悬料后要坐料，而坐料后回多少风压、风量比较合适，休风后复风要多少风压、风量都要注意透气性指数的情况。当不在正常炉况区时，说明回风的风压不合适，风压高，风量大，炉内透气性接受不了，必须立即调整。而回风后稳定在正常炉况区即便料线暂时还没有自由活动，只要透气性指数稳定，探尺很快就会自由活动的。

f 利用光谱分析、铁水红外测温技术测定铁水温度

（1）炼铁高炉炉前铁水光谱分析技术。攀钢研制成功的炼铁高炉炉前铁水光谱分析技术成功应用于攀钢钒钛磁铁矿的理化检验生产。攀钢炼铁因原料主要为高钛型钒钛磁铁矿，其产品钒钛生铁普遍存在铁水温度低、流动性差的特点，虽可以使用化学方法分析，但分析速度和精度无法满足现代高炉冶炼需要。攀钢用该方法所取试样无裂纹、无杂质、无气孔、白口化好，取样合格率由不足 70% 达到 96% 以上，报告发出时间由以前平均约 20min 降低到 12min 左右，大大缩短了分析时间，极大地提高了攀钢炉前生铁试样分析的及时性和准确性，同时，试样精密度、分析准确度、层析情况等都已达到国家相关标准的要求。该项技术的成功开发和应用进一步强化了化检验对炼铁生产的指导作用，为攀钢高炉生产提供了强有力的技术支持。

（2）济钢高炉采用铁水红外测温技术。济钢 1 号高炉采用铁水红外测温技术，可准确

测量铁水温度，减少了炉温波动，炉温稳定指数由使用前的 0.1192 降为 0.1073，［Si］质量分数由原来的 0.521% 降为 0.485%。

　　C　炉况综合判断

　　炉况综合判断并非把所观察到的各种现象机械地综合在一起，而是要分析各种炉况的主要特征。每种失常炉况，都有一个或几个现象是主要的，例如判断是否悬料，决定性质的反映是探尺停滞，其他如风压升高、风量降低、透气性指数下降等都是判断的补充条件。炉热、严重炉冷也有风压升高、风量降低、透气性指数下降的现象。而决定悬料是否在上部时，除探尺停滞还要观察上部压差是否升高。决定边缘煤气轻重的主要是炉喉煤气 CO_2 曲线和炉顶十字测温，判断炉墙结厚的主要是热流强度和水温差。

4.1.2.2　高炉失常炉况及处理

　　原燃料的物理及化学性能的变化、高炉操作条件的改变、操作的失误等，都会使高炉原有的煤气分布、高炉炉缸的工作状态、炉料的下降状况等发生改变，使高炉顺行遭到破坏，导致炉况波动或失常。由于高炉的冶炼周期长、热惯性大，高炉由顺行变为失常的过程也是逐渐发生的，失常前往往有一些征兆可以通过高炉操作参数的变化判断出来。只要及时发现和抓住这些变化，果断采取相应措施，就可以避免高炉失常或减轻高炉失常的程度。当高炉操作参数发生变化时，应首先检查显示和记录数据的仪表设备是否发生故障，并对高炉操作参数和其他变化进行综合分析，做出正确判断，采取相应的措施。

　　A　正常炉况的标志

　　正常炉况的主要标志是炉缸工作均匀活跃，炉温充沛稳定，煤气流分布合理稳定，下料均匀顺畅。具体表现是：

　　(1) 风口明亮、圆周工作均匀，风口前无大块升降，不挂渣、不涌渣、焦炭活跃、风口破损少。

　　(2) 炉渣的物理热充足，流动性好，渣碱度正常，上下渣及各渣口的热度相近，渣中带铁少，渣中 FeO 质量分数在 0.5% 以下，渣口破损少。

　　(3) 生铁含硅量、含硫量符合规定，物理热充足。

　　(4) 下料均匀，料尺没有停滞、陷落、时快、时慢的现象，在加完一批料的前后，两个料尺基本一致，相差不超过 0.5m（对较大高炉）。

　　(5) 风压、风量微微波动，无锯齿状，风量与料速相适应。

　　(6) 炉喉 CO_2 曲线，边缘含量较高，中心值比边缘低一些。

　　(7) 炉顶温度各点互相交织成一定宽带，温度曲线随加料在 100℃ 左右均匀摆动。

　　(8) 炉顶压力曲线平稳，没有较大的尖峰。

　　(9) 炉喉、炉身、炉腰各部温度正常、稳定、无大波动，炉体各部冷却水温差正常。

　　(10) 炉身各层静压力值正常，无剧烈波动，同层各方向指示值基本一致。

　　(11) 透气性指数稳定在正常范围。

　　(12) 上下部压差稳定在正常范围。

　　(13) 除尘器瓦斯灰量正常，无大波动等。

　　B　异常炉况的判断及处理

　　由于影响高炉冶炼进程的因素错综复杂，所以炉况总是处于不断的波动中，一旦处理不及时或方向性错误，就会引起炉况失常。

炉况失常的原因很多，失常的表现也是各种各样的，但基本可分为两类：一类是煤气流分布失常；另一类是热制度失常。前者表现为边缘气流或中心气流过分发展，以致出现炉料偏行或管道行程等。而后者表现为炉凉或炉热等。一般情况下，炉况失常多始于煤气流分布失常，失常轻会引起炉温变化或下料不顺，严重时就会出现炉凉，甚至造成顽固悬料、炉缸冻结或结瘤等重大事故。

与正常炉况相比，炉温波动较大，煤气流分布稍见失常，采用一般调剂手段，在短期内可以恢复的炉况，称为非正常炉况或异常炉况。

a 炉温向热

(1) 炉温向热的标志有：

1) 热风压力缓慢升高。

2) 冷风流量相应降低。

3) 透气性指数相对降低。

4) 下料速度缓慢。

5) 风口明亮。

6) 炉渣流动良好、断口发白。

7) 铁水明亮，火花减少。

(2) 炉温向热的调节。首先分析炉温向热原因，然后采取相应的调节措施：

1) 向热料慢时，首先减煤，减煤量应根据高炉炉容的大小和炉热的程度而定；如风压平稳可少量加风。

2) 减煤后炉料仍慢，富氧鼓风的高炉可增加氧量 0.5%~1%。

3) 炉温超规定水平，顺行欠佳时可适当撤风温。

4) 采取上述措施后，如风压平稳，可加风，加风数量应根据高炉的大小和炉热的程度而定。

5) 料速正常后，炉温仍高于正常水平，可根据高炉炉容的大小和炉热的程度适当调整焦炭负荷。

6) 如果是原燃料质量改变而导致的炉温向热，且是较长期影响因素，应根据情况相应调整焦炭负荷。

7) 如果高炉原燃料称量设备出现误差，应迅速调回到正常水平。

b 炉温向凉

(1) 炉温向凉的标志有：

1) 热风压力缓慢下降。

2) 冷风流量相应增加。

3) 透气性指数相对升高。

4) 下料速度加快。

5) 风口暗淡，有升降。

6) 炉渣流动性恶化，颜色变黑。

7) 铁水暗淡。

(2) 炉温向凉的调节。首先分析向凉原因，然后采取相应调节措施：

1）下料速度加快，炉温向凉时，增加煤粉喷吹量，适当减风。

2）煤粉喷吹量增加后，料速仍然较快，富氧鼓风的高炉可适当减氧。

3）如风温有余，顺行良好，可适当提高风温，加风温应考虑接受高炉的能力，防止由于加风温而导致高炉难行。

4）采取上述措施，料速仍然较快，可再减风，直至料速恢复正常水平。

5）料速正常后，炉温仍低于正常水平，可适当减负荷。

6）如果是原燃料质量改变而导致的炉温向凉，且是较长期影响因素，应根据情况相应调整焦炭负荷。

7）如原燃料称量误差，应迅速调回正常水平。

c 管道行程

管道行程是高炉横截面某一局部区域气流过分发展的表现。它的形成主要原因是原燃料强度降低、粉末增多，风量与料柱透气性不相适应。此外，低料线作业、布料不合理、风口进风不均及操作炉型不规则等也会造成管道行程。

（1）管道行程标志有：

1）管道行程时，风压趋低，风量和透气性指数相对增大。管道堵塞后风压回升，风量锐减，风量与风压呈锯齿状反复波动。

2）管道部位炉顶温度和炉喉温度升高。高炉中心出现管道时，炉顶 4 点煤气温度成重合，炉喉十字测温中心温度升高。

3）炉顶煤气压力出现较大的高压尖峰，管道部位炉身静压力降低。

4）管道部位炉身水温差略有升高。

5）下料不均匀，时快时慢。

6）风口工作不均匀，管道方位风口忽明忽暗，出现升降现象。

7）渣铁温度波动较大。

8）管道严重时，管道方向的上升管时常发生炉料撞击声音。

（2）管道行程调节措施有：

1）当出现明显的风压下降、风量上升，且下料缓慢的不正常现象，应及时减风。

2）富氧鼓风高炉应适当减氧或停氧，并相应减煤或停煤，如炉温较高可撤风温 50～100℃。

3）当探尺出现连续滑落，风量和风压剧烈波动时应转常压操作并相应减风。

4）出现中心管道时，钟式高炉可临时改若干批双装，无钟高炉临时装若干批 ac>ao 的料或增加内环的矿石布料份数。

5）若出现边缘管道时，可临时装入若干批正双装，无钟高炉可在管道部位采用扇形布料或定点布料装若干批炉料。

6）管道行程严重时要加净焦若干批，以疏松料柱，防止炉冷。

7）采取上述措施无效时，可放风坐料，并适当加净焦，恢复时压差要相应降低 0.01～0.02MPa。

8）如管道行程长期不能得到处理，应考虑休风堵部分风口，然后再逐渐恢复炉况。

d 边缘气流发展及中心堆积

高炉上下部调节不相适应、鼓风动能偏低、旋转溜槽磨漏等，都会造成边缘气流发展及中心堆积。

（1）边缘气流发展的标志有：

1）风压偏低，风量和透气性指数相应增大，风压易突然升高而造成悬料。

2）炉顶和炉喉温度升高，波动范围增大，曲线变宽。

3）炉顶压力频繁出现高压尖峰，炉身静压升高，料速不均，边缘下料快。

4）炉喉煤气 CO_2 曲线边缘降低，中心升高，曲线最高点向中心移动，混合煤气 CO_2 降低，炉喉十字测温边缘升高，中心降低。

5）炉腰、炉身冷却设备水温差升高。

6）风口明亮，个别风口时有大块升降，严重时风口有涌渣现象或自动灌渣。

7）渣铁温度不足，上渣热，下渣偏凉。

8）铁水温度先凉后热，铁水成分高硅高硫。

（2）边缘气流发展的调节措施有：

1）采取加重边缘，疏通中心的装料制度。钟式高炉可适当增加正装料比例，无钟高炉可增加外环布矿份数，或减少外环布焦份数。

2）批重过大时可适当缩小矿石批重，控制料层厚度。

3）炉况顺行时可适当增加风量和喷煤量，但压差不得超过规定范围。

4）炉况不顺时可临时堵 1~2 个风口，或缩小风口直径。

5）检查大钟和旋转溜槽是否有磨漏现象，若已磨漏应及时更换。

e　边缘气流不足及中心过分发展

（1）边缘气流不足的标志有：

1）风压偏高，风量和透气性指数相应降低，出铁前风压升高，出铁后风压降低。

2）炉顶和炉喉温度降低，波动减少，曲线变窄。

3）炉顶煤气压力不稳，出现高压尖峰，炉身静压力降低。

4）炉喉煤气 CO_2 曲线边缘升高，中心降低，曲线最高点向边缘移动，综合煤气 CO_2 升高，炉喉十字测温边缘降低，中心升高。

5）料速不均，中心下料快。

6）炉腰炉身冷却设备水温差降低。

7）风口暗淡不均显凉，有时出现涌渣现象，但不易灌渣。

8）上渣带铁多，铁水物理热不足，生铁成分低硅高硫。

（2）边缘气流不足的调节措施有：

1）采取减轻边缘、加重中心的装料制度，钟式高炉可适当增加倒装比例，无钟高炉可适当减少边缘布矿份数，或增加布焦份数，并相应减轻焦炭负荷。

2）批重小时可适当增加矿石批重，但不宜影响顺行太大。

3）料线低时可适当提高料线。

4）鼓风动能高时可适当减少风量和喷煤量，但压差不宜低于正常范围的下限水平。

5）炉况顺行时可考虑适当扩大风口直径，但鼓风动能不得低于正常水平。

6）炉况不顺时可考虑采取洗炉措施，炉渣碱度可适当降低，维持正常碱度的下限水平。

C　失常炉况的标志及处理

由于某种原因造成的炉况波动，调节得不及时、不准确和不到位，就会造成炉况失常，甚至导致事故产生。采用一般常规调节方法，很难使炉况恢复，必须采用一些特殊手段，才能逐渐恢复正常生产。

炉况失常原因多种多样，但归纳起来主要有以下几个方面：

（1）基本操作制度不相适应。送风制度、装料制度、热制度和造渣制度不相适应时，将破坏高炉的顺行，使炉况失常。

（2）原燃料的物理化学性质发生大的波动，尤其是这种波动不为操作人员所得知时，影响就更为严重。此种类型的失常是经常性的，只有按精料方针加强原燃料入炉前的准备与处理，才能根本解决问题。

（3）分析与判断的失误，导致调整方向的错误。同一种失常征兆，其发展方向和程度，往往不易把握，所以分析问题要把握住本质，防止做出错误的判断，导致操作失误，造成严重后果。

操作失误包括对炉况发展的方向、发展的程度的判断不够正确与及时。这类失误往往是操作者操作水平、工作责任心等主观因素造成，属于经常性的主观因素。只有加强技术培训，提高操作水平，严格按高炉操作标准化操作，才可逐渐减少失误。

（4）意外事故。包括设备事故与有关环节的误操作两个方面。这类事故来得突然，带有偶然性。消除这类事故在于加强管理，制定切实可行的规章制度，严格按条例办事。

失常炉况包括低料线、悬料、连续塌料、炉缸堆积、炉冷、炉缸冻结、炉墙结厚等。

a　低料线

高炉用料不能及时加入到炉内，致使高炉实际料线比正常料线低 0.5m 或更低时，称为低料线。低料线作业对高炉冶炼危害很大，它打乱了炉料在炉内的正常分布位置，改变了煤气的正常分布，使炉料得不到充分的预热与还原，引起炉凉和炉况不顺，诱发管道行程。严重时由于上部高温区的温度大幅波动，容易造成炉墙结厚或结瘤，顶温控制不好还会烧坏炉顶设备。料面越低，时间越长，其危害性越大。

（1）低料线的原因：

1）上料设备及炉顶装料设备发生故障。

2）原燃料无法正常供应。

3）崩料、坐料后的深料线。

（2）低料线的危害：

1）破坏炉料的分布，恶化了炉料的透气性，导致炉况不顺。

2）炉料分布被破坏，引起煤气流分布失常，煤气的热能和化学能利用变差，导致炉凉。

3）低料线过深，矿石得不到正常预热，为补足热量损失。势必降低焦炭负荷，使焦比升高。

4）炉缸热量受到影响，极易发生炉冷、风口灌渣等现象，严重时会造成炉缸冻结。

5）炉顶温度升高，超过正常规定，烧坏炉顶设备。

6）损坏高炉炉衬，剧烈的气流波动会引起炉墙结厚，甚至结瘤现象发生。

7）低料线时，必然采取赶料线措施，使供料系统负担加重，操作紧张。

(3) 低料线的处理。当引起低料线的情况发生后，要迅速了解低料线产生的原因，判断处理失常所需时间的长短。根据时间的长短，采取控制风量或停风的措施，尽量减少低料线的深度。

1) 由于上料设备系统故障不能拉料，引起顶温高（无料钟炉顶大于250℃、小高炉钟式炉顶大于500℃、液压炉顶大于400℃），开炉顶喷水或炉顶蒸汽控制顶温，必要时减风（顶温小于150℃后应及时关闭炉顶喷水），减风的标准以风口不灌渣和保持炉顶温度不超过规定为准则。

2) 不能上料时间较长，要果断停风。造成的深料线（大于4m），可在炉喉通蒸汽情况下在送风前加料到4m以上。

3) 由于冶炼原因造成低料线时，要酌情减风，防止炉凉和炉况不顺。

4) 低料线1h以内应减轻综合负荷5%~10%。若低料线1h以上和料线超过3m，在减风同时应补加净焦或减轻焦炭负荷，以补偿低料线所造成的热量损失。冶炼强度越高，煤气利用越好，低料线的危害就越大，所需减轻负荷的量也要相应增加。

5) 当装矿石系统或装焦炭系统发生故障时，为减少低料线，在处理故障的同时，可灵活地先上焦炭或矿石，但不宜加入过多。一般而言集中加焦不能大于4批；集中加矿不能大于2批，而后再补回大部分矿石或焦炭。当低料线因素消除后应尽快把料线补上。

6) 赶料线期间一般不控制加料，并且采取疏导边沿煤气的装料制度。当料线赶到3m以上后，逐步回风。当料线赶到2.5m以上后，根据压量关系情况可适当控制加料，以防悬料。

7) 低料线期间加的炉料到达软熔带位置时，要注意炉温的稳定和炉况的顺行。

8) 当低料线不可避免时，一定要果断减风，减风的幅度要取得尽量降低低料线的效果，必要时甚至停风。

b 悬料

炉料停止下降，延续超过正常装入两批料的时间，即为悬料；经过3次以上坐料未下，称为顽固悬料。

(1) 悬料的原因。悬料的主要原因是炉料透气性与煤气流运动不相适应。它可以按部位分为上部悬料、下部悬料；还可以按形成原因分为炉凉、炉热、原燃料粉末多、煤气流失常等引起的悬料。

(2) 悬料主要征兆：

1) 悬料初期风压缓慢上升，风量逐渐减少，探尺活动缓慢。

2) 发生悬料时炉料停滞不动。

3) 风压急剧升高，风量随之自动减少。

4) 顶压降低，炉顶温度上升且波动范围缩小甚至相重叠。

5) 上部悬料时上部压差过高，下部悬料时下部压差过高。

在处理悬料过程中要注意，当风压、风量、顶压、顶温、风口工作及上下部压差都正常，只是探尺停滞时，应首先考虑探尺是否有故障。

(3) 悬料的预防：

1) 低料线、净焦下到成渣区域，可以适当减风或撤风温，绝对不能加风或提高风温。

2）原燃料质量恶化时，应适当降低冶炼强度，禁止采取强化措施。

3）渣铁出不净时，不允许加风。

4）恢复风温时，幅度不超过50℃/h，加风时每次不大于150m³/min。

5）炉温向热料慢加风困难时，可酌情降低煤量或适当撤风温。

（4）悬料处理。悬料如果处理不当，会使高炉炉况出现大的波动，甚至造成炉冷事故。一旦发现悬料现象必须立即处理。在处理悬料的过程中，应根据不同的情况采取不同的方法。在坐料过程中必须确保风口不灌渣。

1）出现上部悬料征兆时，可立即改常压（不减风）操作；出现下部悬料征兆时，应立即减风处理。

2）炉热有悬料征兆时，立即停氧、停煤或适当撤风温，及时控制风压；炉凉有悬料征兆时应适当减风。

3）探尺不动同时压差增大，透气性下降，应立即停止喷吹，改常压放风坐料。坐料后恢复风压要低于原来压力。

4）当连续悬料时，应缩小料批，适当发展边沿及中心，集中加净焦或减轻焦炭负荷。

5）坐料后如探尺仍不动，应把料加到正常料线后不久进行第二次坐料。第二次坐料应进行彻底放风。

6）如悬料坐不下来可进行休风坐料。

7）每次坐料后，应按指定热风压力进行操作，恢复风量应谨慎。

8）热悬料可临时撤风温处理，降风温幅度可大些。坐料后料动，先恢复风量、后恢复风温，但需注意调剂量和作用时间，防炉凉。

9）冷悬料难以处理，每次坐料后都应采取低风压、小风量、高风温恢复，并适当加净焦。转热后应小幅度恢复风量，注意顺行和炉温，防热悬料和炉温反复。严重冷悬料，避免连续坐料，只有等净焦下达后方能好转，此时应及时改为全焦操作。

10）连续悬料不好恢复，可以停风临时堵风口。

11）连续悬料坐料，炉温要控制高些。

12）坐料前应观察风口，防止灌渣与烧穿，悬料坐料期间应积极做好出渣出铁工作。

13）严重悬料（指炉顶无煤气、风口不进风等），则应喷吹铁口后再坐料。

14）悬料消除，炉料下降正常后，应首先恢复风量到正常水平，然后根据情况，恢复风温、喷煤及负荷。

c　连续塌料

探尺停滞不动，然后又突然下落，称为塌料。连续停滞、塌料称为连续塌料。连续塌料会影响矿石预热和还原，特别是下部连续塌料，能使炉缸急剧向凉，甚至造成炉缸冻结事故，必须及时果断处理。

（1）连续塌料的征兆：

1）探尺连续出现停滞和塌落现象。

2）风压、风量不稳，剧烈波动，风量接受能力变差。

3）顶压出现向上尖峰，并且剧烈波动，顶压逐渐变小。

4）风口工作不均，部分风口有升降和涌渣现象，严重时自动灌渣。

5）炉温波动，严重时铁水温度显著下降，放渣困难。

（2）处理方法：

1）立即减风到能够制止崩料的程度，使风压、风量达到平稳。

2）适当减轻焦炭负荷，严重时加入适量净焦。

3）临时缩小矿批，减轻焦炭负荷，采用疏导边缘和中心的装料或酌情疏导边缘。

4）出铁后彻底放风坐料，回风压力应低于放风前压力，争取探尺自由活动。

5）只有炉况转为顺行，炉温回升时才能逐步恢复风量。

6）减氧或停氧。

d 炉缸堆积

（1）炉缸堆积的原因：

1）原燃料质量差，强度低，粉末过多，特别是焦炭强度降低影响更大。

2）操作制度不合理。主要包括：长期边缘过分发展，鼓风动能过小或长期减风，易形成中心堆积；长期边缘过重或鼓风动能过大，中心煤气过度发展，易形成边缘堆积；长期冶炼高标号铸造生铁，或长期高炉温、高碱度操作；造渣制度不合理，Al_2O_3 和 MgO 含量过高，炉渣黏度过大；长期过量喷吹。

3）冷却强度过大，或设备漏水，造成边缘局部堆积。

炉缸堆积分为炉缸中心堆积和边缘堆积两种。

（2）炉缸堆积征兆：

1）接受风量能力变坏，热风压力较正常升高，透气性指数降低。

2）中心堆积上渣率显著增加，出铁后，放上渣时间间隔变短。

3）放渣出铁前憋风、难行、料慢，放渣出铁时料速显著变快，憋风现象暂时消除。

4）风口下部不活跃，易涌渣、灌渣。

5）渣口难开，带铁，伴随渣口烧坏多。

6）铁口深度容易维护，打泥量减少，严重时铁门难开。

7）风口大量破损，多坏在下部。

8）边缘堆积一般先坏风口，后坏渣口；中心堆积一般先坏渣口，后坏风口。

9）边缘结厚部位水箱温度下降。

（3）炉缸堆积处理：

1）改善原燃料质量，提高强度，筛除粉末。

2）边缘过轻则适当调整装料制度，若需长期减风操作，可缩小风口面积、改用长风口或临时选择堵塞部分风口。

3）边缘过重，除适当调整布料外，可根据炉温减轻负荷，扩大风口。

4）改变冶炼铁种。冶炼铸造铁时，改炼炼钢生铁；冶炼炼钢生铁时，加均热炉渣、锰矿洗炉。降低炉渣碱度，改变原料配比，调整炉渣成分。

5）减少喷吹量，提高焦比，既避免热补偿不足，又改善料柱透气性。

6）适当减小冷却强度。加强冷却设备的检查，防止冷却水漏入炉内。

7）保持炉缸热量充沛，风口、渣口烧坏较多时，可增加出铁次数、临时堵塞烧坏次数较多的风口。渣口严重带铁时，出铁后应打开渣口喷吹，连续烧坏应暂停放渣。

8）若因护炉引起，应视炉缸水温差的降低，减少含钛炉料的用量，改善渣铁流动性。

9）处理炉缸中心堆积，上部调整装料顺序和批重，以减轻中心部位的矿石分布量。

10）若因长期边像过重，引起炉缸边缘堆积，上部调整装料，适当疏松边缘。另外，在保持中心气流畅通的情况下，适当扩大风口面积。

e　炉冷

炉冷是指炉缸热量严重不足，不能正常送风，渣铁流动性不好，可能导致出格铁、大灌渣、悬料、结厚、炉缸冻结等恶性事故。

（1）炉冷发生的原因：

1）冷却设备大量漏水未及时发现和处理，停风时炉顶打开水未关。

2）缺乏准备的长期停风之后的送风。

3）长时间计量和装料错误，使实际焦炭负荷或综合负荷过重，或煤气利用严重恶化，未能及时纠正。

4）连续塌料或严重管道行程，未得到及时制止。

5）长期低料线作业，处理不当。

6）边缘气流过分发展、炉瘤、渣皮脱落以及人为操作错误等。

（2）炉冷征兆。炉冷分初期向凉与严重炉冷。

初期向凉征兆：

1）风口向凉。

2）风压逐渐降低，风量自动升高。

3）在不增加风量的情况下，下料速度自动加快。

4）炉渣变黑，渣中 FeO 含量升高，炉渣温度降低。

5）容易接受提温措施。

6）顶温、炉喉温度降低。

7）压差降低，透气性指数提高，下部静压力降低。

8）生铁含硅降低，含硫升高，铁水温度不足。

严重炉冷征兆：

1）风压、风量不稳，两曲线向相反方向剧烈波动。

2）炉料难行，有停滞塌陷现象。

3）顶压波动，悬料后顶压下降。

4）下部压差由低变高，下部静压力变低，上部压差下降。

5）风口发红，出现生料，有涌渣、挂渣现象。

6）炉渣变黑，渣铁温度急剧下降，生铁含硫升高。

（3）处理方法：

1）必须抓住初期征兆，及时增加燃料喷吹量，提高风温，必要时减少风量，控制料速，使料速与风量相适应。

2）要及时检查炉冷的原因，如果炉冷因素是长期性的，应减轻焦炭负荷。

3）严重炉冷且风口涌渣时，风量应减少到风口不灌渣的最低程度。为防止提温造成悬料，可临时改为按风压操作，保持顺行。

4）炉冷时除采取减少风量、提高风温、增加燃料喷吹量等提温的措施外，上部应加入净焦和减轻焦炭负荷。

5）组织好炉前工作。当风口涌渣时，及时排放渣铁，防止自动灌渣，烧坏风口。

6）严重炉冷且风口涌渣、又已悬料时，只有在出渣出铁后才允许坐料。放风时，当个别风口进渣时，可加风吹回（不宜过多）并立即往吹管打水，不急于放风，防止大灌渣。

7）若高炉只是一侧炉凉时，首先应检查冷却设备是否漏水，发现漏水后及时切断漏水水源。若不是漏水造成的经常性偏炉凉，应将此部位的风口直径缩小。

f　炉缸冻结

由于炉温大幅度下降导致渣铁不能从铁口自动流出时，就表明炉缸已处于冻结状态。

（1）炉缸冻结的原因：

1）高炉长时间连续塌料、悬料、发生管道且未能有效制止。

2）由于外围影响造成长期低料线。

3）上料系统称量有误差或装料有误，造成焦炭负荷过重。

4）冷却器损坏大量漏水流入炉内，没有及时发现和处理。

5）无计划的突然长期休风。

6）装料制度有误，导致煤气利用严重恶化，没有及时发现和处理。

7）炉凉时处理失当。

如果在高炉日常生产操作中，出现以上情况，高炉操作者必须引起高度重视，避免炉缸冻结事故的发生。

（2）炉缸冻结的处理：

1）果断采取加净焦的措施，并大幅度减轻焦炭负荷，净焦数量和随后的轻料可参照新开炉的填充料来确定。炉子冻结严重时，集中加焦量应比新开炉多些，冻结轻时则少些。同时应停煤、停氧把风温用到炉况能接受的最高水平。

2）堵死其他方位风口，仅用铁口上方少数风口送风，用氧气或氧枪加热铁口，尽力争取从铁口排出渣铁。铁口角度要尽量减小，烧氧气时，角度也应尽量减小。

3）尽量避免风口灌渣及烧穿情况发生，杜绝临时紧急休风，尽力增加出铁次数，千方百计及时排净渣铁。

4）加强冷却设备检查，坚决杜绝向炉内漏水。

5）如铁口不能出铁说明冻结比较严重，应及早休风准备用渣口出铁、保持渣口上方两个风口送风，其余全部堵死。送风前渣口小套、三套取下，并将渣口与风口间用氧气烧通，并见到红焦炭。烧通后将用炭砖加工成外形和渣口三套一样、内径和渣口小套内径相当的砖套装于渣口三套位置，外面用钢板固结在大套上。送风后风压不大于 0.03MPa，堵铁口时减风到底或休风。

6）如渣口也出不来铁，说明炉缸冻结相当严重，可转入风口出铁，即用渣口上方两个风口，一个送风，一个出铁，其余全部堵死。休风期间将两个风口间烧通，并将备用出铁的风口和二套取出，内部用耐火砖砌筑，深度与二套齐，大套表面也砌筑耐火砖，并用炮泥和沟泥捣固并烘干，外表面用钢板固结在大套上。出铁的风口与平台间安装临时出铁沟，并与渣沟相连，准备流铁。送风后风压不大于 0.03MPa，处理铁口时尽量用钢钎打开，堵口时要低压至零或休风，尽量增加出铁次数，及时出净渣铁。

7）采用风口出铁次数不能太多，防止烧损大套。风口出铁顺利以后，迅速转为备用渣口出铁，渣口出铁次数也不能太多，砖套烧损应及时更换，防止烧坏渣口二套和大套。渣口出铁正常后，逐渐向铁口方向开风口，开风口速度与出铁能力相适应，不能操之过急，造成风口灌渣。开风口过程要进行烧铁口，铁口出铁后问题得到基本解决，之后再逐渐开风口直至正常。

g　炉墙结厚

炉墙结厚是部分融化的炉料，因多种原因凝固黏结在炉墙上，超过了正常厚度。炉墙结厚分为上部结厚和下部结厚。上部结厚主要是由于对边缘管道行程处理不当、原燃料含钾和钠高或粉末多、低料线作业、炉内高温区上移且不稳定等因素造成的。下部结厚多是炉温和炉渣碱度大幅波动、长期边缘气流不足、炉况长期失常、冷却强度过大以及冷却设备漏水以及长期堵风口等因素造成的。

（1）炉墙结厚的征兆：

1）不接受风量，风压高时易出现崩料、悬料，只有减风才稳定。

2）风压正常升高（同等风量时），风量减少，透气性指数降低。风口前焦炭不活跃，周边工作不均，时有升降，易涌渣。

3）煤气流不稳定，能量利用变差，焦比升高，调整料制后效果不明显，有边缘自动加重现象，CO_2 曲线出现"翘腿"。

4）炉顶边缘温度下降，炉喉和炉身温度下降，结厚方向水温差明显低。料尺出现滑尺，对炉况影响大。

5）风口有升降、涌渣、渣温低，流动性不好。

6）铁口深度有时突然增长。铁硫偏高，难以控制。

7）炉尘吹出量增多。

（2）炉墙结厚的原因：

1）炉温剧烈波动，使渣碱度高、流动性产生波动，易粘炉墙。

2）初成渣 FeO 在下降过程中被还原为铁，渗入焦粉，使熔点升高。

3）炉料中的粉尘、石灰石在高碱时，使熔融炉料变黏稠。

4）炉料中碱金属多，在炉身上进行富集。

5）对崩料、悬料，长期休风处理不当。

6）冷却强度大，设备漏水。

7）装料设备有缺陷，长期堵风口，风口进风不均匀。

8）低料线时间长，料线深，使炉身上部温度升高，赶料线操作不当。

9）长期慢风作业，气流边缘发展；低风温，使高温区上移。

10）对管道行程处理不当。

11）边缘过重，煤气流严重不足。

（3）预防及处理方法：

1）预防。不长期堵风口，不慢风作业，科学处理低料线。炉喉炉身水温差和煤气曲线有变化要及时调整。加强对水温差的检测，使之处于正常值范围内。

2）处理方法。主要是洗炉。发展边缘煤气流；提高原燃料质量，减少粉末；生产稳定，减少休风、慢风；配酸性炉渣，但炉温不能低，可集中加净焦，配合洗炉；对结厚部位进行定点布料，加锰矿、轧钢皮、萤石、空焦；结厚部位控制水温差，降低冷却强度。

炉墙结厚应以预防为主，早发现早处理。采用中部调剂办法可以防止和缓解炉墙结厚。炉墙结厚的处理是个慢功夫，要分几个阶段进行。先将结厚部位的冷却强度降低，再进行洗炉、提高炉温、降低炉渣碱度、优化装料制度等。因结厚的消失是逐渐的，不可能立即去掉。要及时观察水温差和相应部位炉皮温度变化，及时调整处理手段，以加快处理进程。注意要防止处理过程中炉缸堆积。

4.2　高炉炉前操作

高炉冶炼过程中产生的液态渣铁需要定期放出。炉前操作的任务就是利用开口机、泥炮、堵渣机等专用设备和各种工具，按规定的时间分别打开渣口、铁口，放出渣、铁，并经渣铁沟分别流入渣罐、铁罐内，渣铁出完后封堵渣口、铁口，以保证高炉生产的连续进行。炉前工还必须完成渣口、铁口和各种炉前专用设备的维护工作；制作和修补撇渣器、出铁主沟及渣、铁沟；更换风、渣口等冷却设备及清理渣铁运输线等一系列与出渣出铁相关的工作。认真做好炉前工作，维护好渣口、铁口，做好出渣出铁工作，按时出净渣铁，是高炉强化冶炼，达到高产、稳产、优质、低耗、安全和长寿的可靠保证。

4.2.1　高炉炉前操作指标

4.2.1.1　出铁次数的确定

出铁次数的确定原则是：

(1) 每次最大出铁量不超过炉缸的安全容铁量。

(2) 足够的出铁准备工作时间。

(3) 有利于高炉顺行。

(4) 有利于铁口的维护。

4.2.1.2　炉前操作指标

(1) 出铁正点率。出铁正点是指按时打开铁口并在规定的时间内出净渣铁。不按正点出铁，会使渣铁出不净，铁口难以维护，影响高炉的顺行，还会影响运输和炼钢生产，所以要求出铁正点率越高越好。

(2) 铁口深度合格率。铁口深度合格率是指铁口深度合格次数与实际出铁次数的比值。生产中的铁口应保持正常的深度，铁口深度的变化会引起出铁量的波动。铁口过浅容易造成出铁事故，长期过浅甚至会导致炉缸烧穿，铁口过深则延长出铁时间。铁口深度依各高炉具体情况而定，铁口深度合格率是反映铁口维护工作好坏的一个重要指标，其数值越高越好。

(3) 铁量差。为了保持最低的铁水液面的稳定，要求每次实际出铁量与理论计算出铁量差值（即铁量差）不大于 10% ~ 15%：

$$铁量差 = nt_{理} - t_{实}$$

式中　n——两次出铁间的下料批数，批；

$t_{理}$——每批料的理论出铁量，t；

$t_{实}$——本次实际出铁量，t。

铁量差小表示出铁正常，这样就有利于高炉的顺行和铁口的维护。

（4）全风堵口率。正常出铁堵铁口应在全风下进行，不应放风。全风堵口率的高低，反映铁口的工作状况，铁口工作失常，应改善炮泥的质量和加强炉前工作。

（5）上渣率。有渣口的高炉，从渣口排放的炉渣称为上渣，从铁口排出的炉渣称为下渣，上渣率是指从渣口排放的炉渣量占全部炉渣量的百分比。

上渣率高（一般要求在70%以上），说明上渣放得多，从铁口流出的渣量就少，减少了炉渣对铁口的冲刷和侵蚀作用，有利于铁口的维护。

大型高炉不设置渣口，渣口操作考核指标已丧失它的意义。

4.2.2　出铁操作

出铁是炉前操作的重点，如何严格按规定的时间打开铁口并及时出净渣铁，同时维护好铁口，防止各种事故发生，确保高炉正常生产是出铁操作的中心任务。

4.2.2.1　铁口的维护

A　铁口的工作条件

高炉生产时，每昼夜必须从铁口放出大量的铁水和炉渣，铁口区受到高温、机械冲刷和化学侵蚀等一系列的破坏作用，工作条件十分恶劣。所以，高炉生产一段时间后，铁口区的炉底、炉墙都受到严重的侵蚀，仅靠出铁后堵泥形成的泥包和渣皮来维持，如图3-12所示。

高炉炉缸内的铁水和熔渣不仅本身具有静压力，还受到热风压力和炉料的有效重力的作用，铁口一打开铁水就会以很高的流速从铁口流出来。同时，炉缸内其他部位的铁水和熔渣也会迅速来补充。由于受铁口孔道的限制，在炉内的高压作用下，大量处于运动状态的渣铁在铁口孔道前形成"涡流"，剧烈地冲刷着铁口的泥包。最后把铁口孔道的里端冲刷成喇叭口状。另外，铁口前的渣铁也会受到风口循环区的"搅动"，使黏结在炉墙上的铁口泥包产生冲刷侵蚀。因此，铁口上方两侧的风口直径、长度都会对这种"搅动"产生影响，为了利于铁口的维护，铁口上方两侧的风口宜用直径较小的长风口，有时甚至采取暂时堵住这两个风口来处理铁口过浅的问题。

铁口泥包和铁口孔道，出铁时被液态渣铁加热到很高的温度（达1500℃以上）。由于铁口泥导热性差，使铁口孔道表面温度与内部有很大的温差，造成热膨胀程度的不一致，因而产生温差应力，加上有水炮泥中水蒸气的排出，使泥包和孔道产生变形和开裂，严重时使泥包断裂，造成铁口过浅。

除了渣铁对铁口孔道和泥包进行冲刷外，熔渣中的 CaO 和 MgO 等碱性物质还会与堵泥中的 SiO_2 和 Fe_2O_3 等发生化学反应，产生低熔点的化合物，使堵泥很快被侵蚀。当熔渣碱度高、流动性好时，这种作用更为严重。所以当上渣出不好、下渣过多时，铁口的孔道会很快扩大，泥包也会缩小，铁口潮时，在铁水的高温作用下，水分急剧蒸发，产生的巨大压力，会使铁水喷溅，造成铁口状况的恶化。

B 保持正常的铁口深度

生产中铁口深度是指从铁口保护板到红点（与液态渣铁接触的硬壳）间的长度。根据铁口的构造，正常的铁口深度应稍大于铁口区炉衬的厚度。不同炉容的高炉，要求的铁口正常深度范围见表4-6。

表 4-6 铁口深度

炉容/m³	≤350	500~1000	1000~2000	2000~4000	>4000
铁口深度/m	0.7~1.5	1.5~2.0	2.0~2.5	2.5~3.2	3.0~3.5

维持正常足够的铁口深度，可促进高炉中心渣铁流动，抑制渣铁对炉底周围的环流侵蚀，起到保护炉底的效果。同时由于深度较深，铁口通道沿程阻力增加，铁口前泥包稳定，钻铁口时不易断裂。

在高炉出铁口角度一定的条件下，铁口深度增长时，铁口通道稳定，有利于出净渣铁，促进炉况稳定顺行。

铁口过浅的危害有：

（1）铁口过浅，无固定的泥包保护炉墙，在渣铁的冲刷侵蚀作用下，炉墙越来越薄，使铁口难以维护，容易造成铁水穿透残余的砖衬而烧坏冷却壁，甚至发生铁口爆炸或炉缸烧穿等重大恶性事故。

（2）铁口过浅，出铁时往往发生"跑大流"和"跑焦炭"事故，高炉被迫减风出铁，造成煤气流分布失常、崩料、悬料和炉温的波动。

（3）铁口过浅，渣铁出不尽，使炉缸内积存过多的渣铁，恶化炉缸料柱的透气性，影响炉况的顺行，同时还造成上渣带铁多，易烧坏渣口，给放渣操作带来困难，甚至造成渣口爆炸。

（4）铁口过浅，在退炮时还容易发生铁水冲开堵泥流出，造成泥炮倒灌，烧坏炮头，甚至发生渣铁漫到铁道上，烧坏铁道的事故。有时铁水也会自动从铁口流出，造成漫铁事故。

保持正常的铁口深度的操作有：

（1）每次按时出净渣铁，并且渣铁出净时，全风堵出铁口。

（2）正确地控制打泥量。2500m³高炉通常每次泥炮打泥量在300kg，炮泥单耗0.8kg/t。

（3）炮泥要有良好的塑性及耐高温渣铁磨蚀和熔蚀的能力。炮泥制备时配比准确、混合均匀、粒度达到标准及采用塑料袋对炮泥进行包装。

（4）加强铁口泥套的维护。

（5）放好上渣。

（6）严禁潮铁口出铁。

C 固定适宜的铁口角度

铁口角度是指出铁时铁口孔道的中心线与水平面间的夹角。

使用水平导向梁国产电动开铁口机，铁口角度的确定是把钻头伸进铁口泥套尚未转动时钻杆与水平面的最初角度。对风动旋转冲击式开口机而言，铁口角度由开口机导向梁的倾斜度来确定。高炉一代炉龄铁口角度变化见表 4-7 和表 4-8。

表 4-7　一代炉役中铁口角度变化参考值

时　期	开炉	一年以内	中期	后期	停炉
铁口角度/(°)	0~2	5~7	10~12	12~15	18

表 4-8　一代炉役中铁口角度变化

炉龄期/年	开炉	1~3	4~6	7~10	停炉
铁口角度/(°)	0~2	2~8	8~12	12~15	15~17

平时铁口角度应固定，以便保持死铁层的厚度，保护炉底和出净渣铁。同时也可使堵铁口时，铁口孔道内的渣铁水能全部倒回炉缸中，避免渣铁夹入泥包中，引起破坏和给开铁口造成困难。

D　保持正常的铁口直径

铁口孔道直径变化直接影响渣铁流速。开口机钻头可参考表 4-9 选用。

表 4-9　压力、铁种选用开口机钻头直径

炉顶压力/MPa	0.06	0.08	0.12~0.15	>0.15
铸造铁选用钻头直径/mm	80~70	70~65	65~60	60~50
炼钢铁选用钻头直径/mm	70~60	65~60	60~50	50~40

E　定期修补、制作泥套

在铁口框架内距铁口保护板 250~300mm 的空间内，用泥套泥填实压紧的可容纳炮嘴的部分称为铁口泥套。

只有在泥炮的炮嘴和泥套紧密吻合时，才能使炮泥在堵口时能顺利地将泥打入铁口的孔道内。

更换泥套的方法有：

（1）更换旧泥套时，应将旧泥套泥和残渣铁抠净，深度应大于 150~250mm。

（2）填泥套泥时应充分捣实，再用炮头准确地压出 30~50mm 的深窝。

（3）退炮后挖出直径小于炮头内径、深 150mm、与铁口角度基本一致的深窝。

（4）用煤气烤干。

泥套的使用与管理：

（1）铁口泥套必须保持完好，深度在铁口保护板内 50~80mm，发现损坏立即修补和新做。

（2）使用有水炮泥高炉捣打料泥套每周做一次，无水炮泥高炉定期制作。

（3）在日常工作中，长期休风时泥套必须重新制作。详细检查铁口区是否有漏水或漏煤气现象、铁口框是否完好、铁口孔道中心线是否发生变化。

（4）堵口操作时，连续发生两次铁口跑泥，应重新做铁口泥套。

（5）如果在出铁中发现泥套损坏，应拉风低压或休风堵铁口。

（6）堵铁口时，铁口前不得有凝渣。为使泥炮头有较强的抗渣铁冲刷能力，可在炮头处采取加保护套及使用复合炮头。

（7）制作泥套时应两人以上作业，防止煤气中毒。在渣铁未出净、铁口深度过浅时，禁止制作铁口泥套。

（8）解体旧泥套使用的切削刮刀角度应和泥炮角度一致。

（9）制作泥套应尽量选择在高炉计划休风时进行。

F 控制好炉缸内安全渣铁量

高炉内生成的铁水和熔渣积存在炉缸内，如果不及时排出，液面逐渐上升接近渣口或达到风口水平，不仅会产生炉况不顺，还会造成渣口或风口烧穿事故。

大型高炉铁口较多，几乎经常有一个铁口在出铁，出铁速度不大，炉缸内的渣铁液面趋于某一水平，故炉缸内不易积存过多的渣铁量，相对比较安全。

4.2.2.2 出铁操作

A 出铁前的准备工作

做好出铁前的准备工作是保证正点和按时出净渣铁，防止各种意外事故发生的先决条件。其准备工作如下：

（1）清理好渣、铁沟，垒好砂坝和砂闸。

（2）检查铁口泥套、撇渣器、渣铁流嘴是否完好，发现破损及时修补和烤干。

（3）泥炮装好泥并顶紧打泥活塞，装泥时要注意不要把硬泥、太软的泥和冻泥装进泥缸内。

（4）开口机、泥炮等机械设备都要进行试运转，有故障应立即处理。

（5）检查渣铁罐是否配好，检查渣铁罐内是否有水或潮湿杂物，有没有其他异常，发现问题及时联系处理，如冲水渣应检查水压是否正常并打开正常喷水。

（6）钻铁口前把撇渣器内铁水表面残渣凝盖打开，保证撇渣器大闸前后的铁流通畅。

（7）准备好出铁用的河沙、覆盖剂、焦粉等材料及有关的工具。

B 开铁口操作

打开出铁口方法有多种形式，可根据铁口的工作状态确定合理的出铁方法。

高炉出铁时间必须正点，出铁次数根据产量及炉缸容积而定，一般为 10~16 次。在具有多个出铁口连续出铁的大型高炉上，随炮泥质量的改善，每个铁口出铁次数有减少的趋势。打开铁口时间有以下情况：

（1）有渣口高炉铁口堵口后，经过一定的时间或若干批料后放上渣，直至炉前出铁。

（2）大型高炉一个出铁口出完铁后堵口，再间隔一段时间，打开另一个出铁口出铁。

（3）大型高炉多个出铁口轮流出铁时，即一个铁口堵塞后，马上按对角线原则打开另一个铁口。

（4）现代大高炉（大于4000m^3）为保证渣铁出净及炉况稳定，采用连续出铁，即一个出铁口尚未堵上即打开另一个铁口，两个铁口有重叠出铁时间。出铁量的波动不宜过大，出铁量相差不应超过 15%。

打开出铁口的方法如下：

（1）用开口机钻到赤热层（出现红点），然后捅开铁口，赤热层有凝铁时，可用氧气烧开，此法应用较普遍。

（2）用开口机将铁口钻漏，然后将开口机迅速退出，以免将钻头和钻杆烧坏。此法不宜提倡，特别是铁口有潮泥时不能使用。

（3）采用双杆或换杆的开口机，用一杆钻到赤热层，另一杆将赤热层捅开。

（4）埋置钢棒法。将出铁口堵上后 20~30min 拔炮，然后将开口机钻进铁口深度的 2/3，此时将一个长 5m 的圆钢棒（不大于 40~50mm）打入铁口内，出铁时用开口机拔出。这种方法要求炮泥质量好，炉缸铁水液面较低，否则会出现钢棒熔化，渣铁流出事故。此法一般应用于开口机具有正打和逆打功能的大型高炉上。

（5）烧铁口。高炉无准备的长期休风后的送风出铁困难，或炉缸冻结，可采用一种特制的氧枪烧铁口，事先将送风风口和铁口区域烧通。从铁口插入氧枪吹氧，在送风状态下依铁口前渣铁熔化的数量定期拔出氧枪排放出渣铁，最终使铁口区域与风口区域形成局部通道，从而加快炉况的恢复时间。此法常用于无渣口高炉炉缸冻结时出铁口的处理。

C　渣铁流速控制

保持适宜的渣铁流速，对按时出净渣铁、炉况稳定顺行和冲渣安全有重要影响。渣铁流速与铁口直径、铁口深度、炮泥强度（耐磨蚀与熔蚀的能力）、出铁口内径粗糙度、炉缸铁水和熔渣层水平面的厚度、炉内的煤气压力等因素有关。

D　堵铁口及退炮操作

铁口见喷时进行堵前试炮，确认打泥活塞堵泥接触贴紧，铁口前残渣铁清理干净，铁口泥套完好，进行堵铁口操作。程序如下：

（1）启动转炮对正铁口，并完成锁炮动作。

（2）启动压炮将铁口压严，做到不喷火、不冒渣。

（3）启动打泥机构打泥，打泥量多少取决于铁口深度和出铁情况。

（4）用推耙推出撇渣器内残渣。

（5）堵铁口后拔炮时间：有水炮泥 5~10min，无水炮泥 20~30min。

（6）拔炮时要观察铁口正面无人方可作业。

（7）抽回打泥活塞 200~300mm，无异常再向前推进 100~150mm。

（8）启动压炮，缓慢间歇地使炮头从铁口退出抬起。

（9）保持挂钩在炉上 2~3min（或自锁同样时间）。

（10）泥炮脱钩后，启动转炮退回停放处。

E　出铁操作安全注意事项

出铁操作安全注意事项包括：

（1）穿戴好劳保用品，以防烧伤。

（2）开铁口时，铁口前不准站人，打锤时先要检查锤头是否牢固，锤头的轨迹内无人。

（3）出铁时，不准跨越渣、铁沟，接触铁水的工具要先烤热。

（4）湿手不准操作电器。

（5）干渣不准倒入冲制箱内。

（6）装炮泥时，手不准伸进装泥孔。

（7）不准戴油手套开氧气，严禁吸烟，烧氧气时手不可握在胶管和氧气管的接头处，以防回火烧伤。

F 出铁事故的预防与处理

a 出铁跑大流、跑焦炭

出铁跑大流是打开铁口以后，有时在出铁一段时间之后，铁流急速增加，远远超过正常铁流，渣铁越过沟槽，漫上炉台，有时流到铁轨上，这种不正常的出铁现象称为跑大流。有时焦炭也随之大量喷出称为跑焦炭。

（1）跑大流、跑焦炭的原因：

1）铁口过浅，开铁口操作不当，使铁口眼过大跑大流。

2）铁口眼漏时闷炮，闷炮后发生跑大流。

3）炮泥质量差，抗渣铁冲刷和侵蚀能力弱，见下渣后铁口眼迅速扩大，造成跑大流。

4）潮铁口出铁，铁口眼内爆炸，使铁口眼扩大，造成跑大流。

5）铁口浅，连续几次渣铁出不净，炉缸里积存渣铁过多，再次出铁时跑大流。

6）炉况不顺，铁前发生憋风或悬料。

7）冶炼强度高、焦炭质量差、块度小。

（2）出铁跑大流的预防及处理。跑大流的预防和处理措施有：

1）铁口浅时，开口孔径要小，严禁钻漏。

2）炉前做好各种出铁准备工作。

3）抓好正点出铁率，及时出铁，防止炉缸积存铁水过多。

4）改善炮泥的质量，加强对铁口泥包的维护。

5）做好铁流控制，出现铁流过大时要减风，以减少铁水流的流势。

6）一旦发生跑大流就要进一步减风来降低铁水流势。如果发生铁水溢流或喷焦危险，而减风不能制止时，应采取休风来控制。

b 退炮时渣铁流跟出

铁口过浅时，往往渣铁出不净，堵上铁口后，铁口前仍然存在大量液态渣铁，打入的炮泥被渣铁漂浮四散，形不成泥包。在炉内较高的压力作用下，加上退炮时的瞬时抽力，渣铁冲开炮泥流出，有时铁水罐进炮膛。如果退炮迟缓，将会烧坏炮头，不能再堵口，或者炮泥全部打完，也不能再堵口。因此，如果砂口眼被捅开，铁水顺残铁沟流入1号罐，罐满后流到地上，烧坏铁道，陷住铁罐车；如砂坝被推开，铁水顺着下渣沟流入渣罐，烧漏渣罐，陷住罐车，造成大事故，有时被迫高炉休风处理。

为防止上述事故的发生，在铁口浅而渣铁又未出净的情况下，堵上铁口后先不退炮，待下次渣铁罐到位后再退炮。同时炮膛的泥不要打完，装泥时不要把太稀太软的泥装进炮膛，防止炮嘴呛铁。争取出净渣铁。

c 铁口自动漏铁

出铁口深度连续过浅，如果经常小于200mm时，一旦泥炮退出去不久，由于炉缸压力将铁口堵泥冲开，就会发生未开铁口而铁水自动流出的漏铁事故。如果这一事故发生于出铁后，当时铸铁机模子、中间包、渣铁沟、砂口等还没有清理，或渣铁罐未配到时，可能造成渣铁溢流并烧坏铁道事故。因此当铁口深度长期过浅时，必须经常将泥炮装好泥，渣铁沟、砂口在出铁后尽快清理好，炉前铸铁机的模子和中间包也尽快清理好，或将渣铁罐提前配到炉前，以防万一。一旦发生铁口自动漏铁时，就要紧急减风，强迫用泥炮堵住铁口，在一切出铁准备工作已经做好时，减风出铁。

出铁口漏铁，说明铁口部分的炉衬厚度极薄，也就是出铁口内部的泥包已经全部崩塌，使出铁口部分极薄的炉衬处于高温的渣铁及煤气冲刷之下，这种情况如不及时扭转，必将发生铁口下方炉缸溃破烧穿事故。因此，必须采用紧急措施来恢复出铁口正常深度，可采取堵塞出铁口上方或两侧风口，用水分比较少的碳质炮泥，每次加泥量要有节制，并烤干出铁口再出铁。必要时采取降低冶炼强度来恢复铁口深度。

d　炉缸溃破烧穿事故

炉缸溃破烧穿的根本原因是：铁口长期过浅，特别是一代炉龄的中后期，砖衬被渣铁侵蚀严重，如果铁口区炉墙又无固定泥包保护，砖衬直接和渣铁接触，炉墙被渣铁冲刷侵蚀变得越来越薄，铁水会穿过残余砖衬直接和冷却壁接触，烧坏冷却壁。冷却壁漏水后，造成炉缸爆炸。国内某高炉曾发生的铁口处烧穿事故，就是因为铁口长期过浅造成的。铁口深度由原来的 1200mm 降到 600mm 左右，出铁时铁口堵不上，后休风人工堵口。第二次铁要出完时，铁口下面部位炉缸烧穿，渣铁流入炉台排水沟内，严重爆炸，随即紧急休风处理。处理后发现铁口周围砖衬最薄处只有 50~70mm，从而导致了炉缸烧穿。

4.2.2.3　撇渣器操作

撇渣器的操作及注意事项包括：

（1）钻铁口前必须把撇渣器铁水面上（挡渣板前后）的残渣凝结盖打开，残渣凝铁从主沟两侧清除。

（2）出铁过程中见少量下渣时，可适当往大闸前的渣面上撒一层覆盖剂保温。

（3）当主沟中铁水表面被熔渣覆盖后，熔渣将要外溢出主沟时，打开砂坝，使熔渣流入下渣沟（此时冲渣系统处于待工作状态）。

（4）出铁作业结束并确认铁口堵塞后，将砂闸推开，用推耙推出撇渣器内铁水面上剩余的熔渣。

（5）主沟撇渣器的表面（包括小井的铁水面）撒覆盖剂进行保温。

4.3　热风炉操作

4.3.1　热风炉的工作周期

热风炉一个工作周期，包括燃烧、送风、换炉 3 个过程自始至终所需的时间，热风炉炉内温度随之有周期性变化。

送风时间与热风温度的关系：随着送风时间的延长，风温逐渐降低。送风时间由 2h 缩短到 1h，可提高风温水平 50~70℃。送风时间缩短，燃烧时间随之缩短。若热风炉能力或煤气量等受限制，不能通过提高燃烧强度来弥补燃烧时间缩短造成的热量减少，则风温水平将反而降低。在一定条件下应选择合适的热风炉工作周期。

合适的工作周期：合适的送风时间最终取决于保证热风炉获得足够的温度水平（表现为拱顶温度）和蓄热量（表现为废气温度）所必要的燃烧时间。

高炉配备热风炉有 3 座或 4 座，因而工作制度有二烧一送或三烧一送，并联或交叉并联等。

合适的热风炉工作周期根据具体条件由经验选定。

4.3.2 热风炉的操作特点

高炉对热风炉的基本要求是风温高而稳定，结合蓄热式热风炉的传热特点以及热风炉结构特点，热风炉操作有以下特点：

（1）热风炉操作是在高温、高压、煤气的环境中进行，必须严格按程序作业，避免煤气爆炸、中毒和烧穿事故的发生。

（2）热风炉的工艺流程为：

1）送风通路。热风炉除冷风阀、热风阀保持开启状态外，其他阀门一律关闭。

2）燃烧通路。热风炉冷风阀和热风阀关闭外，其他阀门全部打开。

3）休风。所有热风炉的全部阀门都关闭。

上述 3 项操作包括了热风炉的全部操作，也是热风炉全部工艺流程。

（3）蓄热式热风炉要储备足够的热量。开始燃烧后，应迅速将拱顶温度烧到规定值，延长热风炉的蓄热期，达到足够的蓄热量。

（4）由于高炉的大型化和高压操作，热风炉已成为高压容器。热风炉各阀门的开启和关闭必须在均压下进行，否则无法进行正常的操作，甚至损坏设备。

（5）高炉热风炉燃烧可以使用低热值煤气，提供较高的风温。

（6）高炉生产不允许有断风现象发生，换炉操作必须"先送后撤"。在换炉过程中有一段时间有 2 座或 3 座热风炉同时给高炉送风。

4.3.3 热风炉的燃烧制度

4.3.3.1 燃烧制度的分类

热风炉的燃烧制度可分以下 3 种：

（1）固定煤气量，调节空气量。

（2）固定空气量，调节煤气量。

（3）空气量、煤气量都不固定。

各种燃烧制度的操作特点见表 4-10。

表 4-10 各种燃烧制度的特点

项 目	固定煤气量，调节空气量		固定空气量，调节煤气量		煤气量、空气量都不固定（或煤气量固定调节其热值）	
	升温期	蓄热期	升温期	蓄热期	升温期	蓄热期
空气量	适量	增大	不变	不变	适量	减少
煤气量	不变	不变	适量	减少	适量	减少

项　目	固定煤气量，调节空气量		固定空气量，调节煤气量		煤气量、空气量都不固定（或煤气量固定调节其热值）	
	升温期	蓄热期	升温期	蓄热期	升温期	蓄热期
过剩空气系数	较小	增大	较小	增大	较小	较小
拱顶温度	最高	不变	最高	不变	最高	不变
废气量	增加		减少		减少	
热风炉蓄热量	加大，利于强化		减少，不利于强化		适量	
操作难易	较难		易		微机控制	
使用范围	空气量可调助燃风机容量大		空气量不可调助燃风机容量小		自动燃烧	

4.3.3.2　各种燃烧制度的比较

各种燃烧制度的比较见表 4-11。

表 4-11　各种燃烧制度的比较

固定煤气量，调节空气量	固定空气量，调节煤气量	煤气量、空气量都不固定
（1）在整个燃烧期使用最大煤气量不变，当拱顶温度达到规定值后，以增大空气量来控制拱顶温度继续上升； （2）废气量增大，流速加快，有利于对流传热，强化了热风炉中下部的热交换，有利于维持较高风温； （3）煤气空气合适配比难以控制，如无燃烧自动调节可能造成拱顶温度下降	（1）当拱顶温度达到规定值后，以减少煤气量来控制拱顶温度； （2）废气量减少，不利于传热和热交换，不利于维持较高风温； （3）用煤气量来调节比较方便，容易找准适宜空气、煤气配比	（1）当拱顶温度达到规定值后，以同时调节空气量和煤气量来控制拱顶温度，或改变煤气热值来控制拱顶温度； （2）适用于微机控制燃烧，用高炉需要的风温来确定煤气量，使热风炉既能贮存足够的热量，又节约煤气； （3）调节灵活，过剩空气系数较小，达到完全燃烧

4.3.3.3　燃烧制度的选择

燃烧制度选择的原则为：

（1）结合热风炉设备的具体情况，充分发挥助燃风机、煤气管网的能力。

（2）在允许范围内最大限度地增加热风炉的蓄热量，利于提高风温。

（3）燃烧完全、热损少，效率高，降低能耗。

较优的燃烧制度是固定煤气量调节空气量的快速烧炉法，即燃烧初期利用砖温与烟气温度相差较大的时机，以最大煤气量和最小空气过剩系数来强化燃烧，尽快在 15~30min 内将拱顶温度烧到规定最高值。燃烧后期适当增大空气过剩系数，维持拱顶温度至燃烧结束（废气温度达到规定值）。最大限度地增加热风炉蓄热量，以利于提高风温。

有预热的助燃空气或煤气时，调节其预热温度，也可在一定范围内作为控制燃烧的辅助手段。

4.3.3.4 合理燃烧的判断方法

废气分析法：根据分析结果，判断成分是否合理，见表4-12。

表 4-12 合理的烟道废气成分

项　目		CO_2质量分数/%	O_2质量分数/%	CO 质量分数/%	空气过剩系数 $b_{空}$
理论值		23~26	0	0	1.0
实际值	烧高炉煤气	23~25	0.5~1.0	0	1.05~1.10
	烧混合煤气	21~23	1.0~1.5	0	1.1~1.2

火焰观察法：采用金属套筒燃烧器时，操作人员可观察燃烧器火焰颜色来判断燃烧情况。

目前热风炉操作主要以废气分析法进行控制燃烧。采用火焰观察的方法已经越来越少。

4.3.3.5 过剩空气量的调整

过剩空气量主要是依据废气中的残氧量（通过氧化锆实测）来调节，通过调节助燃空气量获得最佳的空煤比，获得更高的拱顶温度和热效率。

过剩空气量和煤气成分影响废气成分。在控制废气成分时宁愿有剩余的氧，而不要有过量的 CO。这是因为如果空气量不足，缺少氧，不仅浪费了可燃物 CO，带走热量，而且造成热风炉内的还原性气氛，使热风炉的某些耐火材料内衬变质。而剩余氧的情况仅是带走部分显热。

实际上，热风炉燃料不可能完全燃烧。剩余空气量越少，废气中 CO 含量就越多。一般认为废气成分中 O_2 质量分数保持在 0.2%~0.8%、CO 质量分数保持在 0.2%~0.4%的范围比较合理。

4.3.4 热风炉的送风制度

由于热风炉的周期性质，包括送风、燃烧和闷炉 3 种工作状态，在 3 种工作状态之间还存在一个换炉的过程。送风和燃烧是主要的工作状态，闷炉只是各热风炉在燃烧或送风之间的一种调节方式或者是在特殊情况下（高炉休风），没有必要进行燃烧或送风的一种休止状态。

目前，大型高炉都有 4 座热风炉，其送风制度有单炉送风、并联送风等。

4.3.4.1 单炉送风

单炉送风是在热风炉组中只有 1 座热风炉处于送风状态的操作制度，热风炉出口温度随送风时间的延续和蓄热室贮存热量的减少而逐渐降低。为了得到规定的热风温度并使之基本稳定，一般都通过混风调节阀来调节混入的冷风流量。单炉送风方式一般是在某个热风炉进行检修或高炉不需要很高的风温的情况下进行的送风方式。对于只有 3 座热风炉的高炉，也基本采用这种送风方式。

4.3.4.2　并联送风

并联送风操作是热风炉组中经常有两座热风炉同时送风的操作制度。交错并联送风操作是两座热风炉，其送风时间错开半个周期。对于 4 座热风炉的高炉来说，各个热风炉的内部状态均错开整个周期的 1/4。

热风炉从单炉送风向交错并联送风操作制度过渡时，热风炉的燃烧时间相对缩短，热风炉的燃烧率提高，两座热风炉同时重叠送风的时间延长。

交错并联送风操作时，在两座送风的热风炉中，其中一座"后行炉"处于热量充分的送风前半期；另一座"先行炉"处于热量不足的送风后半期。前半期称为高温送风期，此时热风炉送出高于热风主管内温度的热风。后半期称为低温送风期，此时热风炉送出低于热风主管内温度的热风。

交错并联送风又分为冷并联送风和热并联送风，两种送风操作制度的区别在于热风温度的控制方式不同。冷并联送风时的热风温度主要依靠"先行炉"的低温热风与"后行炉"的高温热风在热风主管内混合，由于混合后的温度仍高于规定的热风温度，需要通过混风阀混入少量的冷风，才能达到规定的风温。冷并联送风操作的特点是：送风热风炉的冷风调节阀始终保持全开状态，不必调节通过热风炉的风量。风温主要依靠混风调节阀调节混入的冷风量来控制。

热并联送风操作时，热风温度的控制主要是依靠各送风炉的冷风调节阀调节进入"先行炉"和"后行炉"的风量，使"先行炉"的低温热风与"后行炉"的高温热风在热风主管中混合后的热风温度符合规定的风温。

4.3.5　热风炉的换炉操作

由于热风炉的设备、结构和使用燃料的不同换炉程序多种多样，热风炉的换炉操作及注意事项包括：

（1）换炉应先送后撤，即先将燃烧炉转为送风炉后再将送风炉转为燃烧炉，绝不能出现高炉断风现象。

（2）尽量减少换炉时高炉风温、风压的波动。

（3）使用混合煤气的热风炉，应严格按照规定混入高发热量煤气量，控制好拱顶和废气温度。

（4）热风炉停止燃烧时先关高发热量煤气后关高炉煤气；热风炉点炉时先给高炉煤气，后给高发热量煤气。

（5）使用引射器混入高发热量煤气时，全热风炉组停止燃烧时，应事先切断高发热量煤气，避免高炉煤气回流到高发热量煤气管网，破坏其发热量的稳定。

4.3.6　高炉休风、送风时的热风炉操作

倒流休风及送风：高炉休风（短期、长期、特殊）时，用专设的倒流休风管来抽除高炉炉缸内的残余煤气，即为倒流休风，其热风炉的操作程序见表 4-13。

表 4-13　倒流休风、送风热风炉操作程序

休　　风	送　　风
(1) 关冷风大闸（混风阀）；	(1) 关倒流阀，停止倒流；
(2) 关热风阀；	(2) 开冷风阀；
(3) 关冷风阀；	(3) 开热风阀；
(4) 开废气阀，放净废气；	(4) 关废气阀；
(5) 开倒流阀，进行煤气倒流	(5) 开冷风大闸

不倒流的休风及送风：高炉休风不需要倒流时，将倒流休风、透风程序中的开、关倒流阀的程序取消即可。

4.3.7　热风炉全自动闭环控制操作

现代大型高炉均设置 4 座热风炉，热风炉的操作采用全自动微机闭环控制操作。

4.3.7.1　热风炉的工作制度与控制方式

热风炉的工作制度包括：

(1) 基本工作制度。两烧两送交叉并联工作制。

(2) 辅助工作制。两烧一送工作制，有一座热风炉检修时用。

热风炉闭环控制指令分时间指令和温度指令：

(1) 时间指令。根据先行热风炉的送风时间指挥换炉，对热风炉进行闭环控制。

(2) 温度指令。根据送风温度指挥换炉，对热风炉进行闭环控制。

热风炉的基本操作方式为连锁自动操作和连锁半自动操作。为了方便设备维护和检修，操作系统还需要备有单炉自动、半自动操作、手动操作和机旁操作等方式。连锁是为了保护设备不误动作，在热风炉操作中要保证给高炉送风的连续性，杜绝恶性生产事故的发生，换炉中必须保证至少有 1 座热风炉送风状态下，另 1 座炉才可以转变为燃烧或其他状态。

(1) 连锁自动控制操作。按预先选定的送风制度和时间进行热风炉状态的转换，换炉过程全自动控制。

(2) 连锁半自动控制操作。按预先选定的送风制度，由操作人员指令进行热风炉状态的转换，换炉由人工指令。

(3) 单炉自动控制操作。根据换炉工艺顺序，一座热风炉单独自动控制完成状态转换的操作。

(4) 手动非常控制操作。通过热风炉集中控制台上的操作按钮进行单独操作，用于热风炉从停炉转换成正常操作状态时或检修时的操作。

(5) 机旁操作。在设备现场，可以单独操作一切设备，用于设备的维护和调试。

4.3.7.2　自动控制要点

A　燃烧控制

用微机控制的自动燃烧形式和方法很多，应用较为普遍的是采用废气含氧量修正空燃比，热平衡计算、设定负荷量的并列调节系统。它是根据高炉使用的风量、需要的风温、煤气的热值、冷风温度，热风炉废气温度，经热平衡计算，计算出设定煤气量和空气量。燃烧过程中随煤气量的变化来调节助燃空气量，采用最佳空燃比，尽快使炉顶温度达到设定值，并保持稳定，以逐步地增加蓄热室的储热量，当废温度达到规定值时（350℃）热风炉准备换炉。采用废气含氧量分析作为系统的反馈环节，参加闭环控制，随时校正空燃比。

B　高炉热风温度的控制

当热风炉采用两烧两送交叉并联送风制度时，靠调节两座送风炉的冷风调节阀的开度，来控制先行（凉）炉、后行（热）炉的冷风流量，保持高炉热风温度的稳定。使用该制度时混风大闸可以关死。

当热风炉采用两烧一送的送风制度时，需靠调节风温调节阀的开度，兑入冷风量的多少来稳定高炉的热风温度。

C　换炉控制

按时间指令进行换炉的自动控制：当先行热风炉送风时间达到设定值时，发出换炉指令，将先行燃烧炉按停止燃烧转送风程序，转入送风状态。然后将先行送风炉，按停止送风转燃烧程序，转入燃烧状态。

如果是采用两烧一送的送风制度，送风炉送风时间达到设定值时发出换炉指令，按程序换炉。

按温度指令进行换炉的自动控制：当先行送风炉的送风温度低于设定值时（测点在热风出口）发出换炉指令，按停止燃烧转送风的程序，将先行燃烧炉转送风状态，然后按停止送风转燃烧的程序，将先行送风炉转入燃烧状态。

如果采用两烧一送的送风制度，送风炉的风温低于设定值后发出换炉指令，进行换炉操作。

D　休风控制

一般休风控制为半自动操作，分以下两种：

（1）倒流休风。当高炉发出倒流休风的准备信号时操作如下：

1）处于燃烧状态的热风炉停止燃烧。

2）将助燃风机的放风阀打开（或停机）。

3）将冷风大闸关死。

当高炉发出休风指令后操作如下：送风状态的热风炉按送风转休风程序打开倒流阀进行煤气倒流。

（2）正常休风。正常休风程序同倒流休风，只是去掉开倒流阀程序。

4.4　喷 煤 操 作

4.4.1　喷煤操作的注意事项

4.4.1.1　罐压控制

（1）喷吹罐罐顶充气或补气，刚倒完罐需要较高的罐压。

（2）随着喷吹的不断进行，罐内料面不断下移，料层减薄，这时的罐压应当低些，补气时当料层进一步减薄时将破坏自然料面，补充气与喷吹气相通，这就要加大补气量，提高罐内压力。

（3）罐压应随罐内粉位的变化而改变。

（4）罐顶补气容易将罐内的煤粉压结。停喷时应把罐内压缩空气放掉，把罐压卸到零。

（5）利用喷吹罐锥体部位的流态化装置进行补气，可起到松动煤粉和增强煤粉流动性的作用，实现恒定罐压操作。

4.4.1.2 混合器调节

（1）混合器的喷嘴位置除在试车时进行调节外，在正常生产时，还要根据不同煤种和不同喷吹量做适当的改变。

（2）在喷吹气源压力提高时，应适当缩小喷嘴直径，以提高混合比，增大输粉量。

（3）使用带流化床的混合器，进入流化床气室的空气流量与喷吹流量的比例需要精心调节。

（4）在喷吹系统使用的压缩空气中所夹带的水和油要经常排放，喷吹罐内的煤粉不宜长时间积存，否则将会导致混合器的排粉和混合器失常或者出现粉气不能混合的现象。

（5）煤粉中的夹杂物可能会沉积在混合器内，应经常清理。

（6）如果混合器带有给粉量控制装置，则应根据输粉量的变化及时调节给粉量的控制装置。

4.4.2 喷煤系统运行操作

4.4.2.1 喷煤正常工作状态的标志

（1）喷吹介质高于高炉热风压力 0.15MPa。

（2）罐内煤粉温度烟煤小于 70℃，无烟煤小于 80℃。

（3）罐内氧浓度烟煤小于 8%，无烟煤小于 12%。

（4）煤粉喷吹均匀，无脉动现象。

（5）全系统无漏煤、无漏风现象。

（6）煤粉喷出在风口中心，不磨风口。

（7）电气极限信号反应正确。

（8）安全自动连锁装置良好、可靠。

（9）计量仪表信号指示正确。

4.4.2.2 收煤罐向贮煤罐装煤程序

（1）确认贮煤罐内煤粉已倒净。

（2）开放散阀，确认贮煤罐内压力为零。

（3）开贮煤罐上部的下钟阀（硬连接系统）。

（4）开贮煤管路上部的上钟阀。

（5）煤粉全部装入贮煤罐。

（6）关上钟阀。

（7）关贮煤管路上部的下钟阀。

（8）关放散阀。

4.4.2.3　贮煤罐向喷煤罐装煤程序

（1）确认喷煤罐内煤粉已快到规定低料位。

（2）关放散阀；关上钟阀。

（3）开贮煤罐下充压阀；开贮煤罐上充压阀。

（4）关贮煤罐上、下充压阀，开均压阀。

（5）开下钟阀。

（6）煤粉全部装入喷煤罐。

（7）关下钟阀；关均压阀。

（8）开贮煤罐放散阀。

（9）当下钟阀关不严时，开喷煤罐充压阀，待下钟阀关严后，关喷煤罐充压阀。

4.4.2.4　喷煤罐向高炉喷煤程序

（1）联系高炉，确认喷煤量及喷煤风口，插好喷枪。

（2）开喷吹风阀。

（3）开喷煤管路上各阀门。

（4）开自动切断阀并投入自动。

（5）开喷煤罐充压阀，使罐压力达到一定的数值后，关喷煤罐充压阀。

（6）开喷枪上的阀门并关严倒吹阀。

（7）开下煤阀。

（8）开补压阀并调整到一定位置。

（9）检查各喷煤风口、喷枪不漏煤并且煤流在风口中心线。

（10）通知高炉已喷上煤粉。

4.4.2.5　喷射型混合器调节喷煤量的方法

（1）喷枪数量。喷枪数量越多，喷煤量越大。

（2）喷煤罐罐压。喷煤罐内压力越高，则喷煤量越大。而且罐内煤量越少，在相同罐压下喷煤量越大。

（3）混合器内喷嘴位置及喷嘴大小。喷嘴位置稍前或稍后均会出现引射能力不足，煤量减少。喷嘴直径适当缩小，可提高气（空气）煤混合比，增加喷吹量。

4.4.2.6　流化床混合器调节喷煤量的方法

（1）调节流化床气室流化风量。风量过大将使气（空气）煤混合比减少，喷吹量降低；但是风量过小，不起流化作用，影响喷吹量。

（2）调节煤量开度。通过手动或自动调节下煤阀开度大小来调节喷煤量。

（3）调节罐压。通过喷煤罐的压力来调节煤量。

对于流化罐混合器通常调节喷吹煤量的方法是向喷吹管路补气。

对于喷吹罐上出料多管路流化法，多采用向喷吹管路补气调节喷吹煤粉量。

4.4.2.7　倒罐操作

开备用罐充压阀，充压至一定值再关充压阀；关生产罐下煤阀；开备用罐喷吹阀、气路阀；关生产罐气路阀、喷吹阀；开备用罐下煤阀，用罐压调节到正常喷吹，开空罐的卸压阀，卸压至零位后再关上。再对空罐进行装煤作业。

4.4.2.8　停喷操作

停止喷吹的条件有：

（1）高炉休风。

（2）高炉出现事故。

（3）炉况不顺，风温过低，高炉工长指令时。

（4）高炉大量减风，不能满足煤粉喷吹操作时。

（5）喷煤设备出现故障，不能短期内恢复或压缩空气压力过低（正常值 0.4～0.6MPa），接喷煤高压罐操作室停喷通知时。

停煤操作程序为：

（1）高炉值班工长通知喷煤高压罐操作室（关下煤阀）停送煤粉或接到喷煤高压罐操作室其通知已停止送煤后，方可进行停喷操作，继续送压缩空气 10min 左右。

（2）待喷吹风口煤股消失后，停风开始拔枪。拔枪时应首先关闭支管切断阀，迅速松开活接头，再拔出喷枪。

（3）喷煤高压罐罐内煤粉极少时，开泄压阀至常压，罐内煤粉多的，可不进行泄压操作。

在下列情况下可停煤不停风（但连续停风不允许超过 2h）：

（1）高炉慢风操作。

（2）放风坐料。

（3）喷煤设备发生短期故障。

（4）喷吹压缩空气压力低于正常压力停止送煤时。

喷煤罐短期（小于 8h）停喷操作程序为：

（1）关下煤阀。

（2）根据高炉要求，拔出对应风口喷枪。

（3）根据高炉要求，停对应风口的喷吹风。

4.4.3　喷煤系统的故障及处理

高炉喷煤系统常见的故障及处理措施有：

（1）如突发性的断气、断电、防爆孔炸裂、泄漏严重、气缸电磁阀严重故障等，应立即切断下煤阀，根据情况通知高炉拔枪或向高炉送压缩空气。

（2）过滤器堵塞时，关下煤阀进行吹粉排污，至压力正常时再开下煤阀送煤。若吹扫无效时，需打开过滤器检查清理污物。在处理过滤器堵塞时，应保持向高炉送压缩空气。

（3）当喷吹管道堵塞时，关下煤阀，沿喷吹管路分段用压缩空气吹扫，并用小锤敲击，直至管道畅通为止。处理喷吹管堵塞要通知高炉拔枪。当罐压低于正常值（0.4～0.6MPa）时，应检查原因，是气源问题，还是局部泄漏造成，进行对症处理。

（4）喷吹管过程中脉动喷吹、空吹、分配器分配不均现象。出现脉动喷吹的原因是：煤粉过潮结块，粉中杂物多，混合器工作失常；给粉量不均以及分配器出口受阻等。处理方法：加强下罐体的流态；清除混合器流化床上面的杂物、调整流态化的空气量；检查并清除分配器内的杂物。

喷吹罐内只跑风不带煤，始端压力下降，载气量为正常喷吹的两倍至数倍，在悬空管道上敲击管壁时声音尖而响亮，手摸管壁特别是橡胶接管震感减弱。空吹是脉动喷吹的加剧。其原因与脉动喷吹相同，由于粉潮或粉中杂物多而引起的空吹较为普遍。更换喷嘴时，因喷嘴安装位置不妥引起喷吹故障比较少见，常被人忽视，且不能及时排除。

分配器分配不均的征兆是：各喷枪喷粉出现明显偏析，甚至出现空枪和脉动喷吹。其原因是粉中有杂物，煤粉结块或调节板的分配器调节不当，分配器已严重磨损；设备本身缺陷或喷吹管架设不合理及风机工况变化等。因设备缺陷的应拆除改造，操作者则应首先清理杂物，吹通喷吹管道及分配器；改变调节板角度，加强载气脱水。

4.4.4　喷吹烟煤的操作

4.4.4.1　系统气氛的控制

煤粉制备的干燥剂一般都是采用高炉热风炉废气或者是烟气炉废气的混合气等。

布袋的脉冲气源一般都是采用氮气，氮气用量应根据需要进行控制。

在制粉系统启动前，各部位的气体含氧量几乎都与大气相同，需先通入惰性气体或先透入热风炉废气，经数分钟后转入正常生产。喷吹罐补气风源，流态化风源一般使用氮气，喷吹载气一般使用压缩空气。操作者必须十分重视混合器、喷吹管、分配器以及喷枪的畅通。在条件具备的情况下，可用氮气作为载气进行浓相喷吹。处理煤粉堵塞和球磨机满煤应使用氮气，严禁使用压缩空气。

4.4.4.2　煤粉温度的控制

（1）控制好各点的温度。

（2）磨煤机出口干燥剂温度和煤粉温度不得超过规定值，且无升温趋势。

（3）煤粉升温严重时应采取"灭火"或排放煤粉的措施。

（4）防止静电火花。

4.4.4.3　喷吹烟煤操作要点

（1）炉前喷吹的设施主要是分配器、喷枪和管路，要严防跑冒及堵塞煤粉。

（2）经常与喷煤车间高压罐保持联系，做好送煤或停煤操作，及时处理喷吹故障。

（3）至少每0.5h检查风口一次，注意插枪位置、煤粉流股大小和煤粉燃烧状况，发现问题及时汇报工长并立即处理。

4.4.5 喷煤生产安全措施

4.4.5.1 安全注意事项

喷煤生产安全注意事项有：
(1) 上班时劳保用品必须穿戴齐全。
(2) 严格执行岗位责任制及技术操作规程。
(3) 插拔喷枪操作时，应站在安全位置，不得正面对着风口。
(4) 喷枪插入后，迅速将喷枪固定好，以防喷枪退出伤人。
(5) 上班时不准在风口下面取暖或休息，预防煤气中毒。
(6) 处理喷煤管道时，上下梯子脚要踩稳，防止滑跌。
(7) 拔喷枪时应把枪口向上，严禁带煤粉和带风插拔喷枪。
(8) 经常查看风口喷吹煤粉是否正常，保证煤粉能喷在风口中心，防止风口磨损。发现断煤、结焦、吹管发红、跑风等情况时，立即报告工长并及时处理。

4.4.5.2 煤气事故的抢救

(1) 煤气中毒。将中毒者迅速及时地救出煤气危险区域，抬到空气流通的地方，解除阻碍呼吸的衣物，并注意保暖。

中毒轻微者，如出现头痛、恶心呕吐等症状，可直接送往附近的卫生所急救。中毒较重者，如失去知觉、口吐白沫等症状，应通知煤气防护站和卫生所赶到现场抢救。中毒者未恢复知觉之前，不得送往较远医院急救。送往就近医院抢救时，途中应采取有效的急救措施，并有医护人员护送。

(2) 煤气着火事故。煤气设施着火时，应逐渐降低煤气压力，通入大量蒸汽或氮气，但设施内煤气压力最低不得小于 100Pa。

直径小于或等于 100mm 的管道起火可直接关闭煤气阀灭火。

(3) 煤气爆炸事故。发生煤气爆炸事故后，应立即切断煤气来源，迅速将残余煤气处理干净，如因爆炸引起着火应按以上处理。

 学习目标检测

(1) 高炉基本操作制度有哪些？
(2) 炉况失常的基本类型有哪些？
(3) 怎样选择合理的热制度？
(4) 管道行程如何处理？
(5) 炉顶煤气 CO_2 曲线有什么用处？
(6) 边缘气流过分发展的征兆是什么？
(7) 低料线害处有哪些？
(8) 高炉正常炉况的特征是什么？
(9) 什么是出铁正点率？

（10）简述开铁口的方法。

（11）出铁前的准备操作有哪些？

（12）热风炉的燃烧制度有哪些？

（13）简述热风炉的换炉程序。

（14）简述喷煤罐向高炉喷煤的程序。

（15）喷煤操作的安全注意事项有哪些？

模块 5　非高炉炼铁技术

学习目标：
　　(1) 了解非高炉炼铁的分类。
　　(2) 了解主要非高炉炼铁法的工艺流程及特点。

　　目前，生铁主要来源于高炉冶炼产品，高炉炼铁技术成熟，具有工艺简单、产量高、生产效率高等优点。但其必须依赖焦煤，而且其流程长，污染大，设备复杂。因此，钢铁工业为了摆脱焦煤资源短缺对发展的羁绊，适应日益提高的环境保护要求，降低钢铁生产能耗，改善钢铁产品结构，提高质量和品质，寻求解决废钢短缺及废钢质量不断恶化的途径，实现资源的综合利用，世界各国学者逐渐着手研究和改进非高炉炼铁技术。

　　非高炉炼铁是指以铁矿石为原料并使用高炉以外的冶炼技术生产铁产品的方法。在当今焦煤资源缺乏、非焦煤资源丰富的情况下，非高炉炼铁以非焦煤为能源，不但环保，而且省去了烧结、球团等工序，缩短了流程。因此，非高炉炼铁一直被认为是一种环保节能、投资小、生产成本低的生产工艺。非高炉炼铁按工艺特征、产品类型和用途，主要分为直接还原法和熔融还原法两大类。

5.1　直接还原法

　　直接还原法已有上百年的发展历史，但直到 20 世纪 60 年代才获得较大突破。进入 70 年代石油危机以后，其生产工艺日臻成熟并获得长足发展。其主要原因是：天然气的大量开发利用，特别是高效率天然气转化法的采用，提供了适用的还原煤气，使直接还原法获得了来源丰富、价格相对便宜的新能源；电炉炼钢迅速发展以及冶炼多种优质钢的需要，大大扩展了对海绵铁的需求；选矿技术提高，可提供大量高品位精矿，矿石中的脉石量降低到还原冶炼过程中不需加以脱除的程度，从而简化了直接还原技术。

　　现今世界上的直接还原法有 40 多种，但达到工业规模的并不多。直接还原法分气基法和煤基法两大类。前者是用天然气经裂化产出 H_2 和 CO 气体，作为还原剂，在竖炉、罐式炉或流化床内将铁矿石中的氧化铁还原成海绵铁，主要有 Midrex 法、HYLⅢ法、FIOR 法等。后者是用煤作还原剂，在回转窑、隧道窑等设备内将铁矿石中的氧化铁还原，主要有 SL/RN 法、Krupp 法和 FASMET 法等。当前世界上直接还原铁量的 90% 以上是采用气基法生产的，而煤基法只占直接还原铁总产量的 10% 左右。

　　直接还原法的优点：流程短，直接还原铁加电炉炼钢；不用焦炭，不受主焦煤资源短缺的影响；污染少，取消了焦炉、烧结等工序；海绵铁中硫、磷等有害杂质与有色金属含量低，有利于电炉冶炼优质钢种。

　　直接还原法的缺点：对原料要求较高，气基要有天然气；煤基要用灰熔点高、反应性好的煤；海绵铁的价格一般比废钢要高。

5.1.1　希尔法（HYL 法）

　　希尔法属于固定床法，又称罐式法，是用 H_2、CO 或其他混合气体将装于移动的或固定的容器内的铁矿石还原成海绵铁的一种方法。其设备由两部分组成，如图 5-1 所示。

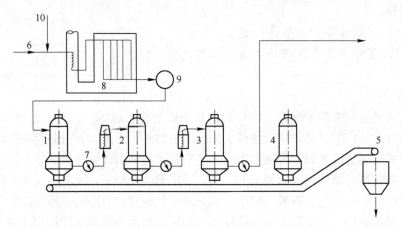

图 5-1　HYL 法生产流程

1—冷却罐；2—预还原罐；3—终还原罐；4—装料及排料；5—直接还原铁；
6—天然气；7—脱水器；8—煤气转化；9—冷却塔；10—水蒸气

　　制气部分（主要由转化炉构成）：转化炉内有许多不锈钢管，管内涂有镍催化剂。加热后的天然气和过热蒸汽经过不锈钢管而发生裂解，生成主要由 H_2 和 CO 组成的还原气。

　　该工艺也可用甲烷，挥发油等制备还原气。还原部分由 4 个反应罐组成。还原气体制成后送入反应罐，在同一时间每个反应罐的工作阶段依次是：

　　（1）加热和初还原期。使用的还原气是来自主反应罐的还原气。

　　（2）主还原期。使用的还原气是来自转化炉的新鲜还原气。

　　（3）冷却和渗碳。冷却后的还原产品通常含 $w[C] = 2.2\% \sim 2.6\%$。

　　（4）卸料和装料。海绵铁由反应罐底部卸出。关闭密封卸料门，从顶部用插入式旋转布料槽加料，大块料装在下部，以改善料柱透气性和气流分布。

　　希尔法（HYL）的每个反应罐是间歇式生产，4 个罐联合起来构成连续性生产。

5.1.2　竖炉法（Midrex 法）

　　竖炉直接还原的反应条件与高炉上部间接还原区相似，是一个不出现熔化现象的还原冶炼过程。炉料与煤气相向运动，下降的炉料逐渐被煤气加热和还原。

　　逆竖炉法主要以米德莱克斯（Midrex）法为代表，该法的工艺流程如图 5-2 所示。

　　该法的竖炉为圆形，分为上下两部分。上部为预热和还原带。作为还原原料的氧化球团矿由炉顶加入竖炉后，依次经过预热、还原、冷却 3 个阶段。还原得到的海绵铁冷却到 50℃ 后排出炉外，以防再氧化。还原气 $w(CO) + w(H_2) > 95\%$，它是由天然气和炉顶循

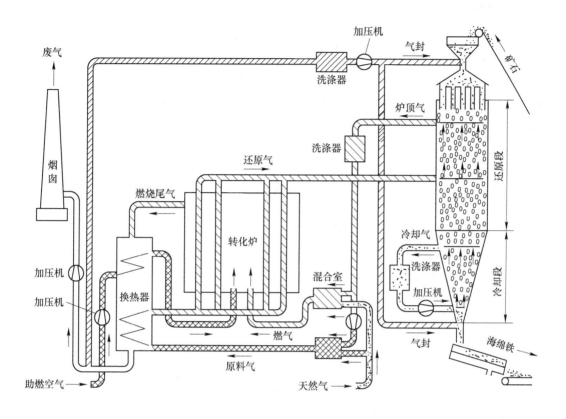

图 5-2 Midrex 基本流程图

环煤气按一定比例组成 $w(CO) + w(H_2) > 75\%$ 的混合气，在换热器温度（900~950℃）条件下，经镍催化剂裂解获得。该气体组成比例不另外补充氧气和水蒸气，由炉顶循环煤气作唯一载氧体供氧。

还原性气体温度（视矿石的软化程度）定在 700~900℃ 之间，由竖炉还原带下部通入。炉顶煤气回收后，部分用于煤气再生，其余用于转化炉加热和竖炉冷却。因而该法的煤气利用率几乎与海绵铁还原程度无关，而热量消耗较低。竖炉下部为冷却带。海绵铁被底部气体分配器送入含 $w(N_2) = 40\%$ 的冷却气冷却到 100℃ 以下，然后用底部排料机排出炉外。冷却带装有 3~5 个弧形断路器，调节弧形断路器和盘式给料装置可改变海绵铁排出速度。冷却气由冷却带上部的集气管抽出炉外，经冷却器冷却净化后再用抽风机送入炉内。为防止空气吸入和再氧化的发生，炉顶装料口和下部卸料口都采用气体密封，密封气是重整转化炉排出的含 $w(O_2) < 1\%$ 的废气。

含铁原料除氧化球团矿外，还可用块矿或混合料，入炉粒度为 6~30mm，小于 6mm 料应低于 5%，希望含铁原料有良好的还原性和稳定性。入炉原料的脉石和杂质元素含量也很重要。竖炉原料内 $w(SiO_2) + w(Al_2O_3)$ 最好在 5.0% 以下，$w(TFe) = 65\% \sim 67\%$。

还原产品的金属化率通常为 92%~95%，含 $w(C)$ 按要求控制在 0.7%~2.0%。产品耐压强度应达到 5MPa 以上，否则在转运中产生较多粉末。产品的运输和储存应注意防水，因为海绵铁极易吸水促进再氧化。

5.1.3　流态化法（Fior 法）

流态化法（Fior 法）由美国埃索尔公司发明，它以天然气和重油等作还原剂。

流态化是指物质在气体介质中呈悬浮状态。所谓流态化直接还原则是指在流态化床中用煤气还原铁矿粉的方法。在该法中煤气除用作还原剂及热载体外，还用作散料层的流态化介质。细粉矿层被穿过的气流流态化，并依次加热、还原和冷却，其工艺如图 5-3 所示。

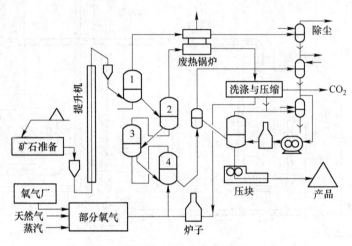

图 5-3　Fior 生产流程

该法所用还原气可以用天然气（或重油）催化裂化或部分氧化法来制取。新制造的煤气与循环气相混合进入流态化床，用过的还原气经过冷却、洗涤、除去混入的粉尘后脱水，压缩回收再循环使用。

在该法中，流态化条件所需的煤气量大大超过还原所需的煤气量，故煤气的一次利用率低。为提高煤气利用率和保证产品的金属化率，采用了五级式流化床。

第一级流化床为氧化性气氛，矿石直接与燃烧气体接触，被预热到预还原所需的温度，同时可除去矿石中的结晶水和大部分硫；第二级到第四级为还原；第五级为产品冷却。

该法选用含脉石量小于 3% 的高品位铁矿粉作为原料，可省去造块工艺。但由于矿粉极易黏结引起"失常"或矿粉沉积而失去流态化状态，因此要求入炉料含水低，入炉料粒度应小于 4 目（4.76mm）操作温度要求在 600~700℃。这个条件不仅减慢了还原速度，而且极易促成 CO 的分解反应。另外该法煤气的一次利用率低。正常情况下，产品的金属化率可达到 90%~95%。

还原产品经双辊压球机热压成球团块，再在一个旋转式圆筒筛通过滚动将团块破碎成单个球团，卸入环形炉箅冷却机冷却并进行空气钝化，最终产品就是抗氧化性产品。

5.1.4　回转窑法（SL-RN 法）

回转窑法又称固体还原剂直接还原法，该法的还原剂为固体燃料。矿石（球团、烧结、块矿或矿粉）和还原剂（有时包括少量的脱硫剂）从窑尾连续加入回转窑，炉料随窑体转动并缓慢向窑头方向运动，窑头设燃烧喷嘴喷入燃料加热。矿石和还原剂经干燥、预热进入还原带，在还原带铁氧化物被还原成金属铁。还原生成的 CO 在窑内上方的自由空间燃烧，燃烧所需的空气由沿窑身长度方向上安装的空气喷嘴供给。通过控制窑身空气喷嘴的空气量来有效控制窑内温度和气氛。窑身空气喷嘴是直接还原窑的重要特征，由它供风燃烧是保证回转窑还原过程进行的最重要的基础之一。窑身空气喷嘴的控制是该法最主要的控制手段之一。炉料还原后，在隔绝空气的条件下进入冷却器，使炉料冷却到常温。冷却后的炉料经磁选机磁选分离，获得直接还原铁。过剩的还原剂还可以返回使用。

回转窑内的最高温度一般控制在炉料的最低软化温度之下 $100 \sim 150 ℃$。在使用低反应煤时（无烟煤、天然焦）时，窑内温度一般为 $1050 \sim 1100 ℃$；在使用高反应煤时，窑内温度可降低到 $950 ℃$。

回转窑的产品是在高温条件下获得的，因而不易再氧化。一般不经特殊处理就能直接使用。回转窑生产的海绵铁的金属化率达 $95\% \sim 98\%$，含 $w(S)$ 可达到 0.03% 以下，含 $w(C) = 0.3\% \sim 0.5\%$。

回转窑对原燃料适应性强，可以使用各种类型和形态的原料，可以使用各种劣质煤作为还原剂。但回转窑填充率低，产量低，易产生结圈故障，炉尾废气温度高达 $800 ℃$ 以上，热效率低。这类方法的流程图如图 5-4 所示。

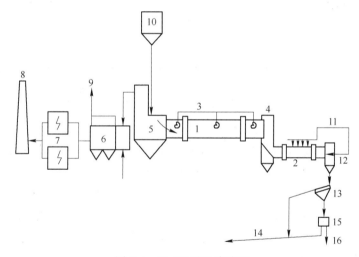

图 5-4 SL-RN 法生产流程

1—回转窑；2—冷却回转筒；3—二次风；4—窑头；5—窑尾；6—废热锅炉；
7—静电除尘；8—烟囱；9—过热蒸气；10—给料；11—间接冷却水；
12—直接冷却水；13—磁选；14—直接还原铁；15—筛分；16—废料

SL-RN 法和 Krupp 法没有原则性区别，二者均采用固体原料褐煤作为还原剂，以前使用精矿粉作为原料时，一般采用"一步法"，即矿粉造球，湿球团在链箅机上利用回转窑的废热气干燥、焙烧，焙烧后的热球团直接进入回转窑，加入还原剂还原。这种形式工艺流程短，设备少，投资省。但是两个相衔接的设备要完成两个完全不同的反应（链箅机焙烧要求氧化性气氛，窑内则要求还原性气氛），因此，生产控制困难，链箅机工作条件差，维护也困难，目前多采用"二步法"，即矿粉经常规工艺制成氧化球团，回转窑以氧化球团为原料，构成两个完全独立的工序。这样就克服了相互干扰，生产稳定。从整个工艺的经济效益分析，"二步法"较为有利。因此，使用精矿粉为原料的回转窑均采用"二步法"。

5.2 熔融还原法

液态生铁的生产过程特点是高温作业，而高温下只能发生 C 的直接还原，析出的 CO 含有大量的热量，如能充分利用则供给还原耗热还有余，如生产过程能用这个热量满足需要，则液态生铁能耗仅 9.41GJ/t，但这在实际上很难实现，因为无法把一个还原反应和一个氧化反应放在同一区域、同一时间进行。实际上往往是还原反应热量需要另外提供，而 CO 的能量则被排出不能被利用。为了解决这一矛盾，熔融还原法采用了两种方式加以解决：

（1）一步法。用一个反应器完成铁矿石的高温还原及渣铁熔化，生成的 CO 排出反应器后，再加以回收利用。

（2）二步法。先利用富含 CO 的气体在第一个反应器内把矿石预还原，而在第二个反应器内补充还原和熔化。

5.2.1 一步熔融还原法

5.2.1.1 回转炉法

回转炉法生产液态生铁的优点是：可把矿石还原反应及 CO 的燃烧反应置于一个反应器内进行。两个反应（还原与氧化）的热效应互相补充，化学能的利用良好，但其最大缺点是：

（1）耐火材料难以适应十分复杂的工作条件，如还原和氧化及酸性渣和碱性渣的交替变化。炉渣、生铁也剧烈地冲刷炉衬，使炉衬损坏严重。所以设备的作业率低。

（2）煤气以高温状态排出，故热能的利用不好。

（3）因反应器内还原气氛不足，以 FeO 形式损失于渣中的铁量不少。

最有名的回转炉液铁法有 Basset 法及 Dored 法。Basset 法又称生铁水泥法，使用普通回转窑将炉温提高到 1350℃，还原铁在高温下渗碳并熔化，然后定时停炉排出。脉石用大量石灰造成碱度 $w(CaO)/w(SiO_2) = 3 \sim 4$ 的炉渣，炉渣不熔化可以减少炉衬的损害，而且排出炉外后即作为波特兰水泥熟料使用。Dored 法（Stora 法）用短粗的转鼓型炉，如图 5-5 所示。

5.2.1.2 悬浮态法

极细的铁矿粉在悬浮状态（稀相流态化）下经受还原。该法具有以下优点：还原速度快；不受温度限制，能使用高温作业；直接使用细精矿。这就提供了一个不必造块、直接使用细精矿、能脱除脉石成分、生产率高的生产方法，因此十分引人注意。

在悬浮态中，细粒矿粉与粗粒炭粉一起被氧（空气）吸入，在气流中发生下列反应：

$$2C + O_2 \xrightarrow{\quad\quad} 2CO$$

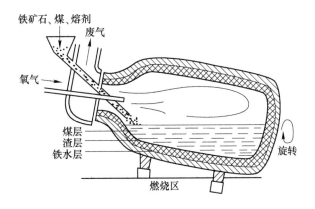

图 5-5 Dored 法原理示意图

$$3CO + Fe_2O_3 == 2Fe + 3CO_2$$
$$CO_2 + C == 2CO$$

也可使用 H_2 作为还原剂进行悬浮态还原。图 5-6 表示 H_2 还原的悬浮态反应器炉料停留时间与反应器利用系数的关系。但是悬浮态反应器的实际效率并不高。超细矿粉的还原已处于拟均相化学反应控制，还原速度与粒度无关，悬浮态反应器利用系数在 $0.5t/(m^3 \cdot d)$ 左右。悬浮态法的其他缺点是：煤气排出的温度高，热利用不良，还原出的铁滴细小，悬浮于渣中不易渣铁分开，因此一步法的悬浮态法总的效果较差。

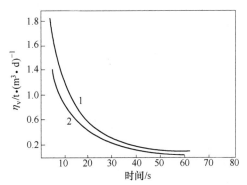

图 5-6 用 H_2 在悬浮态还原时停留时间与利用系数的关系
1—按 100% 平衡计算；2—按 70% 平衡计算

5.2.1.3 电炉法

电炉炼铁是用 C 作还原剂，而以电能供应反应过程所需要的热量消耗。最常用的炼铁电炉是矿热电弧炉（Tysland-Hole 电炉），电弧炉的冶炼过程如图 5-7 所示。最近等离子电炉在炼铁工艺上有较多的应用。

电极之间的电流通过炉料时分散成很多细小的电弧释放热量，电流也通过炉料的阻抗作用释放热量。由矿石、焦炭（无烟煤）及熔剂组成的炉料加入电炉后先受煤气作用。但由于电炉煤气仅由还原生成的 CO 构成，它比高炉煤气量少得多，虽然煤气原始温度很高，也不能把炉料预热到 400℃ 以上，因此煤气中 CO 不能有效还原铁矿石，炉料只有达

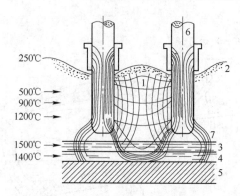

图 5-7　矿热电弧炉炼铁法示意图

1—电力线；2—原料；3—炉渣；4—铁水；5—炉衬；6—电极；7—焦炭层

到弧区附近时，受电弧辐射才迅速地被加热升温，所以电炉内间接还原很难发展。间接还原度不超过 10%~20%，电炉中主要靠固体碳直接还原来完成还原反应。电炉炼铁作业平稳，炉渣碱度 $w(CaO)/w(SiO_2)$ 一般为 1.2~1.3，因炉渣温度高，硫负荷低，铁水含 S 低，生铁中 C、Si、Mn 可依靠配料及配 C 量来有效地控制。

5.2.2　二步熔融还原法

二步法是用两种方法串联操作的方法：第一步的作用是加热矿石并把矿石预还原，一般还原到 30%~80%，最常用的第一步是悬浮态及回转窑；第二步的作用是补充还原和渣铁的熔化分离，第二步一般用电弧炉或等离子电炉。由于第一步预还原是在较低温度下进行的，并且高价氧化铁还原反应容易完成。因此可以使用低级的能源，从而节约第二步高级能源（电）的消耗，最理想的配合应当是利用第二步还原产生的高温 CO 气体作为第一步过程的能源。但由于随着预还原度的提高，第二步生产过程中产生的煤气量已大大减少，不能有效地进行还原及预热。因此，通常第一步及第二步过程中的能量消耗都是分别提供的，或者只由第二步的气流在第一步过程中起部分作用。

在二步法中第一步操作指标对第二步过程的能量节约，以电能为例，可由下式计算：

$$\Delta W = Q \times R_d(1 - R_1)/(860n) \tag{5-1}$$

式中　Q——每吨氧化铁用固体碳还原的耗热，4.187kJ/t；

R_d——电炉中原来的直接还原度；

R_1——第一步还原达到的还原度；

n——电炉效率。

除预还原外，炉料被预热还有下列效果：

（1）炉料每升高 100℃ 可直接降低电耗 30kW·h/t，而且预热后的炉料能提高第二步的间接还原度，又可进一步降低电耗。

（2）炉料水分降低，每减少 1% 水分可节约电耗 1kW·h。

（3）石灰石被分解，每公斤石灰石分解将多耗电 0.67kW·h。

常见的二步法类型有川崎法、Corex 法和 HIsmelt 法。

5.2.2.1　川崎法

这是日本川崎（Kawasaki）钢铁公司于 1972 年开始研究，已通过小规模试验确立的生产生铁或铬铁合金的一种新工艺。该法由预还原流化床及终还原炉两部分组成。预还原用流化床还原精矿，预还原后的矿粉与煤粉一起用氧气喷入竖炉风口并燃烧还原，其工艺流程如图 5-8 所示。

该法的优点是：生产效率高，单位容积生产率达 $2 \sim 10t/(cm^3 \cdot d)$；以低质焦和煤的能源，可直接使用粉矿，设备投资低，只是高炉的 67%；还可用于铁合金生产。

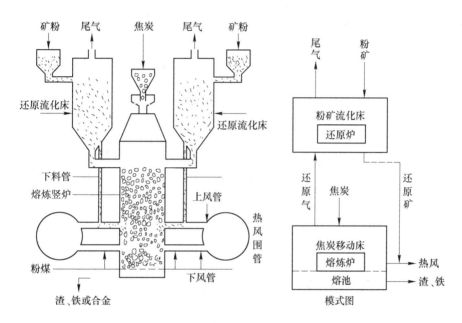

图 5-8　川崎法工艺流程

5.2.2.2　Corex 法

Corex 流程中铁的还原和熔炼过程是在两个不同的容器中完成的。这两个容器分别是上部的竖炉和下部的熔炼造气炉。预还原采用竖炉，铁矿石预还原度可达 90% 以上，熔融气化炉兼有制造还原气、熔化、终还原的作用，上部为一流化床，下部为熔池。此法是目前发展最快的熔融还原法，有多种方案在发展中。德国与奥地利联合提出的 Corex 法，其工艺流程如图 5-9 所示。

Corex 法的优点是：以非焦煤为能源，对原燃料适应性强，生产的铁水可直接用于转炉炼钢，直接使用煤和氧，不需要焦炉及热风炉设备，减少污染，降低基建投资，生产费用比高炉减少 30% 以上。

Corex 法的不足之处是精矿需要造矿及氧耗多、不易冶炼低硅铁等。

5.2.2.3　HIsmelt 法

HIsmelt 工艺是由德国 Klockner 和 CRA 工艺联合开发的。该流程采用铁浴炉作为熔炼造气炉，循环流化床作为还原炉，直接使用粉矿进行全煤冶炼，流程概况如图 5-10 所示。

第一个工业化 HIsmelt 熔融反应炉目前正在澳大利亚西部的 Kwinana 建设，设计年产 80 万吨优质生铁。由中国首钢集团和力拓集团、纽柯集团和三菱公司投资合营。

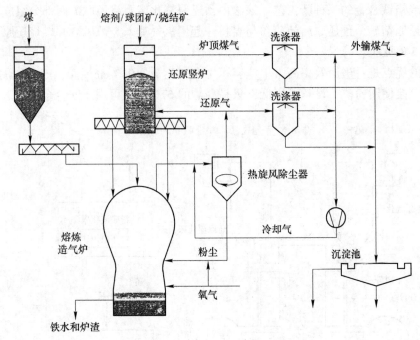

图 5-9　Corex 法工艺流程图

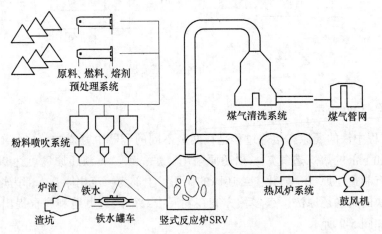

图 5-10　HIsmelt 工艺流程图

 学习目标检测

（1）直接还原法的优缺点有哪些？

（2）简述希尔法的生产流程。

（3）回转窑法的特点是什么？

（4）一步熔融还原法有哪些？

参 考 文 献

[1] 侯向东. 高炉冶炼操作与控制 [M]. 北京：冶金工业出版社，2012.

[2] 郝素菊. 高炉炼铁设计原理 [M]. 北京：冶金工业出版社，2010.

[3] 王明海. 炼铁原理与工艺 [M]. 北京：冶金工业出版社，2006.

[4] 贾艳，李文兴. 高炉炼铁基础知识 [M]. 北京：冶金工业出版社，2010.

[5] 王筱留. 钢铁冶金学（炼铁部分）[M]. 北京：冶金工业出版社，2000.

[6] 周传典. 高炉炼铁生产技术手册 [M]. 北京：冶金工业出版社，2005.

[7] 郑金星. 炼铁工艺及设备 [M]. 北京：冶金工业出版社，2010.

[8] 张殿有. 高炉冶炼操作技术 [M]. 北京：冶金工业出版社，2010.

冶金工业出版社部分图书推荐

书　名	作　者	定价（元）
冶金专业英语（第3版）	侯向东	49.00
电弧炉炼钢生产（第2版）	董中奇　王　杨　张保玉	49.00
转炉炼钢操作与控制（第2版）	李　荣　史学红	58.00
金属塑性变形技术应用	孙　颖　张慧云　郑留伟　赵晓青	49.00
自动检测和过程控制（第5版）	刘玉长　黄学章　宋彦坡	59.00
新编金工实习（数字资源版）	韦健毫	36.00
化学分析技术（第2版）	乔仙蓉	46.00
冶金工程专业英语	孙立根	36.00
连铸设计原理	孙立根	39.00
金属塑性成形理论（第2版）	徐　春　阳　辉　张　弛	49.00
金属压力加工原理（第2版）	魏立群	48.00
现代冶金工艺学——有色金属冶金卷	王兆文　谢　锋	68.00
有色金属冶金实验	王　伟　谢　锋	28.00
轧钢生产典型案例——热轧与冷轧带钢生产	杨卫东	39.00
Introduction of Metallurgy 冶金概论	宫　娜	59.00
The Technology of Secondary Refining 炉外精炼技术	张志超	56.00
Steelmaking Technology 炼钢生产技术	李秀娟	49.00
Continuous Casting Technology 连铸生产技术	于万松	58.00
CNC Machining Technology 数控加工技术	王晓霞	59.00
烧结生产与操作	刘燕霞　冯二莲	48.00
钢铁厂实用安全技术	吕国成　包丽明	43.00
炉外精炼技术（第2版）	张士宪　赵晓萍　关　昕	56.00
湿法冶金设备	黄　卉　张凤霞	31.00
炼钢设备维护（第2版）	时彦林	39.00
炼钢生产技术	韩立浩　黄伟青　李跃华	42.00
轧钢加热技术	咸翠芬　张树海　张志旺	48.00
金属矿地下开采（第3版）	陈国山　刘洪学	59.00
矿山地质技术（第2版）	刘洪学　陈国山	59.00
智能生产线技术及应用	尹凌鹏　刘俊杰　李雨健	49.00
机械制图	孙如军　李　泽　孙　莉　张维友	49.00
SolidWorks 实用教程30例	陈智琴	29.00
机械工程安装与管理——BIM技术应用	邓祥伟　张德操	39.00
化工设计课程设计	郭文瑶　朱　晟	39.00
化工原理实验	辛志玲　朱　晟　张　萍	33.00
能源化工专业生产实习教程	张　萍　辛志玲　朱　晟	46.00
物理性污染控制实验	张　庆	29.00
现代企业管理（第3版）	李　鹰　李宗妮	49.00